KB272241

훌쩍 떠나는 드라이브 전국 일주

김송은 · 윤현철 지음

일러두기
- 여행지 정보는 2026년 1월을 기준으로 작성된 내용으로, 현지 상황에 따라 달라질 수 있습니다. 반드시 미리 확인하고 방문하시길 바랍니다.
- 본문에 소개한 장소는 저자의 개인적 경험을 토대로 선정한 여행지로, 현지 상황에 따라 최적의 방문 시기와 시간이 달라질 수 있으며 개인마다 느끼는 소회가 다를 수 있습니다.

홀쩍 떠나는
드라이브 전국 일주

초판 1쇄 발행 · 2026년 4월 2일

지은이 · 김송은, 윤현철

발행인 · 우현진
발행처 · 주식회사 용감한 까치
출판사 등록일 · 2017년 4월 25일
팩스 · 02)6008-8266
홈페이지 · www.bravekkachi.co.kr
이메일 · aoqnf@naver.com

기획 및 책임편집 · 우혜진 **마케팅** · 리자 **디자인** · 백설미디어 **교정교열** · 이정현
CTP 출력 및 인쇄 · **제본** · 이든미디어

ISBN 979-11-91994-50-6(13980)

감성의 키움, 감정의 돌봄 용감한 까치 출판사

용감한 까치는 콘텐츠의 樂을 지향하며 일상 속 판타지를 응원합니다. 사람의 감성을 키우고 마음을 돌봐주는 다양한 즐거움과 재미를 위한 콘텐츠를 연구합니다. 우리의 오늘이 답답하지 않기를 기대하며 뻥 뚫리는 즐거움이 가득한 공감 콘텐츠를 만들어갑니다. 아날로그와 디지털의 기발한 콘텐츠 커넥션을 추구하며 활자에 기대 위안을 얻을 수 있기를 바랍니다. 나를 가장 잘 아는 콘텐츠, 까치의 반가운 소식을 만나보세요!

세상에서 가장 용감한 고양이 '까치'

동물 병원 블랙리스트 까치. 예쁘다고 만지는 사람들 손을 마구 물고 할 퀴며 사나운 행동을 일삼아 못된 고양이로 소문이 났지만, 사실 까치는 누구 보다도 사람들을 사랑하는 고양이예요. 사람들과 친해지고 싶은 마음에 주위 를 뱅뱅 맴돌지만, 정작 손이 다가오는 순간에는 너무 무서워 할퀴고 보는 까치.

그러던 어느 날, 사람들에게 미움만 받고 혼자 울고 있는 까치에게 한 아저씨 가 다가와 손을 내밀었어요. "만져도 되겠니?"라는 말과 함께 천천히 기다려준 그 아저씨는 "인생은 가까이에서 보면 비극이지만, 멀리서 보면 코미디란다"라는 말만 남기고 휭하니 가버리는 게 아니겠어요?

울고 있던 겁 많은 고양이 까치는 아저씨 말에 마지막으로 한 번 더 용기를 내보기로 했어요. 용기를 내 '용감'하게 사람들에게 다가가 마음을 표현하기로 결심했죠. 그래도 아직은 무서우니까, 용기를 잃지 않기 위해 아저씨가 입던 옷과 똑같은 옷을 입고 길을 나섭니다. '인생은 코미디'라는 말처럼, 사람들에게 코미 디 같은 뻥 뚫리는 즐거움을 줄 수 있는 뚫어뻥 마법 지팡이와 함께 말이죠.

과연 겁 많은 고양이 까치는 세상에서 가장 용감한 고양이가 될 수 있을까요? 세상에서 가장 용감한 고양이 까치의 여행을 함께 응원해주세요!

저자의 말

길 위에 서면 세상은 다른 속도로 흐른다. 창문 너머로 스치는 바람, 음악, 그리고 낯선 풍경 속에서 나는 언제나 조금 더 자유로워진다. 여행을 떠날 때, 나는 비로소 진정한 내가 된다.

지난 시간 참 바쁘게도 살았다. 그 사이사이 어렵게 시간을 내 다녀온 여행은 내 삶의 숨구멍이었다. 틈틈이 기록한 길 위의 이야기들이 첫 책으로 이어졌고, 그로부터 어느덧 10년이 흘렀다. 그동안《반나절 주말여행》,《스토리엠 제주》,《갈수록 더 그리운 제주》 등의 책이 세상에 나왔고, 여행 매거진〈GoOn〉과는 창간 때부터 함께해 오랜 시간 에디터로 일했다. 지금은〈리무브〉매거진 디렉터로 여전히 길 위의 이야기를 이어가고 있다.

이번 책《드라이브 전국일주》은 아름다운 우리나라의 구석구석을 다니며 만난 풍경과 자연이 들려주는 이야기, 그리고 그 여정 속 나에 대한 기록이다. 비 오는 날의 국도, 해 질 무렵의 해안도로, 새벽 안개 낀 산길에서 나는 자유와 고요를 배웠고, 각 지역에서 맛본 음식에서 그 땅의 시간과 사람들의 이야기를 담았다. 여정의 마지막엔 달빛 아래 캠핑을 하며 그곳의 삶에 더 깊숙이 빠져들었다.

이 책에는 단순히 드라이브 여행을 위한 정보만 담은 것이
아니다. 잠시 멈추고, 바라보고, 다시 달려가는 모든 이에게
건네는 한 잔의 와인 같은 위로이자, 길 위에서 마주한 나의
이야기다.

그동안 모든 길을 함께하며 고생해주신 나의 사진사님, 지유,
지호와 내가 집을 떠나 있는 동안 전폭적인 지원을 해주신
사랑하는 엄마와 오빠, 오랜 시간 믿고 기다려주신 용감한
까치의 우현진 편집장님, 나의 정신적 버팀목인 주혜, 원선,
소연, 정은, 마지막으로 내 여행 인생의 첫 단추였던 지구본
멤버 다현, 소영, 송희, 인정, 지연, 혜경, 혜림, 희중 모두에게
다시 한번 감사 인사를 전한다.

첫 페이지를 펼친 모든 이에게 전하고 싶다. 언제든 떠날 수
있는 마음만 있다면, 길은 이미 당신 곁에 있다는 것을. 이 책이
그 첫 발걸음이 되길 바란다.

통영 동피랑 벽화마을 P. 93

월별 추천 여행

1월	2월	3월	4월	5월	6월
대관령 삼양목장 P.175	카멜리아힐 P.299	비자림 P.282	산방산 유채꽃밭 P.301	아침 고요수목원 P.190	대한다원 P.112
추암촛대바위 P.41	만항재 P.143	이천 산수유마을 P.151	서산 유기방가옥 P.169	포천 국립수목원 P.119	외도 P.88
		대릉원 P.267	독립기념관 P.233	남한산성 P.255	소래습지 생태공원 P.262
		다랭이마을 P.99		고석정 P.121	남한강 자전거길 P.183

chai photographer/Shutterstock.com

월별 축제

1월	2월	3월	4월	5월	6월
강원 화천 화천산천어축제	**강원 평창** 대관령눈꽃축제	**전남 광양** 광양매화축제	**경남 창원** 진해군항제	**전남 담양** 담양대나무축제	**충남 태안** 태안봄꽃정원
강원 인제 인제빙어축제	**강원 태백** 태백산눈축제	**전남 구례** 구례산수유축제	**경북 경주** 경주벚꽃축제	**강원 춘천** 춘천마임축제	**충남 태안** 태안튤립축제
강원 평창 평창송어축제		**경기 이천** 이천백사 산수유축제		**전남 곡성** 곡성 세계장미축제	**경북 포항** 포항 국제불빛축제
				부산 부산국제연극제	

7월	8월	9월	10월	11월	12월
충남 보령 보령머드축제	**인천** 인천펜타포트 락페스티벌	**경북 안동** 안동국제 탈춤페스티벌	**서울** 서울세계불꽃축제	**부산** 부산불꽃축제	**서울** 서울빛초롱축제
전남 장흥 정남진 장흥물축제	**충남 서천** 장항맥문동축제	**전북 무주** 무주반딧불축제	**충남 계룡** 계룡군문화축제	**경남 김해** 김해분청 도자기축제	**경기 양평** 양평빙송어축제
충남 부여 부여서동 연꽃축제	**경남 통영** 통영 한산대첩축제		**경남 진주** 진주 남강유등축제	**경북 청송** 청송사과축제	**부산** 해운대빛축제
	전북 전주 전주 세계소리축제		**전북 김제** 김제지평선축제	**경북 예천** 예천활축제	
			전북 순창 순창장류축제	**인천** 드림파크 국화축제	
			경남 고성 공룡세계엑스포		

작가가 꼽은 베스트 여행지

제주
성산일출봉(p.293)

세계가 인정한
경이로운 오름

♡ To Do List ♡

일출 감상하기

보성
대한다원(p.112)

초록의 녹차밭이
사계절 내내
수채화 같은 풍경을
연출하는 곳

♡ To Do List ♡

녹차아이스크림 맛보기

여수
해상케이블카(p.107)

화려한 조명을 두르고
여수 바다를 누비는
특별한 케이블카

♡ To Do List ♡

전망대에 올라
노을지는 여수 바다
감상하기

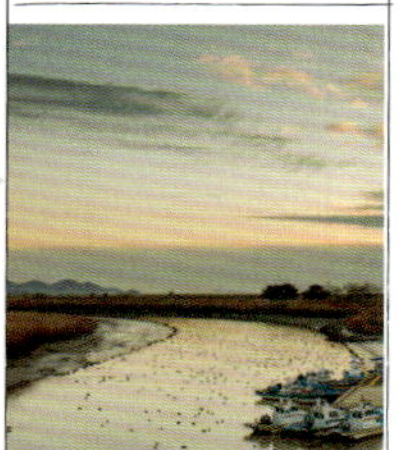

순천
순천만습지(p.105)

일렁이는 갈대밭에
내려앉은 황금빛 일몰

♡ To Do List ♡

용산전망대까지
꼭 올라보자

삼척
장호항(p.42)

즐길 거리 가득한
삼척의 바다 놀이터

♡ To Do List ♡

장호항의 꽃인
투명 카누 타보기

부안
채석강(p.74)

바닷물의
침식 현상이 만들어낸
경이로운 모습

♡ To Do List ♡

절벽 사이 해식동굴에서
인생 사진 찍기

남해
보리암(p.100)

남해가 품은
최고의 보물

♡ To Do List ♡

일출 보기에
도전해보기

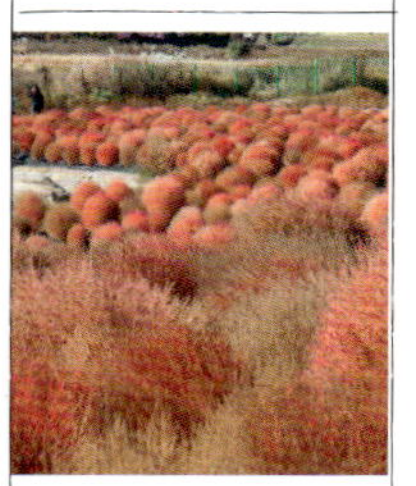

철원
고석정(p.121)

철원 제일의
명승지

♡ To Do List ♡

고석정
유람 보트 타고
한탄강 둘러보기

태백
만항재(p.143)

하늘 아래
첫 고갯길
♡ To Do List ♡
만항재 쉼터에서
감자전에 막걸리
한잔하기

수원
화성(p.249)

수원을 휘감은
자랑스러운 우리 성벽
♡ To Do List ♡
수원화성을 순환하는
화성어차 타고
화성 한 바퀴
돌아보기

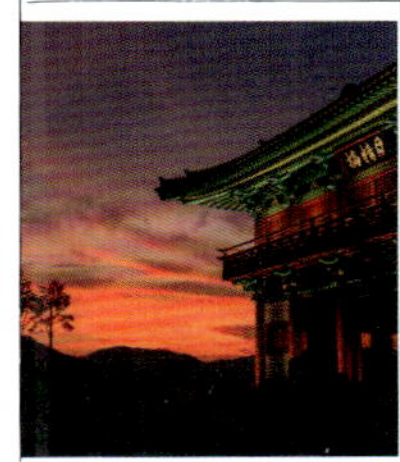

경주
월정교(p.268)

달처럼 깨끗하고
해처럼 따뜻한 다리
♡ To Do List ♡
바이크를 빌려
최부자댁,
교촌한옥마을,
경주향교 돌아보기

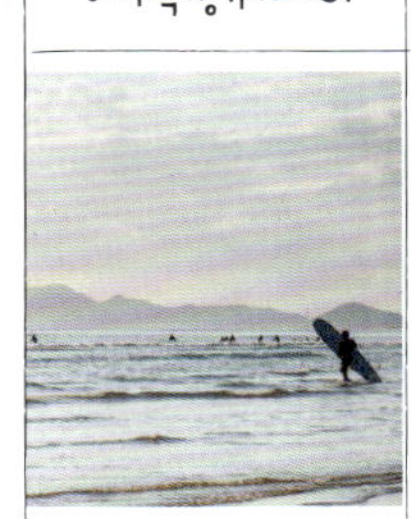

부산 다대포
해수욕장(p.273)

발길이 닿는 어디든
아름다운 곳
♡ To Do List ♡
다대포의 일몰
감상하기

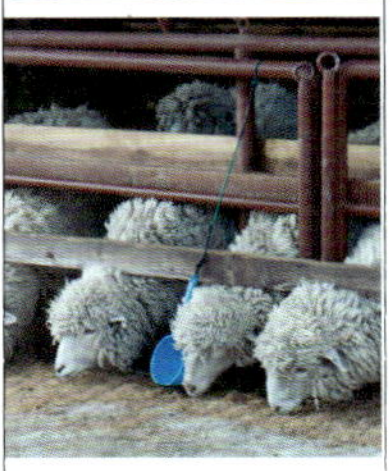

대관령
삼양목장(p.175)

대자연을 꿈꾸다
♡ To Do List ♡
건강한 원유로 만든
유기농 우유와
아이스크림 맛보기

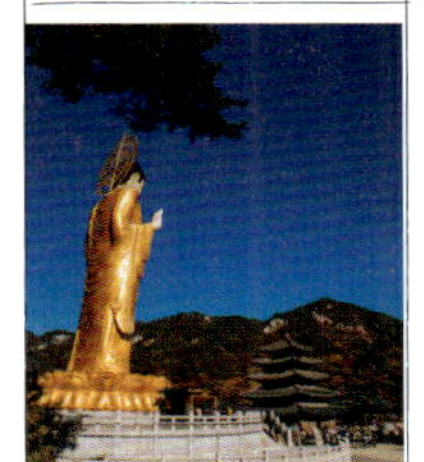

보은
법주사(p.133)

길상초 위에 세운
전설의 사찰
♡ To Do List ♡
법주사의 수많은
국보급
보물 찾아내기

제천
청풍호(p.126)

한국의 하롱베이
♡ To Do List ♡
케이블카 타고
전망대에 올라
청풍호의 비경
감상하기

뷰가 좋은 식당&카페

남해 시골할매막걸리
(p.102)

3대를 이어온
다랭이마을의 대표 맛집
♥ 대표 메뉴 ♥
재료를
아낌없이 넣은
매콤한 해물파전

제주 모알보알
(p.284)

몽환적인
분위기의 카페
♥ 대표 메뉴 ♥
부드러운
원두의 풍미가
가득 느껴지는 커피

부산 흰여울비치
(p.276)

흰여울문화마을에 있는
발리 감성 카페
♥ 대표 메뉴 ♥
거품 가득,
초콜릿 듬뿍,
초코 눈 내린
카푸치노

거제 외도널서리
(p.90)

구조라 해변 앞
식물 가득한
온실 카페
♥ 대표 메뉴 ♥
유자에이드에 푸른색
라벤더 티를 더한
시그너처 에이드

인천 선재도뻘다방
(p.58)

이국적인 분위기를
물씬 풍기는 곳
♥ 대표 메뉴 ♥
크로플과 함께하면
좋은 6종의
스페셜티 커피

제주 카페 새빌
(p.290)

새별오름의
노을 풍경을
볼 수 있는 곳
♥ 대표 메뉴 ♥
달콤하고 고소한
우도 땅콩라테

단양 구름위의산책
(p.198)

구름위의
크로플 맛집
♥ 대표 메뉴 ♥
프리미엄급 크루아상
생지에 아이스크림과
브라운 치즈 토핑을 올린
인생 크로플

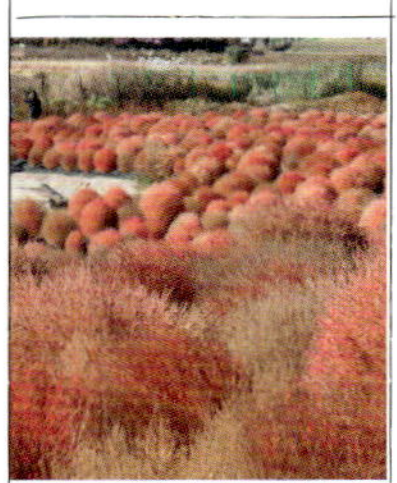

제주 카페 글렌코
(p.310)

제주도에서 핑크뮬리가
가장 예쁜 곳
♥ 대표 메뉴 ♥
건강함이 느껴지는
제주
보리미숫가루

삼척 장호항 스노클링(p.42)

기암괴석이 감싸고 있는 바다에서 스노클링을 즐겨보자. 유유자적 투명 카누를 타는 사람들도 볼 수 있다.

단양 패러글라이딩(p.195)

남한강을 바라보며 즐기는 패러글라이딩. 소백산과 월악산에서 불어오는 바람에 몸을 맡겨보자.

양양 서피비치 서핑(p.202)

일반인에게는 공개되지 않았던 프라이빗 비치였던 곳이 40년 만에 서피비치로 문을 열었다. 파도의 매력을 즐겨보자.

정선 화암카트 (p.208)

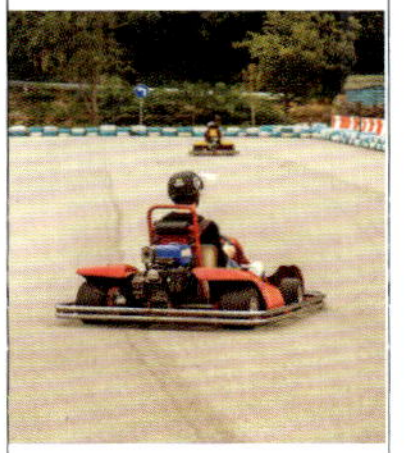

바람을 가르며 즐기는 짜릿한 자동차 경주 체험. 제대로 속도를 즐기며 스트레스를 풀어보자.

가평 청평호 수상 레포츠(p.189)

북한강 줄기를 따라 수상 스포츠를 배울 수 있는 레저 타운이 즐비하게 들어서 있다.

정선 레일바이크(p.207)

실제로 석탄을 나르는 기차가 다녔던 옛 철길을 시속 약 15~20km로 달린다. 숲과 계곡, 평온한 농촌 풍경을 감상하기 좋다.

단양 만천하 스카이워크(p.196)

전망대에서 바라보는 전경이 예술! 짚와이어, 슬라이드 중 한 가지 액티비티에 도전해보기

여주 하이킹 (p.183)

남한강 자전거길 중 여주에 속한 이포보에서 강천보까지의 구간에서 남한강의 모습과 다양한 문화 유적까지 여유롭게 둘러보기

훌쩍 떠나는 동해안 드라이브

고성

바다, 호수, 숲이 어우러진 신비로운 곳

하늘보다 더 파란 바다, 안개를 머금은 고즈넉한 호수, 오묘한 소나무 숲. 어느 것 하나 소홀함 없이 모든 것을 품은 고성은 최적의 드라이브 코스다. 고성의 긴 해안선이 그려내는 드라이브 코스는 강원도에서도 으뜸으로 꼽힌다. 이곳은 스쳐 지나가는 풍경마저 여행의 일부분이 된다.

Drive Course　　　·이동 거리 **37.1km**　·소요 시간 **36분**　·전체 코스 **7시간**

01 청간정

·청간정에서 일출 감상
·천학정 둘러보기

8.4km
8분

02 송지호해수욕장

노천카페 파라솔 아래 앉아
시원한 맥주 한잔

3.9km
3분

03 송지호

자전거 타고
한 바퀴 돌기

3.8km
4분

04 왕곡마을

·한옥에서 하루 머물기
·직접 만든 한과 맛보기

21km
21분

**05 화진포의 성,
김일성 별장**

2층 방 창문 활짝 열고
화진포해수욕장 사진 찍기

코스 01 청간정 

강원도 유형문화재로 지정된 청간정은 바닷가 절벽에 지은 정자라고 보기 어려울 정도로 섬세하고 아름답다. 옛날부터 경치 좋은 정자에는 정치인, 문인, 화가의 흔적이 빠지지 않는다고 하는데, 청간정에는 이승만 대통령이 쓴 현판과 최규하 전 대통령의 글씨가 걸려 있다. 청간정은 속초와 고성에 인접한 7번 국도 해안가에 있어 고성 여행을 시작하며 잠시 들렀다 가기 좋다.

info 주소 강원도 고성군 토성면 동해대로 5110 **문의** 033-680-3368(고성군 관광문화과) **입장료** 없음 **운영 시간** 24시간(연중무휴)

⊙ 이렇게 여행하자

☑ 피톤치드 마시며 소나무 숲 사이 계단 오르기 → ☑ 청간정 내부에 걸린 전직 대통령들의 글귀 감상하기 → ☑ 주변 산책하며 천학정까지 걸어가보기

 # 코스 02 송지호해수욕장

⊙ 이렇게 여행하자

☑ 낚시 체험하기 → ☑ 노천카페에서 맥주 한잔하기

송지호해수욕장은 파도가 센 여느 동해 해변과 다르게 얕은 수심과 고운 모래가 깔린 백사장으로 여행객들에게 많은 사랑을 받는 곳이다. 하늘을 닮은 맑은 물, 바다 건너편 수려한 경관을 자랑하는 죽도, 그리고 새하얗고 고운 모래가 어우러져 이국적인 느낌이 가득하다. 맥주 한 캔 들고 해변을 거닐며 바다를 즐기기에 더할 나위 없이 좋다.

info 주소 강원도 고성군 죽왕면 오호리 **문의** 033-680-3368(고성군 관광문화과) **입장료** 없음 **운영 시간** 24시간(연중무휴)

코스 03 송지호

고성이 준 특별한 선물

송지호는 아득한 옛날에는 바다의 일부분이었던 거대한 자연 호수로 고즈넉한 분위기가 매력적이다. 물빛이 청명하고 수심도 일정해 겨울 철새 고니가 쉬었다 가는 철새 도래지로도 유명하다. 송지호 동쪽에는 송지호관망타워가 있어 철새들의 모습과 갈대숲이 어우러진 송지호를 한눈에 볼 수 있다. 해 질 녘 호숫가를 따라 울창한 소나무 숲길을 걷다 보면 마음이 차분해진다.

info 주소 강원도 고성군 동해대로 6021(송지호관망타워) **문의** 033-680-3368(고성군 관광문화과) **입장료** 없음 **운영 시간** 24시간(연중무휴)

☑ **이렇게 여행하자**

☑ 송지호 산책길 걷기 혹은 자전거 타기 → ☑ 송지호관망타워 올라가보기

"

코스 04 왕곡마을

송지호에서 차로 5분 정도 가면 왕곡마을이 나온다. 해변에서 불과 2km밖에 떨어지지 않았지만 바닷가 마을이라는 느낌이 전혀 들지 않으며, 고성의 독특한 전통문화를 엿볼 수 있는 조용한 한옥 마을이다. 옛날 그대로의 모습을 간직해 시간이 멈춘 곳 같다. 청량한 바다를 그리며 동해를 달려온 여행객들에게 왕곡마을은 한옥 체험이라는 뜻밖의 신선한 재미를 더해준다.

info 주소 강원도 고성군 죽왕면 오봉리 **문의** 033-631-2120(왕곡마을보존회) **입장료** 없음(체험료 별도) **운영 시간** 09:00~18:00(연중무휴)

이렇게 여행하자

☑ 다양한 전통문화 체험해보기 → ☑ 전통 가옥에서 하루 머물기

코스 05 김일성 별장

바다와 호수, 그리고 산이 어우러져 빼어난 절경을 자랑하는 화진포에는 '별'들의 별장이 모여 있다. 화진포해변이 내려다보이는 높은 언덕에 지은 화진포의 성은 1948년 김일성이 약 3년간 가족과 함께 여름 휴양지로 사용했고, 그 후로 김일성 별장으로 불리고 있다. 통창으로 이루어져 화진포해변이 오롯이 내려다보이는 2층 통창에서의 전망은 탄성을 불러일으킨다.

info 주소 강원도 고성군 거진읍 화진포길 280 **문의** 033-680-3677(화진포 관광안내소) **입장료** 역사안보전시관(화진포의 성, 이승만 초대 대통령 별장 및 기념관, 이기붕 별장) 및 생태박물관 통합 발권, 어른 3000원, 청소년·어린이 2300원 **운영 시간** 매표 시간 하절기 09:00~17:00, 동절기 09:00~16:30 / 관람 시간 하절기 09:00~18:00, 동절기 09:00~17:30 / 연중무휴

이렇게 여행하자

☑ 김일성 별장으로 올라가는 계단에서 김정일 어릴 적 사진 보기 → ☑ 옥상에서 망원경으로 동해 바다 감상하기

싱싱한 자연산 회
가진항 회센터

가진항에서는 모둠회를 시키는 것이 좋다. 많은 횟집이 자체 어선을 보유하고 있어 그날 잡은 신선한 제철 생선을 모아 횟감으로 내온다. 자연산 회의 야들야들한 식감이 살아 있어 감탄이 나온다. 바다를 바라보며 싱싱한 자연산 회를 즐길 수 있는 경치 맛집이기도 하다.

주소 강원도 고성군 죽왕면 가진해변길 123 **문의** 0507-1497-6302(샘이네 횟집) **가격** 계절에 따라 달라지는 싱싱한 자연산 모둠회 8만~15만 원 **영업시간** 09:00~21:00(브레이크 타임 없음) / 설·추석 당일 휴무 **주차장** 있음

뼛속까지 시원한 고성 물회
만성횟집

동해 바다에서 갓 잡아 올린 자연산 가자미, 오징어, 해삼 등에 각종 채소와 초고추장을 버무린 물회는 담백하고 신선하며 새콤달콤한 맛이 일품이다. 어부들이 밤새 술을 마시고 새벽 출어를 나가기 전에 속을 달래려 요기 삼아 먹던 음식이라고 하니 더 정이 간다.

주소 강원도 고성군 죽왕면 심층수길 33 **문의** 033-631-3863 **가격** 회와 새콤달콤한 양념이 어우러진 물회 2만 원, 자연산 회 10만 원 **영업시간** 11:00~21:30(브레이크 타임 15:00~17:00) / 화요일, 설·추석 당일 휴무 **주차장** 있음

바다를 오롯이 담은
커피고 by MOHB

해안도로를 달리다 보면 바다 바로 앞에 향긋한 커피 향을 풍기는 카페 커피고가 있다. 심플하고 따뜻한 느낌의 실내에는 어디에 앉든 바다가 보이도록 테이블을 배치해 해안가 풍경을 감상하기 좋다. 카페에서 직접 로스팅해 항상 신선하고 일관적인 맛의 커피를 즐길 수 있다.

주소 강원도 고성군 토성면 토성로 84 **문의** 0507-1372-2242 **가격** 스페셜티 생두를 로스팅해 섬세하게 추출한 아메리카노 6500원, 카페라테 7500원 **영업시간** 09:00~20:30(연중무휴) **주차장** 있음

바다와 맞닿은 캠핑의 낭만

오호캠핑장

강원도 고성에 위치한 오호캠핑장은 송지호해수욕장과 바로 맞닿아 있는 바닷가 캠핑 명소다. 맑은 동해를 마주한 캠핑 사이트는 바다와 가까워 텐트 안에서도 파도 소리를 들으며 밤을 보낼 수 있고, 일출 감상에 최적화되어 있어 낭만적인 아침을 선사한다. 사이트 바로 앞이 해변 산책로여서 아침과 저녁 산책을 즐기며 자연을 만끽할 수 있는 점도 매력적이다. 주변에는 송지호관망타워, 철새 도래지, 왕곡마을 등 볼거리도 풍성하다. 해변 일출부터 별이 쏟아지는 밤하늘까지 머무는 내내 감동을 주는 오호캠핑장은 쉼과 낭만을 동시에 선물하는 숨은 보석 같은 공간이다.

"송지호해수욕장 바로 앞이라는 캠핑장의 위치가 최고였어요. 백사장 바로 앞 데크에 텐트를 치고 편안한 의자에 앉아 바다를 바라보는 것 자체가 힐링이죠. 송지호해수욕장에는 레저존이 따로 있어서 패들보드나 서핑 체험도 즐길 수 있어 캠핑은 물론 다양한 수상 액티비티로 즐거운 시간을 보낼 수 있답니다."

휴양, 체험, 식도락

info 주소 강원도 고성군 죽왕면 오호리 1-5 **문의** 033-636-5920 **가격** 평일 4만~5만 원, 주말 5만~6만 원, 성수기 6만~7만 원 **영업시간** 입실 14:00, 퇴실 11:00
편의 시설 주차장 O, 편의점/마트 O, 화장실 O, 샤워 O, 취사 O, 전기 O, 데크 O, 사이드 주차 X, 반려동물 X
체크 사항 차량은 사이트내로 진입할 수 없으니 카라반, 트레일러,루프탑텐트를 이용할 캠퍼라면 예약 전 꼭 참고하자.

속초

언제 방문해도 즐거운 곳

속초에 도착했음을 가장 먼저 알려주는 수려한 설악산의 능선, 여기에 영랑호와 청초호라는 2개의 큰 호수, 그 옆을 든든하게 받치는 동해까지. 누구나 동경하는 세 가지 자연경관이 어우러진 속초는 도시 생활에 지친 여행객을 말없이 위로한다.

Drive Course · 이동 거리 **11.6km** · 소요 시간 **26분** · 전체 코스 **8시간**

01 — 1.7km 4분
영랑호
· 호숫가 산책로 걷기
· 자전거로 한 바퀴 돌아보기

02 — 2.9km 9분
영금정 해돋이정자
설악산까지 조망 가능한
속초등대전망대 올라보기

03 — 3km 6분
아바이마을
아바이마을의 이야기를
담은 '벽화거리' 걷기

04 — 4Km 7분
청초호
설악대교와 어우러진
청초정의 야경 감상하기

05
대포항
저녁에 방문했다면 조명
건축물 '루미나리에' 감상하기

코스 01 영랑호

오래전부터 속초 시민의 일상과 함께해온 영랑호는 설악산의 멋진 풍광과 바다가 어우러진 거대한 호수다. 잘 조성된 숲속 길을 들어가면 우뚝 솟은 범바위가 눈에 들어오고, 시원스레 펼쳐진 영랑호의 모습이 보인다. 4~5월에는 벚꽃이 활짝 피어 장관을 이루고, 사계절 일몰 풍경이 아름다워 속초 시민은 물론 속초를 찾은 여행객들이 즐겨 찾는 관광 명소다.

info 주소 강원도 속초시 장사동 **문의** 033-639-2690(속초시 관광안내센터) **입장료** 없음 **운영 시간** 24시간(연중무휴)

⊙ 이렇게 여행하자

☑ 호숫가 사색하며 걷기 혹은 벤치에 앉아 가만히 명상하기 → ☑ 자전거 타고 호수 한 바퀴 돌기

 코스 02 영금정 해돋이정자

⊙ 이렇게 여행하자

☑ 구름다리를 건너 영금정 해돋이정자에서 바다 감상하기 → ☑ 돌에 부딪히는 파도 소리 듣기 → ☑ 동명항 활어회센터에서 자연산 회 먹기

info 주소 강원도 속초시 영금정로 43 **문의** 033-639-2539(속초시 관광문화과) **입장료** 없음 **운영 시간** 24시간(연중무휴)

속초등대전망대를 내려와 도보로 5분 정도 걸어가면 영금정 해돋이정자가 있다. 등대 밑 바닷가에 흩어져 있는 암반 지역을 '영금정'이라고 하는데, 파도가 석벽에 부딪히면서 내는 소리가 거문고 타는 소리와 같다는 뜻에서 붙은 이름이다. 영금정 정자에서 바라보는 바다는 느낌이 또 색다르다. 일출 감상 명소로 유명해 해돋이정자로 명명되었으며, 사진작가가 많이 찾는다.

코스 03 아바이마을

아바이마을은 한국전쟁 시 남쪽으로 후퇴하는 국군을 따라 피란 왔다가 고향으로 돌아가지 못한 함경도 실향민들이 정착한 마을이다. '아바이'란 함경도 사투리로 나이 많은 남성을 뜻한다. 지금은 영화 및 드라마 촬영소로 자주 이용되는 관광 명소가 되었다. 특히 당시 먹거리였던 돼지 대창에 찹쌀과 채소, 고기를 넣어 푹 쪄낸 아바이순대와 오징어순대가 유명하다.

info **주소** 강원도 속초시 중앙부두길 39(갯배 선착장) **문의** 033-633-3171 **입장료** 없음(갯배 이용료 편도 어른 500원, 어린이 300원) **영업 시간** 08:00~20:00(식당 운영 시간 기준, 연중무휴)

이렇게 여행하자

☑ 갯배를 타고 철선 끌어당기는 체험 해보기 → ☑ 아바이마을에서 아바이순대, 오징어순대 맛보기 → ☑ 벽화골목으로 유명한 아바이길 둘러보기

코스 04 청초호

속초를 대표하는 호수, 영랑호와 청초호는 서로 다른 특색을 지니고 있다. 영랑호가 자연 친화적이고 조용한 호수라면, 청초호는 속초 중심에 위치하며 활어회센터와 오래된 서점, 그리고 근대 산업 시설을 활용한 카페가 자리해 활기 넘친다. 호수 위에 지은 청초정은 동해 바다와 설악산을 함께 감상할 수 있는 청초호의 명소로 야경이 아름답기로도 유명하다.

info 주소 강원도 속초시 청호동 **문의** 033-639-2539(속초시 관광문화과) **입장료** 없음 **운영 시간** 24시간(연중무휴)

⊙ 이렇게 여행하자

☑ 청초호 청초정에서 호수와 설악산 감상하기 → ☑ 호수 인근 백년가게와 관광지들 돌아보기

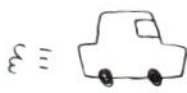 # 코스 05 대포항

⊙ 이렇게 여행하자

☑ 활어회센터에서 입맛에 맞는 회를 담고 흥정해보기 → ☑ 튀김골목에 들러 새우튀김 맛보기 → ☑ 속초의 대표 먹거리 만석 닭강정 먹기

info 주소 강원도 속초시 대포항 1길 6-13 대포항 **문의** 033-639-2539(속초시 관광문화과) **입장료** 없음 **운영 시간** 24시간(연중무휴)

대포항은 개항한 지 어느덧 100년이 된 항구로 횟집과 건어물 가게가 들어서 있어 항포구보다는 대규모 종합 관광 회센터로 더욱 유명하다. 어판장을 걸으며 갓 잡아온 싱싱한 횟감을 바구니에 담아 파는 난전을 구경하는 재미가 쏠쏠하다. 대포항은 튀김골목으로도 유명한데, 노릇노릇한 기름에 튀겨낸 새우와 오징어, 그리고 오징어순대 냄새가 코끝을 자극한다.

영금정 바다 풍경이 멋있는
영금정횟집

속초등대전망대 입구 바로 맞은편에 30년 동안 자리를 지켜온 동명항 맛집 영금정횟집이 있다. 어느 자리에서든 바다가 보이는 뷰 맛집으로 자연산 활어회만 취급하기 때문에 꼬들꼬들하고 고소한 회를 맛볼 수 있다. 마지막으로 얼큰하게 끓여 나오는 매운탕은 화룡점정이다.

주소 강원도 속초시 영랑해안길 40 **문의** 033-633-2412 **가격** 푸짐한 자연산 회와 다양한 밑반찬, 얼큰한 매운탕까지 즐길 수 있는 활어회 세트 10만원, 대게 세트 20만원 **영업시간** 10:00~22:00(연중무휴) **주차장** 있음

속초 명물 오징어순대
함경도임가네

아바이마을의 좁은 골목길 양쪽으로 아바이순대를 파는 가게가 늘어선 아바이순대거리가 있다. 함경도임가네는 순대와 함께 나오는 명태회와 오징어비빔장 맛이 일품이다. 담백하면서도 부드럽게 씹히는 오징어 덕분에 고소한 맛이 배가된다.

주소 강원도 속초시 아바이마을길 9 **문의** 033-636-6825 **가격** 통통하고 실한 오징어 몸통 안에 채소, 고기 등의 소가 꽉 차 있는 오징어순대 1만 8000원, 모둠순대 2만 8000원 **영업시간** 08:00~20:00(화요일, 설·추석 당일 휴무) **주차장** 있음

조선소의 이유 있는 변신
칠성조선소

1952년에 문을 연 원산조선소가 칠성조선소로 재탄생했다. 배를 수리하던 공간은 작은 전시실로, 가정집이던 곳은 북 살롱으로 변신해 속초의 핫 플레이스가 되었다. 칠성조선소에서 가장 큰 건물인 메인 카페에는 창 너머 청초호를 감상하며 커피와 이야기를 즐기는 사람들로 가득하다.

주소 강원도 속초시 중앙로46번길 45 **문의** 033-633-2309 **가격** 누구나 즐길 수 있는 구수한 향을 풍기는 포트 아메리카노 6000원, 아포가토 8000원 **영업시간** 11:00~19:00(연중무휴) **주차장** 있음

바다와 등대, 그리고 불꽃놀이

등대해수욕장

속초는 강원도에서도 가장 번화한 도시인 만큼 조용히 쉬면서 차박할 만한 공간이 많지 않다. 등대해변은 2004년 처음 개방되었으며, 규모는 크지 않지만 동명항과 영금정, 등대전망대와 가까워 관광지를 둘러보다 잠시 해변에서 쉬고 싶을 때 들르기 좋다. 해변 앞 길가에는 바다가 보이는 분위기 좋은 카페와 술집이 있어 밤이 되면 젊은이들의 열기가 넘친다. 조용한 힐링보다 살짝은 흥분된 즐거움을 느끼고 싶을 때 어울리는 차박지다.

"속초에서 내 입맛에 맞는 차박지를 찾는 데는 어려움이 좀 있었어요. 강원도의 대표 관광도시답게 모든 지역이 개발되어 주차장 외에는 주정차가 불가능한 곳이 많았어요. 등대해수욕장은 알려지지 않은 작은 해변으로 공간이 넓지는 않았지만 차량이 백사장으로 진입할 수 있어 모래 해변에서 짐을 풀었죠. 저 멀리 등대가 24시간 바다를 비추고, 늦은 밤까지 친구들과 옹기종기 모여 술잔을 기울이는 모습에 덩달아 술 한잔하고 싶어 지는 곳이에요."

휴양, 힐링, 바다, 체험

info 주소 강원도 속초시 영랑동 20-16 **문의** 033-639-2539(속초시 관광문화과) **가격** 노지 캠핑, 이용료 없음 **영업시간** 24시간(연중무휴)

편의 시설 주차장 O, 편의점/마트 O, 화장실 X, 샤워 X, 취사 O, 전기 X, 덱 X, 사이드 주차 O, 반려동물 O

체크 사항 화장실과 샤워 시설은 해수욕장 개장 중에만 운영한다. 식당, 카페, 24시간 편의점이 해변에서 길 하나를 두고 늘어서 있어 편리하지만 늦은 밤까지 소음이 있을 수 있다. 사륜구동 차량이 아니라면 모래해변으로 너무 깊이 들어가지 않는 것이 좋다.

강릉

역사와 자연, 미식이 어우러진 예술의 도시

차창 밖에 펼쳐진 짙푸른 바다 위로 화사한 햇살이 쏟아진다. 창을 내리면 탁 트인 바다에서 불어오는 시원한 바닷바람과 경쾌한 파도 소리가 밀려든다. 구석구석 미적 감각이 넘치는 강릉에서 자연과 예술을 벗 삼아 지친 심신을 위로해보자.

01 아들바위공원

전망대에 올라 푸른 동해 바다 보며 힐링하기

21km
21분

02 경포호

자전거 타고 호수 한 바퀴 돌아보기

2.7km
4분

03 오죽헌

5000원권 지폐 속 배경과 같은 장소에서 기념사진 찍기

19km
22분

04 하슬라아트월드

인기 포토 존에서 멋진 사진 남기기

3.3km
5분

05 정동진

정동진 레일바이크 타고 정동 해변 느껴보기

코스 01 아들바위공원

주문진의 작은 어촌, 소돌마을의 소돌포구 바로 뒤에 있는 아들바위공원은 옛날에 노부부가 이곳에서 백일기도를 하고 아들을 얻은 후, 자식이 없는 부부들이 기도를 하면 소원이 이루어진다는 전설로 유명해진 곳이다. 소를 닮은 소바위(소돌)부터 아들바위, 아기 모습 조형물 등 다양한 바위가 해변에 늘어서 있고 해안을 따라 바다와 맞붙은 산책로와 전망대가 위치해 걷는 재미가 쏠쏠하다.

info **주소** 강원도 강릉시 주문진읍 주문리 791-47 **문의** 033-640-4535(주문진 관광안내소) **입장료** 없음 **운영 시간** 24시간(연중무휴)

⊙ **이렇게 여행하자**

☑ 해안 산책로를 걸으며 기괴한 모습의 기암괴석 감상하기 → ☑ 전망대에 올라 시원한 동해 바다 감상하기 → ☑ 포구에 늘어서 있는 횟집에서 맛있는 해산물 즐기기

 # 코스 02 경포호

⊙ **이렇게 여행하자**

☑ 경포호수광장에 들러 호수길 산책하기 → ☑ 경포호 주변의 호수 생태계를 복원하고 보존하는 경포생태습지원 돌아보기 → ☑ 경포대에 올라 바다와 호수 경치 감상하기

info **주소** 강원도 강릉시 저동 **문의** 033-640-4535(주문진 관광안내소) **입장료** 없음 **운영 시간** 24시간(연중무휴)

강릉에는 수많은 관광지가 있지만 가장 먼저 떠오르는 곳을 꼽으라면 경포호를 빼놓을 수 없다. 온화하고 아름다운 호수를 감상하며 산책을 해도 좋고, 자전거를 타고 크게 한 바퀴 돌아도 좋다. 경포호 주변으로는 오죽헌, 허균·허난설헌기념관, 선교장 등 유서 깊은 관광지가 모여 있어 함께 둘러보기 좋다. 특히 경포대에서 바라보는 경포호에 비친 달의 모습이 아름답기로 유명하다.

코스 03 오죽헌

검은 대나무가 인상 깊은 곳

시와 그림에 능한 예술가 신사임당과 그의 아들 율곡 이이가 태어난 유서 깊은 곳이다. 오죽헌은 집 주위에 까마귀처럼 검은 대나무가 많아 붙은 이름인데, 실제로 집 뜰 안에 심어져 있는, 잎은 푸르지만 줄기가 검은 대나무의 모습이 무척 신기하다. 신사임당과 율곡 이이의 영정을 모신 오죽헌과 문성사, 율곡기념관, 강릉시립박물관이 모여 있어 옛 정취를 느끼며 조용히 산책하기 좋다.

info 주소 강원도 강릉시 율곡로3139번길 24 **문의** 033-660-3301 **입장료** 어른 3000원, 청소년 2000원, 어린이 1000원 **운영 시간** 09:00~18:00(입장 마감 17:00, 연중무휴)

⊙ 이렇게 여행하자

☑ 율곡 이이 선생이 태어난 곳에서 영정과 역사 자료 관람하기 → ☑ 검은 대나무인 오죽의 자태 감상하기 → ☑ 강릉시립박물관도 함께 돌아보기

코스 04 하슬라아트월드

고구려시대 강릉의 옛 이름 '하슬라'. 하슬라아트월드는 자연과 사람, 그리고 예술이 조화롭게 공존하는 종합 예술 공원이다. 공간은 미술관 겸 호텔, 바다 카페, 소나무정원, 그리고 하늘 전망으로 알차게 꾸며져 있다. 감각적이고 세심한 인테리어가 돋보이는 실내는 관람 동선이 잘 짜여 있어 작품을 감상하며 걷다 보면 어느새 야외 조각 공원에 다다르는데, 바다와 어우러져 아주 근사하다.

info 주소 강원도 강릉시 강동면 율곡로 1441 **문의** 033-644-9411 **입장료** 어른 1만7000원, 청소년 1만3000원, 어린이 1만1000원(상시 할인) **운영 시간** 09:00~18:00(연중무휴)

⊙ 이렇게 여행하자

☑ 미술 작품이 가득한 아비지갤러리, 현대미술관 감상하기 → ☑ 피노키오 박물관 둘러보기 → ☑ 야외 조각 공원 산책하고 카페에서 차도 한잔 즐기기

코스 05 정동진(모래시계공원)

⊙ 이렇게 여행하자

☑ 일월교를 지나 공원에서 모래시계 보기 → ☑ 정동진해변에서 해수욕 또는 휴식 취하기 → ☑ 레일바이크 체험해보기

info 주소 강원도 강릉시 강동면 정동진리 **문의** 033-640-4536(모래시계공원 관리사무소) **입장료** 없음(정동진 레일바이크 2인승 2만5000원, 4인승 3만5000원) **운영 시간** 24시간(연중무휴)

일출 명소로 유명한 정동진은 TV 드라마 〈모래시계〉에서 바닷가의 조그마한 역사와 기차역 뒤편으로 펼쳐진 풍경이 너무도 아름답게 그려져 전 국민에게 알려진 곳이다. 이후 공원을 조성해 모래시계를 설치한 후 모래시계공원이라는 이름으로 불리게 되었다. 시원하게 펼쳐진 정동진 바다를 감상하며 힐링하기 좋다. 새해에는 해돋이 명소로 많은 인파가 몰린다.

잘 끓인 국밥 한 그릇
철뚝소머리집

식당 앞으로 철길이 나 있어 '철뚝'이라는 이름을 붙인 철뚝소머리국밥집은 가정집을 개조해 만든 간판 없는 식당이다. 메뉴는 소머리국밥 한 가지로 뽀얀 국물에 기분 좋은 육향이 나는 국밥과 담백한 밑반찬이 함께 나온다. 잡내 하나 없이 담백하면서도 진한 국물이 일품이다.

주소 강원도 강릉시 주문진읍 철둑길 42 **문의** 033-662-3747 **가격** 잡내 없이 진하고 담백한 국물이 일품인 소머리국밥 1만3000원 **영업시간** 07:00~16:00(첫째·둘째·셋째 주 목요일, 명절 당일 휴무, 재료 소진 시 영업 종료) **주차장** 없음

고택의 담백한 두부의 맛
400년집초당순두부

400년 된 고택에서 운영 중인 400년집초당순두부집은 강릉 초당순두부 마을에 있는 순두부 맛집이다. 가게에서 직접 재배한 콩으로 맑게 끓여 뚝배기에 담아내는 순두부와 얼큰한 두부전골, 김치를 곁들여 먹는 모두부 등 다양한 두부 요리를 깔끔하고 담백한 밑반찬과 함께 차려낸다.

주소 강원도 강릉시 운정길 121 **문의** 033-644-3516 **가격** 잘 삶은 수육과 김치볶음, 두부가 함께 나오는 초당두부 2만8000원, 순두부전골 2만4000원 **영업시간** 07:30~19:00 **주차장** 있음

빵이 가득한 오션뷰 카페
곳

사천해변 바로 앞 대로변에 아름다운 오션뷰 카페로 입소문이 자자한 카페 곳이 있다. 1~2층의 시원한 통창 너머 또는 3층 루프톱에서 시원한 동해 바다를 즐길 수 있다. 수제 초코 캐러멜 스프레드, 레몬 유자 생크림빵 등 다양한 베이커리를 판매해 고르는 재미가 있다.

주소 강원도 강릉시 사천면 진리 해변길 143 **문의** 033-646-4500 **가격** 에스프레소에 달콤한 연유가 어우러진 바다연유라테 6500원, 아메리카노 5500원 **영업시간** 09:00~21:00 **주차장** 있음

조용한 쉼을 즐길 수 있는

지경 국민여가캠핑장

양양에 위치한 지경리 국민여가캠핑장은 동해 바다와 소나무 숲이 맞닿은 자연 친화적 캠핑장이다. 캠핑장 앞으로는 맑고 고요한 지경해변이 펼쳐져 있어 해수욕과 일출 감상을 즐기며 캠핑을 할 수 있다. 또한 덱으로 된 캠핑 사이트가 잘 정비되어 있어 초보 캠퍼도 손쉽게 이용 가능하며, 시설도 깔끔하게 관리된다. 뒤편에는 소나무 숲이 드리워져 한여름에도 그늘이 풍부하여 시원한 바람과 함께 숲속을 거닐어도 좋다. 유유자적 혼자만의 휴식을 즐기려는 솔로 캠퍼에게도, 아이들과 함께 자연을 배우려는 가족에게도 최고의 만족감을 줄 수 있는 힐링의 공간이다.

"머무는 동안 파도소리에 잠들고 새소리에 눈뜨는 하루가 도심에서 찾기 힘든 감동을 선사해줬어요. 바다와 캠핑장 모두 잘 알려진 다른 공간들에 비해 비교적 조용하고 자연친화적어서 마음이 편안했어요. 바다, 숲, 하늘, 바람을 느끼며 진짜 휴식을 찾는 캠퍼들에게 추천해요."

휴양, 힐링, 바다, 체험

info 주소 강원도 양양군 현남면 지경리 24-8 **문의** 0507-1473-4568 **가격** 비수기 주중 32000원, 주말 40000원, 성수기 45000원 **영업시간** 입실 14:00, 퇴실 11:00
편의 시설 주차장 O, 편의점/마트 O, 화장실 O, 샤워 O, 취사 O, 전기 O, 덱 O, 사이드주차 O, 반려동물 O

동해 삼척

동트는 동해, 온몸으로 즐기는 삼척

강원도의 숨겨진 보석, 동해와 삼척. 일출 명소인 추암촛대바위에서 시작된 여정은 반달 모양의 해안선과 기암괴석이 절경인 장호항에서 절정을 맞고 유서 깊은 죽서루에서 차분히 마무리된다. 다양한 매력이 공존하는 동해와 삼척은 특별한 추억을 만들기에 더할 나위 없는 곳이다.

Drive Course · 이동 거리 **32.6km** · 소요 시간 **46분** · 전체 코스 **7시간**

01 추암촛대바위

애국가 첫 소절 배경 화면인 동해 일출 감상하기

1.9km
4분

02 삼척해수욕장

깨끗하고 넓은 백사장의 숨겨진 포토 존에서 인증숏

4.5km
10분

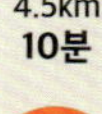

03 죽서루

오십천과 기암절벽의 조화가 아름다운 죽서루를 다른 각도에서도 감상하기

25km
28분

04 장호항

즐길 거리 가득한 바다 체험에 도전해보기

1.2km
4분

05 삼척해상케이블카

투명한 바다 아래 이국적인 장호항 감상하기

코스 01 추암촛대바위

파도와 바람이 빚어놓은 바위 숲

추암해변 촛대바위는 애국가 첫 소절의 배경 화면으로 등장하는 곳으로 바위틈 사이로 떠오르는 붉은 해의 모습을 담기 위해 새해가 되면 전국에서 많은 인파가 몰려드는 일출 명소다. 촛대바위 일대는 '능파대'라고도 불리는데, 바위 하나하나가 '대자연이 디딘 아름다운 걸음걸이'와 같다고 해서 이름 붙여졌다고 하니 예부터 대단했던 촛대바위의 절경에 빠져보자.

info 주소 강원도 동해시 추암동 산69 **문의** 033-530-2801 **입장료** 없음 **운영 시간** 하절기 09:00~18:00, 동절기 09:00~17:00

⊘ 이렇게 여행하자

☑ 촛대바위전망대에 올라 뾰족하게 솟은 촛대바위 감상하기 → ☑ 해암정 돌아보기 → ☑ 촛대바위 출렁다리 건너며 촛대바위 일원의 경관 감상하기 → ☑ 주차장 쪽에 위치한 조각공원 산책하기

코스 02 삼척해수욕장

⊘ 이렇게 여행하자

☑ 삼척해수욕장의 여러 포토 존에서 추억 사진 남기기 → ☑ 파도가 잔잔한 해수욕장에서 신나게 수영하기 → ☑ 마음에 드는 오션뷰 카페에서 여유롭게 바다 감상하기

info 주소 강원도 삼척시 교동 **문의** 033-570-3843(삼척시 문화관광과) **입장료** 없음 **운영 시간** 24시간(연중무휴)

바다와 하늘이 만나 자아내는 그림 같은 풍경

넓은 백사장이 돋보이는 삼척해수욕장은 해안 덱, 해변 놀이터, 포토 존 등 관광객을 위한 편의 시설을 잘 갖춘 삼척 최대의 해변이다. 동해안에서는 수심이 얕은 편으로 파도가 잔잔하며 모래가 부드러워 남녀노소 수영을 즐기기 좋고, 특히 어린아이가 있는 가족여행객에게 인기가 좋다. 대형 의자와 액자 틀 등 SNS에서 유명한 다양한 포토 존이 생겨 더욱 많은 사람들이 찾는다.

코스 03 죽서루

자연과 어우러진 절경

삼척시 서쪽을 흐르는 오십천이 내려다보이는 절벽에 자리 잡은 죽서루는 국보로 지정된 삼척의 대표적인 문화재다. 1266년 이전에 창건된 것으로 추정되며 깎아지른 듯한 절벽과 바다가 아닌 오십천의 맑은 물이 감싸는 오래된 누각으로 자연 암반 위에 세운 기둥이 특이하다. 숙종과 정조의 어제가 누각 위에 걸려 있으며 옛 시인과 화가의 풍류를 생생하게 느낄 수 있다.

info **주소** 강원도 삼척시 죽서루길 37 **문의** 033-570-3670 **입장료** 없음 **운영 시간** 하절기 09:00~18:00, 동절기 09:00~17:00(연중무휴)

◎ 이렇게 여행하자

☑ 죽서루 누각 돌아보며 위에 걸려 있는 숙종과 정조의 어제 감상하기 → ☑ 누각에서 오십천의 전망 관람하기 → ☑ 용문바위 돌아보기 → ☑ 삼척엑스포타운 쪽으로 이동해 절벽 위에 세운 죽서루 모습 감상하기

코스 04 장호항

낭만을 담은 바다 놀이터

반달 모양의 해안선과 투명한 에메랄드빛 바다로 '한국의 나폴리'라 불리는 아름다운 항구. 기암괴석이 감싸고 있는 바다에는 여유로이 스노클링을 즐기거나 유유자적 투명 카누를 타는 사람들이 점점이 떠 있다. 쪽빛 바다와 등대, 바위가 어우러진 풍광 위로 삼척 해상 케이블카가 오간다. 그저 가만히 바라보고만 있어도 여행객들에게 기대 이상의 감동을 선사한다.

info **주소** 강원도 삼척시 장호리 **문의** 070-4132-1601(장호어촌체험마을) **입장료** 없음(투명 카누 2인승(30분) 2만5000원, 스노클링 장비 세트(스노클링 장비+구명조끼) 1만3000원) **운영 시간** 매표소 09:00~17:30, 스노클링 09:00~18:30, 투명 카누 09:00~22:00(날씨 변화에 따라 변동 가능)

◎ 이렇게 여행하자

☑ 장호항에서 바다 체험 즐기기 → ☑ 기암괴석 위 산책로를 따라 전망대까지 오르기 → ☑ 갓 잡은 싱싱한 해산물 즐기기

"

코스 05 삼척해상케이블카

바다 위 전망대

삼척해상케이블카에서는 시야를 방해하는 건물 없이 장호항과 장호해변 등 동해안의 수려한 해안선을 한눈에 감상할 수 있다. 또 케이블카 바닥이 투명해 바다 위를 지날 때면 짜릿한 스릴이 느껴진다. 맑은 날이면 바다와 하늘의 모습이 파스텔 톤 수채화를 보는 것 같고, 흐린 날에는 운치 있는 수묵화를 보는 듯 다양한 얼굴을 지녔다.

info 주소 강원도 삼척시 근덕면 장호항길 12-10(장호역) **문의** 1688-4268 **입장료** 왕복 어른 1만 원, 어린이 6000원 / 편도 어른 6000원, 어린이 4000원 **운영 시간** 09:00~18:00, 매표 마감 17:10(첫째·셋째 주 화요일 휴무, 날씨에 따라 휴장 또는 운행이 중단될 수 있으니 사전 확인 필수)

⊙ 이렇게 여행하자

☑ 트릭아트(AR) 존 체험해보기 → ☑ 전망대에서 장호항해변과 어우러진 케이블카의 모습 감상하기 → ☑ 케이블카에 탑승해 그림 같은 동해 바다 감상하기

매콤하게 조려낸 생선모둠찜
울릉도호박집

이곳은 〈식객 허영만의 백반기행〉과 〈한국인의 밥상〉 등 TV에 여러 차례 방영된 삼척 맛집이다. 주메뉴인 생선모둠찜에는 제철 생선에 감자, 무, 두부 등의 부재료를 넉넉하게 넣어 매콤,달달,짭짤한 맛이 밥을 절로 부른다. 한번 맛보면 계속 생각나는 맛집 중의 맛집이다.

주소 강원도 삼척시 오십천로 496 **문의** 033-574-3920 **가격** 제철 생선과 감자, 무, 두부를 넣어 조려낸 생선모둠찜 4만 원, 호박술 6000원 **영업시간** 10:00~18:00(방문 전 영업 여부 확인 필요) **주차장** 없음

동해 바다가 한 접시에 담긴
부흥횟집

오징어, 전어, 광어, 가자미, 숭어, 문어까지 동해 바다 생선을 모두 맛볼 수 있는 묵호항 맛집이다. 그날 들어온 생선이 떨어지면 가게 문을 닫는 것이 철칙일 정도로 생선의 신선함을 중요하게 여기기 때문에 50년 동안 한결같은 맛을 지켜오고 있다.

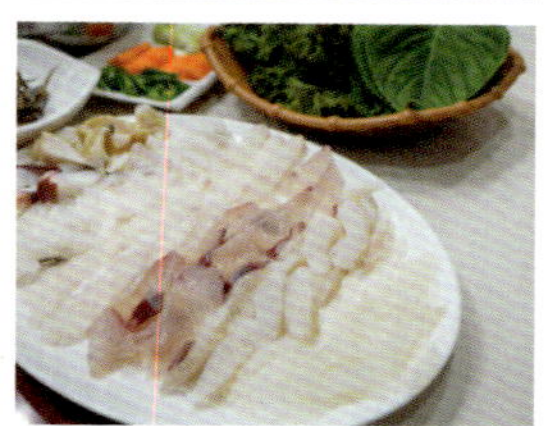

주소 강원도 동해시 일출로93 **문의** 033-531-5209 **가격** 새콤하고 시원한 국물에 싱싱한 회를 듬뿍 담은 물회 1만5000원, 모둠회 4만 원 **영업시간** 09:30~20:00(브레이크 타임 14:30~17:00 / 첫째 주 일요일, 셋째 주 월요일, 명절 연휴 휴무 **주차장** 있음

커피의 새로운 물결
보사노바 커피로스터스

보사노바 커피로스터스는 2015년 강릉 안목해변 카페 거리에서 문을 연 전문 커피 로스터리 카페다. 보사노바에서는 숙련된 바리스타가 정성스럽게 내려주는 향긋한 핸드드립 커피나 오늘의 커피를 즐겨보길 추천한다. 탁 트인 바다를 바라보며 커피 한잔의 여유를 누려보자.

주소 강원도 삼척시 새천년도로 517 **문의** 033-573-0338 **가격** 다양한 원두로 정성스럽게 내린 핸드드립 커피 6500원, 스페니시 라테 6300원 **영업시간** 09:00~21:00(라스트 오더 20:30) / 연중무휴 **주차장** 있음

차박을 위한 모든 것이 갖춰진 차박의 성지

맹방해수욕장

바다 쪽은 내륙과 비교했을 때 차박하기 훨씬 수월하지만 맹방해수욕장은 수월함을 넘어 차박을 위한 거의 모든 것을 갖춘 곳이라고 할 수 있다. 우선 오션뷰는 기본에 잔디밭, 흙 밭 또는 시원한 그늘 아래에서 쉬기를 원한다면 울창한 소나무 숲에서도 캠핑을 즐길 수 있다. 해수욕을 하고 싶다면 고운 모래사장이 펼쳐진 맹방해수욕장으로 달려가면 된다. 주변으로는 편의점과 식당, 그리고 시에서 관리하는 깨끗한 화장실과 성수기에만 운영하기는 샤워실, 식수대까지 있어 차박을 하기에 전혀 불편함이 없다. 특히 모래사장이 끝없이 펼쳐진다 해서 '명사십리'로 불리는 만큼 캠퍼들이 분산되어 어느 정도 독립된 캠핑을 할 수 있는 것이 가장 큰 장점이다. 무작정 바다가 보고 싶은 날, 어디로 가야 할지 모른다면 이곳으로 떠나보자.

"동해에서 차박을 여러 번 했지만 맹방해수욕장이 차박의 성지인 줄은 전혀 몰라서 걱정스러운 마음을 안고 방문했는데, 도착하자마자 괜한 걱정을 했다는 생각이 들었어요. 여름 성수기였음에도 복작거리는 느낌 없이 각자 서로의 시간에 집중하는 캠퍼들의 모습이 인상 깊었죠. 날씨가 선선해지는 늦여름, 초가을에 다시 한번 가고 싶어요."

휴양, 힐링, 자연

info 주소 강원도 삼척시 근덕면 맹방해수욕장 **문의** 033-570-3843(삼척시 문화관광과) **입장료** 없음 **영업시간** 24시간(연중무휴)

편의 시설 편의 시설 주차장 O, 편의점/마트 O, 화장실 O, 샤워 O(해수욕장 개장 기간 동안), 취사 O, 전기 X, 덱 X, 사이드 주차 O, 반려동물 O

체크 사항 샤워장은 해수욕장 개장 기간에만 운영하므로 방문 전 미리 알아볼 것

울진 포항

맑고 영롱한 울진, 활기 넘치는 포항

울진에서 영덕을 거쳐 포항까지 이어지는 긴 여정. 여행 리스트에 한 번씩은 오르는 곳들이지만 제대로 여행한 사람은 의외로 많지 않다. 하트 해변에서 시작되는 여행이 구룡포 가옥거리에서 레트로 느낌으로 마무리되어 달릴수록 낭만에 빠져드는 드라이브 길이다.

Drive Course

· 이동 거리 **157km**　· 소요 시간 **2시간 29분**　· 전체 코스 **6시간**

01 〈폭풍속으로〉 드라마 세트장

하트 해변을 볼 수 있는 죽변 해안스카이레일 타보기

42km
35분

02 월송정

월송정 앞 카페에서 녹음을 즐기기

70km
59분

03 이가리 닻 전망대

전망대 끝까지 걸어가 낭만적인 인생 사진 남기기

19km
25분

04 영일대해수욕장

영일정에 올라 드넓은 동해 바다 감상하기

26km
30분

05 구룡포 일본인 가옥거리

드라마 속 촬영지에서 주인공 따라 하기

코스 01 드라마 <폭풍속으로> 세트장

하트 해변으로 더 유명한 곳

동해안의 한적한 마을이었던 죽변의 작고 아름다운 언덕에 위치한 <폭풍속으로> 세트장은 인기리에 방영한 드라마의 주 촬영지로 알려지면서 관광 명소로 자리 잡았다. 따뜻한 지중해풍의 정감 어린 집과 언덕 위 등대를 배경으로 한 바다 풍경은 그림 같은 풍경을 연출한다. 특히 언덕 위의 집에서 죽변해변을 바라보면 해변이 하트 모양을 이루어 '하트 해변'으로도 불린다.

info 주소 경상북도 울진군 죽변면 죽변리 120-36 **문의** 054-789-6893 **입장료** 없음 **운영 시간** 세트장 외부 24시간(연중무휴), 내부(어부의 집) 09:00~18:00(11~3월 09:00~17:00)

⊙ 이렇게 여행하자

☑ 드라마 세트장 내부와 외부 돌아보기 → ☑ 해암정 돌아보기 → ☑ 하트 해변을 배경으로 사진 찍기 → ☑ 해안 덱 산책하기 → ☑ 대나무 숲길(용의 꿈길)을 걸어 죽변등대 올라가보기

코스 02 월송정

달빛과 어울리는 솔숲

고려시대에 처음 지은 누각으로 오래되어 없어진 것을 1980년대 옛 양식을 본떠 새롭게 지었다. 월송정의 명칭은 '달빛과 어울리는 솔숲'이라는 뜻과 '신선이 솔숲을 날아 넘는다'는 뜻에서 유래되었다는데, 어느 것이든 고전적이면서 낭만적이다. 예부터 조선 팔도에서 가장 풍경이 뛰어난 정자로 꼽힐 정도로 경치가 아름다워 수많은 시인과 묵객이 즐겨 찾았다고 한다.

info 주소 경상북도 울진군 월송정로 517 **문의** 054-782-1501 **입장료** 없음 **운영 시간** 24시간(연중무휴)

⊙ 이렇게 여행하자

☑ 울창한 소나무 숲길 걷기 → ☑ 월송정에 올라 동해 바다 감상하기 → ☑ 월송정 입구 카페에서 송림 바라보며 커피 한잔하기

코스 03 이가리 닻 전망대 

포항의 바다를 한눈에 담는 전망대

이가리 닻 전망대는 선박을 정착시키는 닻을 형상화한 높이 10m, 길이 102m 규모의 전망대다. 하늘 위에서 보면 닻 모양이 더욱 확실하게 드러나는데, 닻의 끝부분 화살표는 이곳에서 251km 떨어진 독도를 가리켜 국토 수호의 염원을 담고 있다. 울창한 해송을 지나 전망대에 오르면 포항의 바다가 시원스레 펼쳐지고, 전망대 오른쪽으로는 이가리 간이해수욕장의 풍경을 즐길 수 있다.

info 주소 경상북도 포항시 북구 청하면 이가리 산 67-3 **문의** 054-270-3204 **입장료** 없음 **운영 시간** 9~5월 09:00~18:00, 6~8월 09:00~20:00(연중무휴)

이렇게 여행하자

☑ 해송 감상하며 전망대로 향하기 → ☑ 해암정 돌아보기 → ☑ 전망대에서 아래로 향하는 계단을 통해 해수욕장 방향으로 걸으며 산책하기

코스 04 영일대해수욕장

포항 시민의 사랑을 한 몸에 받는 곳

포항의 대표적인 해수욕장으로 끝이 보이지 않는 넓고 긴 백사장은 모래가 고와 여름철이면 많은 관광객이 찾는다. 저녁이 되면 바다 위 해상 목조 누각, 영일정에 화려한 조명이 켜져 은은한 분위기의 밤바다를 즐길 수 있는데, 밤이 깊어갈수록 해변에 부서지는 하얀 파도와 어우러져 빛나는 포스코가 뿜어내는 밝은 조명과 함께 환상적인 야경을 자랑한다.

info 주소 경상북도 포항시 두호동 685-1 **문의** 054-246-0041 **입장료** 없음 **운영 시간** 24시간(연중무휴)

이렇게 여행하자

☑ 영일대해수욕장에서 해수욕 즐기기 → ☑ 해변 산책로를 따라 영일만, 포스코, 해상 누각 풍경 즐기며 걷기 → ☑ 영일교를 지나 영일정에 올라 동해 바다 감상하기

코스 05 구룡포 일본인 가옥거리

구룡포 일본인 가옥거리는 150여 년 전 일본인이 살던 곳이다. 각종 개발로 훼손되면서 가옥 몇 채만 남아 있던 것을 포항시가 우리의 아픈 역사를 기억하고자 정비해 '일본인 가옥거리'로 조성했다. 당시 내부를 그대로 보존해 카페로 운영하는 곳도 있다. 거리 중앙의 가파른 계단에 올라 내려다보는 가옥거리와 구룡포항의 모습은 대한민국 경관대상을 받을 정도로 아름답다.

info **주소** 경상북도 포항시 남구 구룡포읍 호미로 277 **문의** 054-276-9605(구룡포근대역사관) **입장료** 없음 **운영 시간** 24시간(구룡포근대역사관 10:00~17:30, 연중무휴)

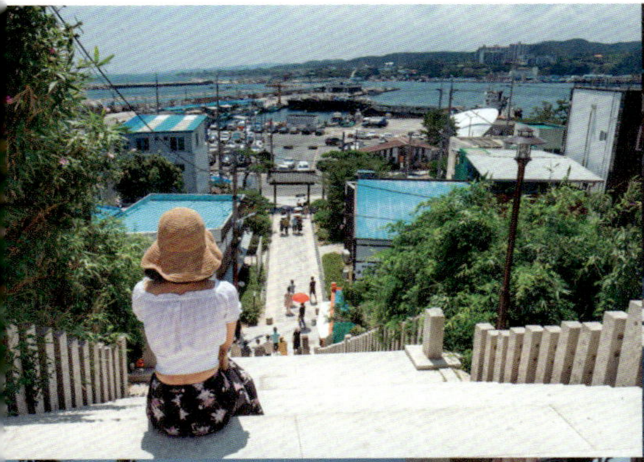

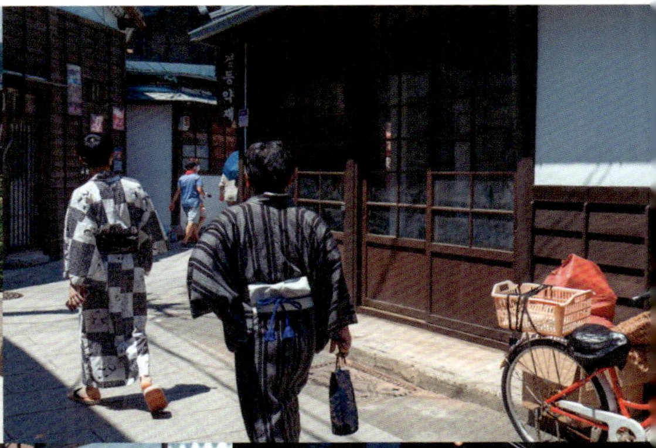

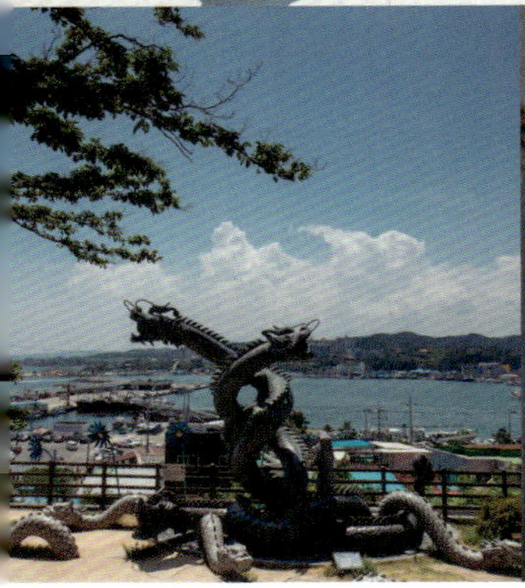

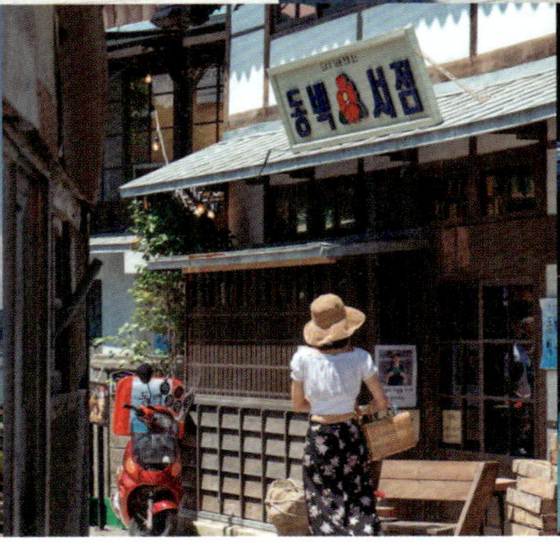

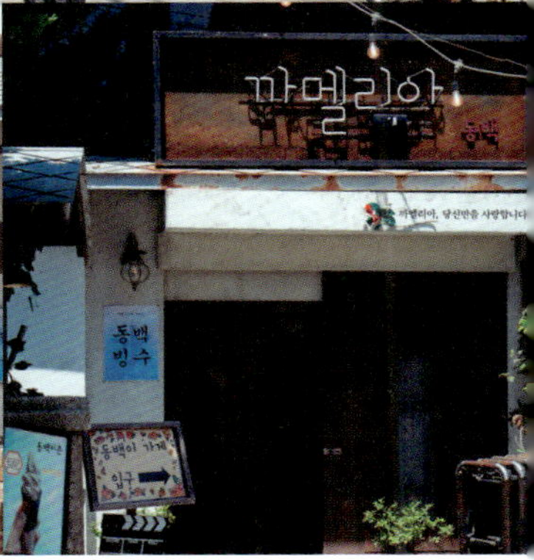

◎ **이렇게 여행하자**

☑ 가옥거리의 중앙 계단을 올라 구룡포항 전망 감상하기 → ☑ 카멜리아 카페 또는 일본식 전통 찻집에서 차 마시기

물회 최강 달인의 집
영천회식당

죽도 시장 내에 자리 잡은 영천회식당은 TV에도 나온 물회 최강 달인의 집으로 물회와 대게 맛집이다. 최강물회, 참가자미, 도다리, 전복물회 등 다양한 물회를 맛볼 수 있고, 코스 요리의 경우 싱싱하고 푸짐한 회와 대게, 그리고 맛깔스러운 밑반찬이 함께 나와 든든하다.

주소 경상북도 포항시 북구 죽도시장길 40 **문의** 054-243-3384 **가격** 멍게와 전복, 각종 회에 채소를 더한 최강물회 2만 5000원, 대게, 해물, 물회를 모두 즐길 수 있는 코스 요리 10만 원 **영업시간** 10:00~24:00 **주차장** 없음(인근 공영 주차장 이용 가능)

인생 전복죽
동심식당

건물 외관부터 오랜 역사와 내공이 느껴지는 동심식당은 전복죽 맛집이다. 전복죽은 푸짐한 양에 고소함이 입안 가득 풍기고, 큼지막하게 자른 전복의 씹는 맛이 제대로 느껴진다. 함께 차려내는 경상도식 김치와 된장에 버무린 아삭한 고추무침은 전복죽과 최고의 궁합이다.

주소 경상북도 울진군 후포면 후포로 244-2 **문의** 054-788-2557 **가격** 싱싱한 전복이 큼지막하게 들어 있는 전복죽 1만 4000원, 모둠회(중) 6만 원 **영업시간** 08:00~15:30(연중무휴) **주차장** 있음

에스프레소 맛집
디폴트커피바

해변이 내려다보이는 한적하면서도 전망 좋은 곳에 위치한 디폴트커피바는 에스프레소를 주메뉴로 취급하는 카페다. 내부는 화이트, 우드, 그린으로 꾸민 듯, 안 꾸민 듯 자연스럽게 채워져 있고, 테이블부터 의자, 소품까지 감각적이다. 에스프레소와 바다가 생각나는 날 방문해보자.

주소 경상북도 포항시 남구 구룡포읍 일출로 14 **문의** 010-5909-7656 **가격** 누텔라 초코와 우유크림을 곁들인 에스프레소, 누콜라토 5500원, 디폴트라테 6500원 **영업시간** 10:00~19:00(19시 30분 라스트 오더) **주차장** 있음

사람과 자연이 공존하는

고래불국민야영장

고래불국민야영장은 병풍처럼 둘러쳐진 솔밭을 끼고 해변에 위치해 해수욕은 물론 시원한 그늘 아래 캠핑을 즐길 수 있어 사람과 자연이 공존하는 야영장이다. 솔숲 텐트, 오토캠핑, 캐러밴 존을 갖춘 대규모 캠핑장으로 숲속 어린이 놀이터, 바닥 분수, 유아 풀장과 해안 산책로 등의 여가를 위한 시설도 잘 갖춰져 있어 남녀노소, 특히 가족 단위 여행객에게 많은 사랑을 받고 있다. 편안하고 조용한 분위기에서 일상에 지친 몸과 마음을 치유할 수 있는 힐링 쉼터다.

"고래불이라는 이름이 특이해서 찾아보니 해수욕장 앞바다에 고래가 하얀 분수를 뿜으며 놀고 있는 모습을 보고 고래 불(뻘의 약자)이라 부른 데서 비롯되었다고 해요. 해수욕장 바로 앞에 위치한 캠핑장의 어마어마한 규모에 한 번 놀라고, 예약이 꽉 찼던 성수기에 방문했음에도 조용하고 차분한 분위기에 또 한 번 놀란 곳이에요. 조용한 곳에서 힐링 캠핑을 원하는 캠퍼들에게 추천하고 싶어요."

바다, 해수욕, 힐링

info 주소 경상북도 영덕군 병곡면 고래불로 68 **문의** 054-734-6220 **가격** 주말 기준 7~8월 성수기 텐트 사이트(차량 진입 X) 3만5000원, 오토캠핑 사이트(캠핑카, 트레일러만 이용 가능) 4만 원, 캐러밴 4인용 10만 원 / 비수기 텐트 사이트, 오토캠핑 사이트 각 3만 원, 캐러밴 4인용 7만 원 **영업시간** 오토캠핑 사이트 입실 14:00·퇴실 13:00, 캐러밴 입실 15:00·퇴실 11:00 / 연중무휴
편의 시설 주차장 O, 편의점/마트 O, 화장실 O, 샤워 O(해수욕장 개장 기간 동안), 취사 O, 전기 O, 덱 O, 사이드 주차 X(공용 주차장 주차 가능), 반려동물 X
체크 사항 캠핑장 내에도 물놀이장이 있으며 야영장 이용 고객은 1일 1회 무료입장 가능하니 물놀이장을 운영하는 기간이라면 꼭 이용하자. 1회 초과 시에는 별도 입장권(3000원)을 구매하면 된다.

훌쩍 떠나는
서해안
드라이브

인천 화성

낭만과 다채로움이 함께하는 인천·화성

인천은 수도권에서 바다가 보고 싶을 때 언제든 달려갈 수 있는 매력적인 여행지다. 보석 같은 해변, 감탄을 자아내는 이국적인 풍경, 그리고 '모세의 기적'을 경험할 수 있는 섬마을까지. 인천에서 시작된 여정은 화성에서 마무리된다. 시원한 바닷바람을 느끼고 싶을 때 가볍게 떠나보자.

Drive Course · 이동 거리 **38.4km** · 소요 시간 **52분** · 전체 코스 **7시간**

01 십리포해수욕장

수평선 너머 인천국제공항과 인천대교가 보이는 이색적인 캠핑에 도전해보기

6.6km
10분

02 선재도

작지만 아기자기한 매력이 있는 어촌체험마을에서 다양한 체험 해보기

22km
27분

03 탄도항

풍력발전기를 배경으로 물길이 환상적인 누에섬의 등대전망대까지 걸어보기

9.8km
15분

04 제부도

제부도 아트파크 둘러보기

코스 01 십리포해수욕장

십리포해수욕장은 특이한 모양의 소사나무가 해변을 둘러싸고 있는 소사나무 최대 군락지다. 인천공항이 가까워 해수욕을 하면서 하늘 위로 나는 비행기를 구경하는 재미가 쏠쏠하고, 야간에는 수평선 너머로 인천시와 인천국제공항의 화려한 조명이 어우러진 모습이 이색적이다. 썰물 때는 뻘에서 소라, 바지락 등을 채취할 수 있어 갯벌 체험을 즐기는 가족 단위 관광객이 많다.

info **주소** 인천시 옹진군 영흥면 내리 734 **문의** 032-886-6717 **입장료** 없음 **운영 시간** 24시간(연중무휴)

⊙ 이렇게 여행하자

☑ 신나게 해수욕 즐기기 → ☑ 소사나무 숲 산책하며 휴식하기 → ☑ 갯벌 체험해보기

코스 02 선재도

영흥도의 관문 격인 선재도는 '선녀가 내려와 춤추던 곳'이라 해서 붙은 이름으로 경관이 매우 독특하고 아름답다. 특히 썰물 때가 되면 바다가 갈라지듯 목섬과 측도로 이어진 모랫길이 드러나는데, 바다를 가로질러 걷는 기분이 새롭다. 작은 무인도인 목섬에서 바라보는 선재도의 풍경 역시 이색적이다. 섬이 작아 가볍게 산책 삼아 다녀오기 좋다.

info **주소** 인천시 옹진군 영흥면 선재리 **문의** 032-899-3810(옹진군 관광문화과) **입장료** 없음 **운영 시간** 24시간(연중무휴)

⊙ 이렇게 여행하자

☑ 썰물 시간에 방문해 바다에 난 모랫길을 걸으며 목섬까지 가보기 → ☑ 어촌체험마을에서 다양한 체험 해보기 → ☑ 바다 앞 카페에서 아름다운 낙조 감상하기

코스 03 탄도항과 누에섬

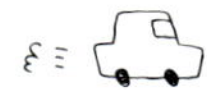

**누에섬을
품은
탄도항**

일몰이 아름답기로 유명한 탄도항은 갯벌 사이로 풍력발전기가 어우러진 이색적인 풍경으로 유명세를 탄 곳이다. 하루 두 번 바닷물이 빠지면 탄도항에서 맞은편 누에섬까지 이어지는 길이 마법처럼 생겨나 바닷길을 따라 흰 등대가 우뚝 솟은 누에섬까지 산책을 다녀올 수 있다. 등대전망대와 풍력발전기가 어우러져 동화 같은 모습을 연출하며 많은 사람들의 발길이 이어진다.

info **주소** 경기도 안산시 단원구 선감동 717-5 **문의** 1899-1720(대부도 관광안내소) **입장료** 없음
운영 시간 누에섬 물때에 따라 변동, 입장은 마감 30분 전(월요일, 1월 1일, 설날, 추석 휴관)

☑ 탄도항에서 누에섬까지 이어진 길 따라 산책하기 → ☑ 시간이 된다면 누에섬 등대전망대에 올라 아름다운 서해 바다 감상하기 → ☑ 갯벌 체험 해보기

코스 04 제부도

바닷길 갈라 모세처럼 걷기

제부도는 일명 '모세의 기적'을 볼 수 있는 신비의 섬이다. 썰물 때면 하루에 두 번씩 바닷물이 양쪽으로 갈라져 섬을 드나들 수 있는 약 6.5km의 길이 열린다. 규모가 크지 않은 섬임에도 각종 식당과 카페, 숙박 시설이 즐비하고 수도권과 가까워 1박 2일 여행지로 인기 만점이다. 저녁이면 푸른 바다, 매바위와 어우러진 석양이 장관을 연출해 멋진 추억을 만들 수 있다.

info 주소 경기도 화성시 서신면 제부리 **문의** 1577-4200 **입장료** 없음 **운영 시간** 24시간(연중무휴)

⊙ 이렇게 여행하자

☑ 제부도해수욕장에서 해수욕 즐기기 → ☑ 장비를 모두 갖추고 갯벌 체험 해보기 → ☑ 제부도 아트파크 돌아보기 → ☑ '걷기 좋은 여행길'에 선정된 제부도 제비꼬리길 편안히 걸으며 추억 쌓기

싱싱함으로 승부하는
이백분조개구이

영흥도 조개구이 맛집으로 잘 알려진 이백분조개구이는 싱싱하고 알이 꽉 찬 여러 종류의 조개구이와 조개찜, 새우, 소라 등 각종 해산물을 판매한다. 가격 대비 푸짐한 조개와 함께 주인장의 남다른 친절로 더 맛있게 굽는 법을 안내해 맛있게 즐길 수 있다.

주소 인천시 옹진군 영흥면 영흥로 109-12(영흥수협수산물직판장) **문의** 032-883-7050 **가격** 싱싱하고 알이 꽉 찬 조개구이(소) 5만 원, 바지락칼국수 1만 원 **영업시간** 평일 10:00~22:00, 주말 10:00~22:00(월요일 휴무) **주차장** 있음

휴양지에 온 듯한 기분
카페 메르디

카페에 들어선 순간 가장 먼저 보이는 야자수와 탁 트인 푸른 바다, 휴양지 느낌이 가득한 아름다운 테라스가 손님을 맞이한다. 카페 이름에 걸맞게 2층에는 화려한 장미꽃으로 가득한 포토 존이 있다. 바다를 즐기며 따뜻한 커피 한잔의 여유를 만끽하자.

주소 인천시 옹진군 영흥면 선재로 354 **문의** 032-880-0433 **가격** 카페 아인슈페너 7500원 **영업시간** 평일 10:00~20:00(라스트 오더 19:30 / 명절 당일 휴무) **주차장** 있음

이국적인 분위기가 물씬
선재도뻘다방

선재대교를 지나자마자 만날 수 있는 선재도뻘다방. 바다를 즐기기 좋은 야외 테이블과 실내로 구분되어 있으며 발리의 어느 휴양지에 온 듯한 인테리어가 무척 이국적이다. 바로 앞 해변에 만들어놓은 포토 존이 반대편 목섬과 어우러져 한 폭의 그림처럼 아름답다.

주소 인천시 옹진군 영흥면 선재로 55 **문의** 032-889-8300 **가격** 크로플과 함께하면 좋은 6종의 스페셜티 커피, 아메리카노 6500원, 크로플 7000원 **영업시간** 10:00~20:30(화요일 휴무, 반려견 동반 가능) **주차장** 있음

자연과 함께 어우러진

선재도 트리캠핑장

선재도에서 영흥대교를 건너기 전, 영흥도 바다를 품은 숲속 명당 자리에 선재도 트리캠핑장이 있다. 울창한 나무로 둘러싸인 캠핑장에 들어서면 나무 덱이 바다 뷰로 각각 독립적으로 조성되어 있어 조용히 캠핑을 즐기기 좋다. 숲에서는 새들의 지저귐, 바다에서는 파도 소리가 들려 마음이 편안해진다. 숲길을 따라 조금만 내려가면 갯벌이 보이는데, 아이들은 갯고둥과 바지락을 캐는 데 푹 빠져 있다. 자연에 동화된, 자연과 어우러진 낭만이 넘친다.

"생각보다 인천과 화성 쪽에 차박지나 캠핑장이 많지 않아 오랜 조사를 통해 찾은 곳이에요. 개인적으로 숲에서 캠핑하는 것을 좋아하는데, 트리캠핑장은 이름처럼 울창한 숲속에서 조용히 시간을 보낼 수 있었고, 바다 뷰는 선물 같은 느낌이었어요. 바다 뷰 사이트가 아니더라도 조금만 내려가면 바다에서 시간을 보낼 수 있고, 조명이 켜진 밤에는 좀 더 로맨틱해요. 계절별로 방문해서 각각의 분위기를 즐겨보고 싶어요."

자연, 힐링, 캠핑, 바다

info 주소 인천시 옹진군 영흥면 선재로306번길 27-55 **문의** 010-9447-9410 **가격** 오토캠핑 사이트 1박 6만~7만 원(2박 우선 캠핑장, 이용일 기준 7일 이내에 빈자리가 있다면 1박 예약 가능) **영업시간** 체크인 14:00~20:00, 체크아웃 12:00(연중무휴)
편의 시설 주차장 O, 편의점/마트 O, 식당 X, 화장실 O, 샤워 O, 취사 O, 전기 O, 덱 O, 사이드 주차 O, 반려동물 O(5kg 이하)
체크 사항 · 1개의 덱에는 텐트 1동만 설치 가능하고 덱에서는 꼭 전용 팩만 사용해야 한다. · 텐트 내 기준 인원은 성인 2인 또는 성인 2인과 아이 2명(다자녀 가족의 경우는 예외)만 가능하니 예약 전 참고하자. · 갯벌 체험을 할 수 있으니 간단한 도구를 챙겨 가자.

태안

서해의 아름다움을 오롯이 간직한 곳

바다로 둘러싸인 태안의 드라이브 길은 광활한 해변이 끝도 없이 펼쳐진다. 서해안 3대 해변 중 하나인 만리포해수욕장과 노을이 아름다운 꽃지해수욕장, 신비로운 신두리해안 사구와 소나무 천연림으로 이루어진 안면도자연휴양림은 매력이 넘친다. 바다와 숲이 주는 자연의 향기에 둘러싸여보자.

Drive Course · 이동 거리 **63.2km** · 소요 시간 **1시간 23분** · 전체 코스 **8시간**

01 신두리해안사구

모래언덕에서 사막에 온 듯한
느낌의 재미있는 사진 찍기

12km
15분

02 만리포해수욕장

다양한
해양 스포츠 즐기기

48km
54분

03 안면도 자연휴양림

소나무 향 맡으며
스카이워크까지 오르기

도보
5분

04 안면도수목원

신비로움을 느낄 수 있는
다양한 테마원 돌아보기

3.2km
9분

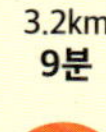
05 꽃지해수욕장

할미·할아비바위가 있는
우리나라 3대 일몰 명소의
일몰은 놓치지 말 것!

코스 01 신두리해안사구

바람이 빚어놓은 모래언덕

신두리해안사구는 2001년에 천연기념물 제431호로 지정되어 나라의 보호를 받는 국내 최대의 모래언덕이다. 해안사구는 바닷물에 잠겨 있던 모래가 조수 간만의 차로 썰물일 때 햇볕에 마르고 바람에 의해 해안 주변에 쌓이는 모래언덕을 말한다. 바람이 빚어놓은 해안사구는 주변에서 흔히 볼 수 없는 원시적인 생태를 그대로 간직해 신비로운 분위기를 느끼게 해준다.

info 주소 충청남도 태안군 원북면 신두해변길 201-54(신두리해안사구센터) **문의** 041-672-0499 **입장료** 없음 **운영 시간** 하절기 09:00~18:00, 동절기 09:00~17:00(월요일 휴관)

⊙ 이렇게 여행하자

☑ 신두리사구센터 → ☑ 나무 덱을 걸으며 모래언덕 전망대 오르기 → ☑ 고라니동산을 걸으며 모래에 도장처럼 찍혀 있는 고라니 발자국 찾아보기 → ☑ 순비기언덕에서 순비기나무 군락지 돌아보기

코스 02 만리포해수욕장

서퍼들의 천국 '만리포니아'

만리포해수욕장은 서해안 3대 해수욕장 중 하나로 손꼽히며 천리포해수욕장과 함께 태안해안국립공원의 명소다. 질 좋은 고운 모래사장은 물론 바닷물이 비교적 맑고, 수심이 얕아서 물놀이를 즐기는 이들에게 인기가 좋다. 지금은 미국의 서핑 명소인 캘리포니아와 만리포를 합친 '만리포니아'라고 불리며 아름다운 해변에서 서핑을 즐기고자 하는 서퍼들로 가득하다.

info 주소 충청남도 태안군 소원면 모향리 **문의** 041-672-9662(태안군 관광과) **입장료** 없음 **운영 시간** 24시간(연중무휴)

⊙ 이렇게 여행하자

☑ 고운 모래 위를 걸으며 파라솔을 펴고 해수욕 즐기기 → ☑ 해양 스포츠 즐기기 → ☑ 만리포 전망타워 가보기 → ☑ 천리포수목원 둘러보기

코스 03 안면도자연휴양림

솔향기 가득한 소나무 천연림

안면도에는 수령 100년 내외의 소나무가 울창한 국내 최대 규모의 소나무 천연림인 안면도자연휴양림이 있다. 휴양림 안으로 들어서면 가장 먼저 산림전시관이 방문객을 맞이한다. 하늘을 향해 시원스레 뻗은 소나무에서 뿜어져 나오는 솔 내음을 맡으며 나무 덱을 따라 걸어 올라가면 스카이워크까지 이어진다. 놀이터, 정자 등 편의시설을 갖추어 자연 속에서 편안하게 쉬어 갈 수 있다.

info 주소 충청남도 태안군 안면읍 안면대로 3195-6 **문의** 041-674-5019 **입장료** 어른 1500원, 청소년 1300원, 어린이 700원, 주차료 3000원 **운영 시간** 3~10월 09:00~18:00, 11~2월 09:00~17:00(첫째 주 수요일 휴관, 공휴일인 경우 다음 날 휴관)

⊘ **이렇게 여행하자**

☑ 스카이워크까지 이어진 무장애 나눔길 걷기 → ☑ A·B·C코스 중 마음에 드는 코스 산책하기 → ☑ 산림전시관 구경하기

코스 04 안면도수목원

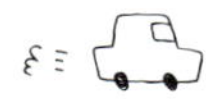

숲속의 고요함을 맛볼 수 있는 곳

안면도자연휴양림 맞은편에 위치한 안면도수목원은 풀 내음 그윽한 언덕배기에 아늑하게 자리한다. 여러 개의 테마원으로 조성되었으며, 향토 수종과 희귀식물이 잘 보존되어 있어 소나무 숲은 물론 덩굴식물, 상록수원 등 계절마다 달라지는 자연의 모습을 느낄 수 있다. 중간중간 포토 존, 휴식 공간, 고즈넉한 정자 등 쉴 곳이 많아 쉬엄쉬엄 풍경을 둘러보며 산책하기 좋다.

info 주소 충청남도 태안군 안면읍 안면대로 3195-6 **문의** 041-674-5019 **입장료** 어른 1500원, 청소년 1300원, 어린이 700원 **운영 시간** 3~10월 09:00~18:00, 11~2월 09:00~17:00, 폐장 1시간 전까지 입장 가능(첫째·셋째 주 수요일 휴관)

⊘ **이렇게 여행하자**

☑ 치유의 숲길, 약속의 숲길 걷기 → ☑ 계절마다 달라지는 테마원은 꼭 들르기 → ☑ 전망대에 올라 수목원 전망 감상하기

코스 05 꽃지해수욕장 

꽃지해수욕장에는 할미바위, 할아비바위가 유명한데 특히 바위 사이로 붉게 물드는 낙조는 태안을 상징하는 최고의 해안 풍경으로 손꼽힌다. 꽃지의 낙조를 보기 위해 또는 카메라에 담기 위해 사계절 내내 여행자와 사진작가의 발길이 끊이지 않는다. 긴 백사장을 걸으며 데이트를 즐기는 연인과 가족들의 모습이 어우러져 또 하나의 정감 있는 풍경을 만든다.

info 주소 충청남도 태안군 안면읍 승언리 **문의** 041-670-2691(태안군 관광과) **입장료** 없음 **운영시간** 24시간(연중무휴)

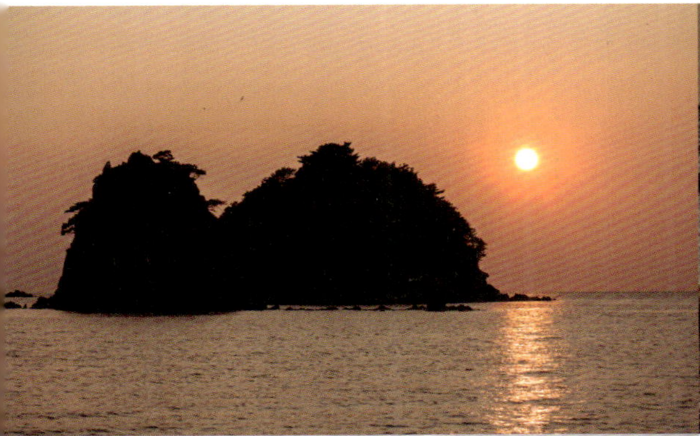

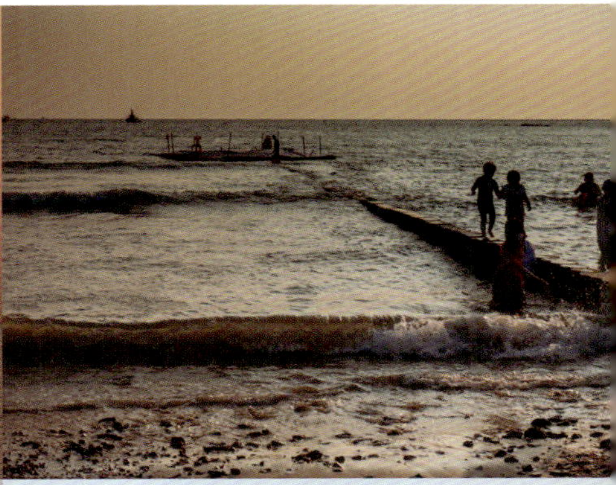

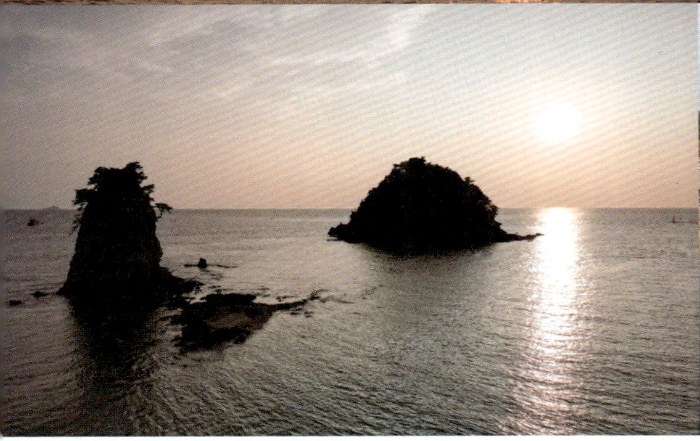

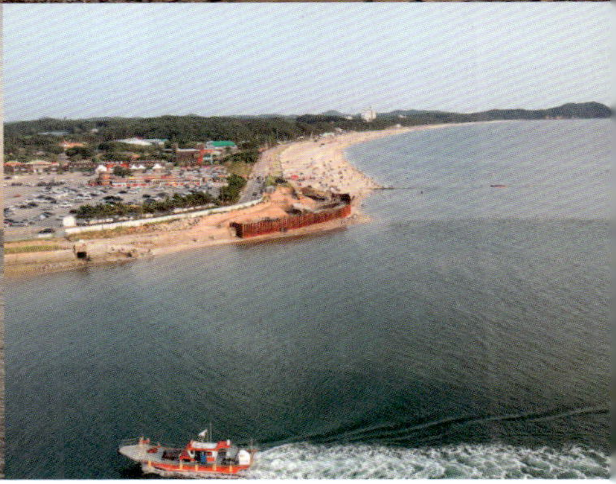

☑ 꽃지해수욕장에서 해수욕 즐기기 → ☑ 다리 건너편 방포항 방포수산에서 가성비 좋은 회 떠 먹기 → ☑ 일몰 시간에 맞추어 할미·할아비바위가 잘 보이는 곳에 자리 잡고 낙조 즐기기

35년 전통의 토박이 맛집
마검포 저녁노을횟집

TV에도 출연한 마검포 맛집, 저녁노을횟집은 서해 바다 뷰를 품고 있어 저녁에는 식사를 하며 아름다운 저녁노을을 볼 수 있는 뷰 맛집으로도 유명하다. 꽃게와 대하, 직접 담근 게장소스로 담근 겉절이김치와 늙은 호박을 넣고 끓인 구수하고 담백한 탕, 게국지가 일품이다.

주소 충청남도 태안군 남면 마검포길 423-4 **문의** 041-674-8267 **가격** 구수하고 담백한 태안의 향토음식 게국지·갑오징어물회 5만 원 **영업시간** 09:00~21:00(1~2월 동절기에는 방문 전 영업 여부 확인 필요) **주차장** 있음

국물에 진심인 맛집
전통딴뚝칼국수

만든 이의 진심이 느껴지는 칼국수 맛집, 전통딴뚝칼국수의 대표 메뉴인 해물칼국수는 화학조미료를 사용하지 않고 직접 재배한 채소와 신선한 국내산 해산물을 넣고 끓여 자극적이지 않고 담백하다. 특히 45년 된 씨간장을 사용해 2년 이상 숙성한 된장으로 국물을 내 맛이 깊고 진하다.

주소 충청남도 태안군 안면읍 안면대로 3018 **문의** 041-673-1220 **가격** 깔끔하고 개운한 육수가 일품인 해물칼국수 1만2000원, 왕만두 1만 원 **영업시간** 08:30~20:00(연중무휴) **주차장** 있음

꾸민 듯, 꾸미지 않은 듯
해피준

파도리 끝 쪽에 있는 카페 해피준은 빈티지한 느낌의 바다 뷰 루프톱 카페다. 주변 환경과 완벽하게 스며든 듯 자연스럽게 어우러진 모습에 파도리해변이 마치 이 카페를 위한 프라이빗 비치처럼 느껴진다. 이국적인 바다 풍경을 감상하고 싶다면 하늘이 예쁜 맑은 날 들러보자.

주소 충청남도 태안군 소원면 파도길 63-12 **문의** 0507-1335-5154 **가격** 고소한 맛의 쑥라테 6500원, 아메리카노 5500원 **영업시간** 월~금요일 11:00~18:30, 토요일 10:00~20:00, 일요일 10:00~19:00 **주차장** 있음 ※ 반려견 동반 가능

태안의 바다를 한눈에 담은 오션뷰 캠핑장

캠핑드림캠핑장

캠핑드림캠핑장은 서해 바다의 일출과 낙조를 같은 자리에서 바라보면서 편안한 쉼을 즐길 수 있는 오션뷰 캠핑장으로 감성적인 분위기와 럭셔리한 시설로 캠핑족 사이에서 입소문이 자자하다. 쾌적하게 관리된 부대시설과 반려견이 마음껏 뛰어놀 수 있는 애견 놀이터까지 갖추어 따뜻한 배려가 돋보인다. 캠핑장 바로 앞에 바다가 있어 낮에는 갯벌에서 조개잡이 체험을 하고, 저녁엔 붉게 물든 노을 속에서 하루를 마무리할 수 있다.

"오랜만에 떠난 서해 캠핑이어서 설레는 마음이 가득했어요. 도착하자마자 태안의 바다를 보면서 삼겹살을 구워 저녁 식사를 하는데 시원한 바람이 솔솔 불어와 상쾌했답니다. 개운하게 샤워를 한 후 시원한 맥주와 함께 노을과 별을 보면서 보낸 시간은 힐링 그 자체였어요. 탁 트인 바다를 배경으로 감성 넘치는 캠핑을 원한다면 후회 없으실 거예요."

자연, 힐링, 캠핑, 바다

info 주소 충청남도 태안군 근흥면 용도로 410-80 **문의** 010-9784-8894 **가격** 주중 4만~10만 원, 주말 6만~15만 원 **영업시간** 입실 14:00, 퇴실 11:30

편의 시설 주차장 O, 편의점/마트 O, 화장실 O, 샤워 O, 취사 O, 전기 O, 덱 O, 사이드 주차 O, 반려동물 O

체크 사항 · 조개잡이 체험이 가능하니 필요한 장비나 준비물을 챙겨가자. · 반려견 동반은 소형견만 가능하니 캠핑장에 자세한 사항을 문의한 후 예약하자.

서천 군산

자연 속 힐링과 근대 역사로 떠나는 여행

서천에서 군산까지 이어지는 드라이브 길은 청정 자연과 근대 역사로의 시간 여행을 떠나는 길이다. 또 하나의 지구 자체인 국립생태원과 장항송림산림욕장을 몸소 체험하고 과거 모습을 그대로 간직한 군산을 거쳐 신선이 노닐던 아름다운 선유도에서 황금빛 노을을 즐겨보자.

Drive Course ·이동 거리 56.5km ·소요 시간 1시간 3분 ·전체 코스 8시간

01 국립생태원

7.6km
9분

살아 있는 지구 생태계인 국립생태원의 생태 체험 프로그램에 참여해보기

02 장항송림 산림욕장

7.9km
12분

보랏빛 맥문동이 장관을 이루는 여름에 방문하기

03 군산 신흥동 일본식 가옥

41km
42분

일제강점기 일본식 가옥을 그대로 간직한 거리 구석구석 돌아보기

04 선유도

짚라인 타고 신선이 노닐던 아름다운 바다 위 날아보기

코스 01 국립생태원

전 세계
생태계가
한자리에

서천의 국립생태원은 살아 숨 쉬는 지구 생태계를 탐험해볼 수 있는 생태 체험 공간이다. 한반도의 숲과 습지, 암석, 그리고 세계 기후대별 다양한 생태계를 보여주며 무분별한 자연 훼손을 막고, 그 가치와 보전의 중요성에 대해 되새겨보게 하는 의미 있는 공간이다. 특히 에코리움의 경우 우아한 곡선미를 뽐내는 국립생태원의 랜드마크로 방문객들의 사랑을 듬뿍 받고 있다.

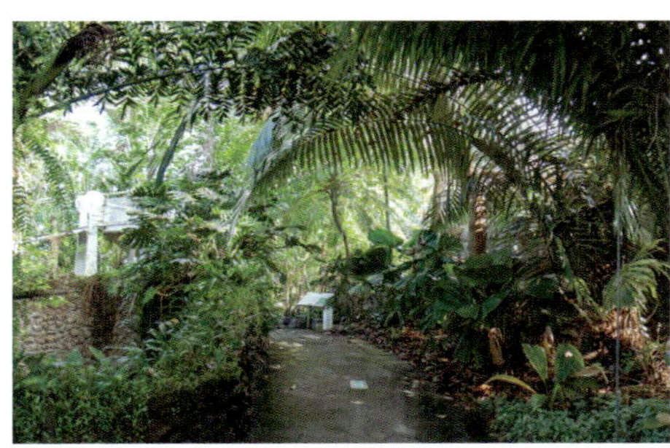

info 주소 충청남도 서천군 마서면 금강로 1210 **문의** 041-950-5300 **입장료** 어른 5000원, 청소년 3000원, 어린이 2000원 **운영 시간** 3~10월 09:30~18:00, 11~2월 09:30~17:00, 관람 시간 1시간 전 매표 마감(월요일 휴관, 월요일이 공휴일인 경우 첫 번째 평일 휴관)

⊙ 이렇게 여행하자

☑ 방문자센터에서 국립생태원 관람을 위한 정보 확인하기 → ☑ 국립생태원의 랜드마크인 에코리움 관람 및 탐험하기 → ☑ 야외 전시 구역 돌아보기

 코스 02 장항송림산림욕장

오래
머물고 싶은
솔숲

장항솔숲이라고도 불리는 장항송림산림욕장은 하늘을 가릴 정도로 빽빽이 들어선 소나무 숲이 아름다운 곳이다. 해안길과 소나무 숲길 중 마음에 드는 길을 골라 산책을 즐겨보자. 마른 솔잎이 바닥에 깔려 있어 폭신폭신 밟는 느낌이 좋다. 또 전국 최대 규모의 맥문동 군락지로 맥문동이 만개하는 8월 초부터 9월까지 보랏빛 물결이 장관을 이룬다.

info 주소 충청남도 서천군 장항읍 장항산단로34번길 122-16 **문의** 041-956-5505 **입장료** 없음, 장항스카이워크 2000원(서천사랑상품권으로 교부) **운영 시간** 산림욕장 24시간(연중무휴) / 스카이워크 3~10월 09:30~18:00, 11~2월 09:30~17:00

⊙ 이렇게 여행하자

☑ 소나무 숲길 걸으며 산림욕 하기 → ☑ 백사장으로 내려가 해안 풍경 바라보며 힐링하기 → ☑ 장항스카이워크에 올라 전망 감상하기

코스 03 군산 신흥동 일본식 가옥 

근대로 떠나는 시간 여행

군산은 일제강점기에 쌀 수탈의 근거지로 시간이 멈춘 듯, 아직도 그 시절 애달팠던 삶의 흔적이 도시 곳곳에 남아 있다. 거리에는 예전 모습 그대로의 가옥이 심심찮게 보이고, 일부 건물은 문화재로 지정된 후 전시관으로 쓰여 감흥을 더한다. 신흥동 일본식 가옥과 초원사진관 등이 관광객들에게 잘 알려진 군산의 대표 여행지다. 천천히 걷다 보면 시간 여행을 온 듯한 기분이 든다.

info 주소 전라북도 군산시 구영1길 17 **문의** 063-454-3315 **입장료** 없음 **운영 시간** 10:00~17:00 (월요일 휴무)

> **이렇게 여행하자**
> ☑ 동국사와 근대역사박물관 돌아보며 군산 근현대사 되새겨보기 → ☑ 신흥동 일본식 가옥 돌아보기 → ☑ 초원사진관에서 기념사진 찍기 → ☑ 카페 고우당에서 일본식 가옥과 정원 돌아보기

코스 04 선유도

신선이 노니는 섬

선유도는 변산반도와 군산 사이에 자리한 고군산군도의 정중앙에 위치한 아름다운 섬이다. 눈부시게 흰 모래사장이 넓게 펼쳐진 선유도해수욕장에는 햇빛을 받아 반짝이는 바다와 그 황홀한 모습을 감상하는 사람들이 어우러진다. 잠시만 머물러도 '신선들이 노니는 섬'이라는 이름의 의미를 깨닫게 되며, 해수욕장 뒤에 우뚝 선 망주봉이 선유도를 지켜주는 것 같다.

info 주소 전라북도 군산시 옥도면 선유남길 37-12 **문의** 063-454-4000(군산시 관광과) **입장료** 없음 **운영 시간** 24시간(연중무휴)

✅ **이렇게 여행하자**

☑ 눈부시도록 흰 모래밭 걸으며 해안길 따라 산책하기 → ☑ 해수욕장 앞 작은 솔섬으로 건너가 선유도해수욕장의 아름다운 풍경 감상하기

박대구이가 맛있는
일력생선

세월의 흔적이 진하게 느껴지는 1층 건물에 자리 잡은 소박한 일력생선은 지역 주민들도 자주 찾는 20년 전통의 생선구이 맛집이다. 고민할 필요 없이 모둠생선구이를 주문하면 서해의 대표 생선인 박대와 조기, 갈치와 함께 집밥을 먹는 듯 정겨운 반찬을 내온다.

주소 전라북도 군산시 구영5길 66-6 **문의** 063-445-6445 **가격** 서해 바다의 대표 생선을 맛볼 수 있는 모둠생선구이, 박대구이정식 각 1만3000원 **영업시간** 11:00~21:00, 브레이크 타임 15:00~17:00(첫째·셋째 주 화요일, 명절 당일 휴무) **주차장** 있음

일본식 가옥에서 커피 한잔
카페 고우당

고우당은 '오래된 친구의 집'이라는 뜻으로 일본식 다다미방을 체험할 수 있는 게스트하우스인 여미랑 내에 위치해 역사적으로 의미가 깊다. 향이 좋은 커피와 몸에 좋은 착즙 주스, 생과일 주스 등 다양한 음료를 즐길 수 있으며, 자그마한 연못이 있는 정원을 거닐어도 좋다.

주소 전라북도 군산시 구영6길 19 **문의** 063-443-2606 **가격** 직접 로스팅한 원두로 내린 밸런스 좋은 아메리카노 3000원, 수박주스 6500원 **영업시간** 월~금요일 08:00~22:00, 토·일요일 07:10~22:00(연중무휴) **주차장** 없음

레트로 감성 카페
군산과자조합

군산근대문화거리에 있는 군산과자조합은 100년 된 일본식 가옥을 리모델링해 레트로한 느낌을 물씬 풍기는 베이커리 카페다. 카페 내부 또한 목조 천장에 앤티크 가구와 소품이 자연스레 어우러져 더욱 멋스럽다. 스페셜 밀크티와 함께 스콘과 쿠키 등 베이커리가 맛있기로 유명하다.

주소 전라북도 군산시 구영5길 68 **문의** 063-446-1939 **가격** 네 가지 찻잎을 수일간 냉장해서 만든 시그너처 음료, 1939 스페셜 밀크티·비엔나커피 각 7000원 **영업시간** 월~금요일 10:00~22:00, 토~일요일 09:30~22:00(연중무휴) **주차장** 있음(건물 앞 별도 주차장)

솔숲에서 감상하는 노을빛 바다

장항오토캠핑장

장항송림산림욕장과 가까운 장항오토캠핑장은 소나무가 우거져 시원한 그늘을 만들어주고 사시사철 맑은 공기가 가득한 자연 속 캠핑장이다. 솔숲도 좋지만 가장 큰 장점은 여유 있는 사이트 간격은 물론 전체적으로 조용한 분위기에서 자연을 오롯이 느낄 수 있다는 점이다. 여기에 국립생태원, 장항스카이워크 등 주요 관광지와도 가까워 서천 여행 후 짐을 풀기에도 딱 좋은 위치다. 저녁이면 하늘을 붉게 물들이는 노을을 바라보며 커피나 와인 한잔을 즐겨보자.

"사이트가 넓어 다른 캠핑장에 비해 여유롭게 캠핑할 수 있고 전반적으로 굉장히 조용해요. 그래서인지 인기가 좋은 바다 뷰 사이트를 예약하려면 부지런해야 하죠. 한번 캠핑을 즐기고 나면 장항오토캠핑장만의 헤어 나올 수 없는 매력에 푹 빠지게 돼요."

바다 캠핑, 솔숲, 산림욕, 힐링

info 주소 충청남도 서천군 장항읍 장항산단로34번길 48-38 **문의** 010-8944-5493 **가격** 작은 덱(5x3m) 4만 원, 큰 덱(6x4m) 4만 5000원, 대형 덱(6x4.5m) 5만 원, 캠핑카 사이트 4만5000원 **영업 시간** 입실 14:00, 퇴실 12:00(연중무휴)

편의 시설 주차장 O, 편의점/마트 O(인근 편의점 이용), 화장실 O, 샤워 O, 취사 O, 전기 O, 덱 O, 사이드 주차 O, 반려동물 O

체크 사항 캠핑장 내에서는 장작과 숯 정도만 판매하니 필요한 물품은 미리 준비하거나 캠핑장 진입로에 위치한 편의점을 이용하면 된다.

부안
신안

다양한 매력의 부안, 섬들의 천국 신안

수려한 산과 일몰이 멋진 바다 모두를 즐기고 싶다면 부안으로 떠나보자. 고속도로에서 벗어나 몸과 마음을 편안해지는 해안도로를 달리다 보면 해수욕장, 해안 절벽, 갯벌, 염전까지 서해 바다의 다양한 매력이 펼쳐지고, 특히 채석강의 절경은 신비로움 그 자체다.

01 내변산

힘찬 물줄기가 장관인
직소폭포 감상하기

8.1km
12분

02 변산해수욕장

해 질 녁 노을 전망대
올라보기

8.3km
9분

03 채석강

해식동굴에서
인생 사진 찍기

20km
27분

04 내소사

천 년 고찰 곳곳에 숨어 있는
문화재 감상하기

134km
1시간
47분

05 우전해수욕장

이국적인 느낌이 나는
해변에서 피크닉 즐기기

코스 01 내변산과 직소폭포

내변산을 가르는 청아한 물소리

1988년 국립공원으로 지정된 변산반도국립공원은 산과 바다가 어우러진 곳으로 해안가는 외변산, 내륙 산악 지역은 내변산으로 구분한다. 내변산의 대표적인 관광 명소인 직소폭포는 폭포를 받치고 있는 둥근 못으로 물줄기가 곧바로 떨어진다고 해서 '직소'란 이름이 붙었다. '직소폭포와 중계계곡을 보지 않고서는 변산에 관해 말할 수 없다'고 할 정도의 비경을 자랑한다.

info 주소 전라북도 부안군 변산면 실상길 52 **문의** 063-584-7808 **입장료** 없음 **주차료** 2000원 **운영 시간** 24시간(연중무휴)

◉ 이렇게 여행하자

☑ 조용한 숲길 걸으며 실상사지와 자생식물 관찰원 둘러보기 → ☑ 호수 둘레길 걸으며 포토 존에서 사진 찍기 → ☑ 직소폭포 전망대에 올라 폭포의 절경 감상하고 한 계단 내려가 선녀탕도 함께 둘러보기

코스 02 변산해수욕장

◉ 이렇게 여행하자

☑ 갯벌에서 조개 잡기 체험 또는 바다에서 물놀이하기 → ☑ 소나무 숲 산책하며 포토 존에서 사진 찍기 → ☑ 낙조 시간에 맞춰 노을전망대에 올라 서해 바다 감상하기

info 주소 전라북도 부안군 변산면 변산로 2076 **문의** 063-583-6951 **입장료** 없음 **운영 시간** 24시간(연중무휴)

노을이 머무는 바다

변산반도 해안가를 따라 형성된 해수욕장들은 주위를 병풍처럼 두르고 있는 내변산과 시원하게 펼쳐진 바다가 어우러져 더욱 빛을 발한다. 특히 변산해수욕장은 '흰 모래와 푸른 솔밭이 있다' 해서 예로부터 '백사청송'으로 불렸다. 아이들을 위한 물놀이장, 오토캠핑장과 야영장을 갖춰 가족 단위 여행객에게 인기가 좋고, 노을전망대에서는 서해안의 아름다운 낙조를 감상할 수 있다.

코스 03 채석강

채석강은 약 8700만 년 전 중생대 백악기부터 바닷물의 침식을 받으면서 쌓인 퇴적암이다. 당나라 시인 이태백이 술을 마시며 놀았다는 중국의 채석강과 흡사하다고 해서 채석강이라 이름 지었다. 수만 권의 책을 쌓아놓은 듯한 해안 절벽이 압권이며 대한민국 대표 자연 명승지이자 살아 있는 지질 교과서로 불린다. 절벽 사이에는 해식동굴도 있어 포토 존으로 인기 높다.

info 주소 전라북도 부안군 변산면 변산해변로 1 **문의** 063-582-7808 **입장료** 없음 **운영 시간** 24시간(연중무휴)

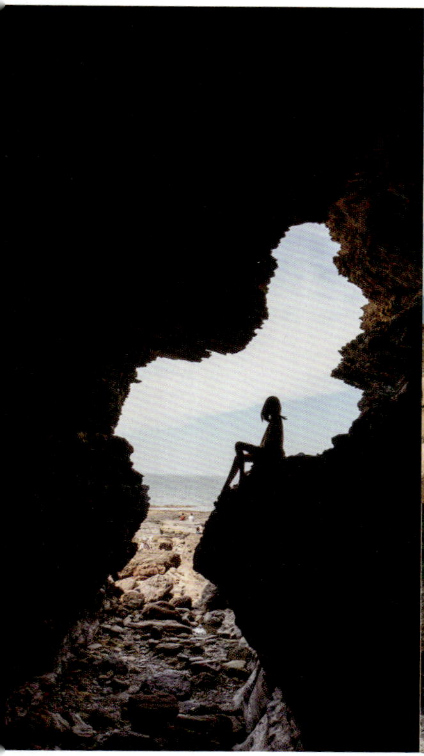

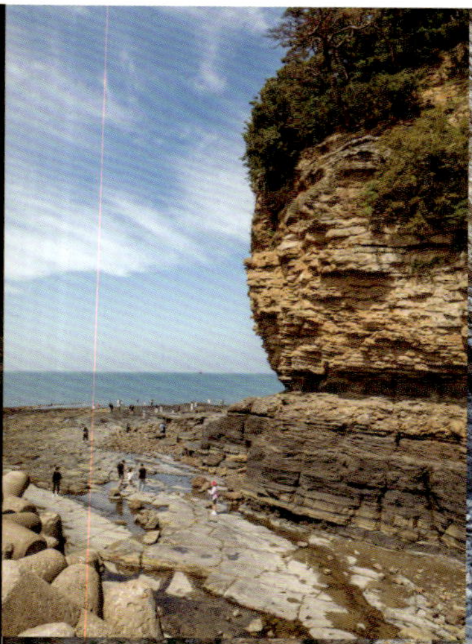

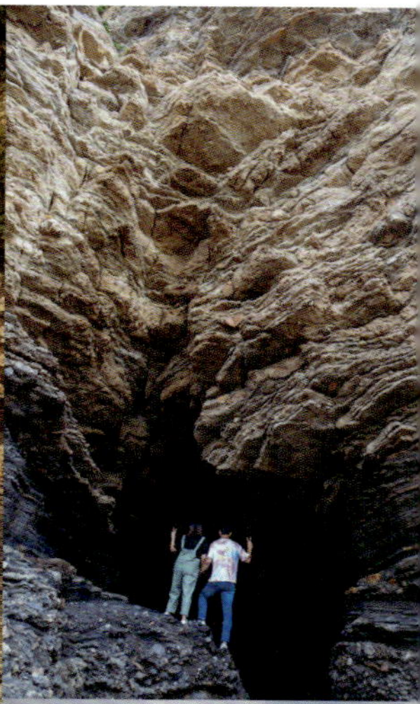

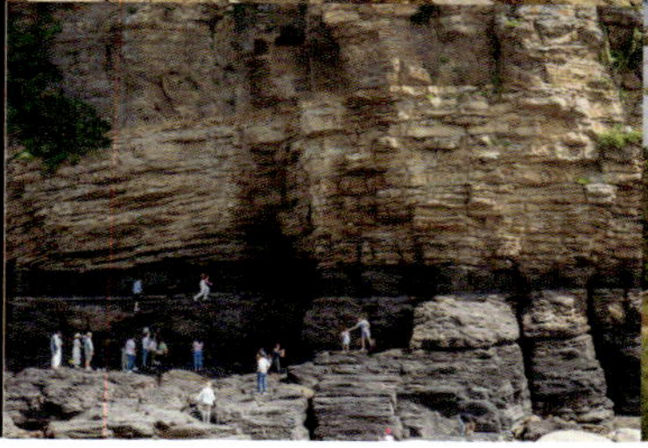

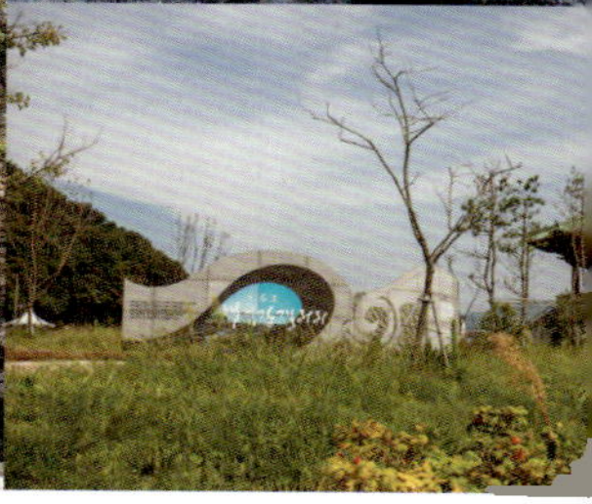

☑ 바닷가 쪽으로 내려가 층층이 쌓인 해안 절벽 자세히 관찰하기 → ☑ 바위에 걸터앉아 붉은 해안 절벽과 어우러진 서해 바다 감상하기 → ☑ 해식동굴에서 인생 사진 찍기

코스 04 내소사

전나무 향이 가득한 신라 사찰

신라의 혜구두타 스님이 창건한 내소사는 변산반도 남쪽에 자리한 사찰로 삼면이 산으로 포근하게 둘러싸여 있다. 일주문에서 천왕문에 이르기까지 '아름다운 길 100선'에 선정된 전나무 숲길이 이어지는데, 전나무 특유의 맑은 향이 마음을 차분하게 하고 속세의 찌든 때를 씻어주는 것 같다. 햇살이 좋은 날, 피톤치드를 내뿜는 전나무 숲길을 걸으며 사색을 즐겨보자.

info 주소 전라북도 부안군 진서면 내소사로 191 **문의** 063-583-7281 **입장료** 무료(주차료 1시간 기준 1100원) **운영 시간** 하절기 06:00~19:00, 동절기 07:00~18:00(변동 가능, 일출~일몰 시)

⊙ 이렇게 여행하자

☑ 전나무 숲길을 걸으며 맑은 향기가 온몸 깊숙이 들어올 수 있도록 심호흡하기 → ☑ 내소사의 문화재 탐방하기 → ☑ 대웅보전의 꽃 문살과 벽화 관찰하기

코스 05 증도 우전해수욕장

⊙ 이렇게 여행하자

☑ 우전해수욕장의 이국적인 해변 감상하기 → ☑ 울창한 해송 숲 산책하기 → ☑ 신안갯벌센터, 슬로시티센터 돌아보기 → ☑ 짱뚱어 다리를 걸으며 갯벌에 있는 짱뚱어, 칠게, 갯지렁이 관찰하기

info 주소 전라남도 신안군 증도면 지도증도로 1684 **문의** 061-240-8975(신안군 관광안내소) **입장료** 없음 **운영 시간** 24시간(연중무휴)

느려서 더 행복한 섬

슬로시티 증도에서는 크고 작은 섬들이 펼쳐진 아름다운 바다를 볼 수 있다. 우전해수욕장은 썰물 때 4km가 넘는 백사장이 모습을 드러내는데, 모래를 집으면 손가락 사이로 흘러내릴 정도로 가늘고 곱다. 또 해변 뒤로 '아름다운 숲 전국대회'에서 수상한 울창한 소나무 숲이 있어 산책하기에도 좋다. 이국적인 느낌이 가득한 파라솔 아래에 누워 바다를 즐겨보자.

알알이 탱글한 백합죽 맛집
(구)전망좋은집

전망좋은집은 부안의 대표 특산물인 백합으로 끓인 백합죽과 백합찜으로 유명한 곳이다. 원래는 가게 이름처럼 바다 앞 전망 좋은 곳에 있다가 현재 위치로 이전했다. 백합찜은 백합 본연의 맛과 풍미를 즐기기에 좋고, 고소한 참기름 냄새를 풍기는 백합죽은 알이 탱탱해 씹는 맛이 좋다.

주소 전라북도 부안군 변산면 변산로 3207-1 **문의** 063-581-5290 **가격** 바다의 향을 머금은 백합죽 1만 2000원, 백합찜(중) 3만5000원 **영업시간** 08:00~20:00(방문 전 확인) **주차장** 있음(인근 대로변 주차 가능)

입맛을 돋우는 밥도둑
곰소아리랑식당

부안의 곰소는 일찍부터 소금밭을 일군 국내 몇 안 되는 천일염 생산지다. 곰소젓갈은 뒷맛이 쓰지 않은 곰소천일염과 변산 바닷가의 싱싱한 어패류로 담가 짠맛이 덜하고 담백하며, 오래 숙성시켜 맛과 향이 뛰어나다. 다양한 곰소젓갈을 맛보고 싶다면 이곳의 곰소젓갈백반을 먹어보자.

주소 전라북도 부안군 진서면 곰소항길 22-3(곰소항젓갈도매시장) **문의** 063-582-7021(곰소아리랑식당) **가격** 다양한 젓갈을 맛볼 수 있는 젓갈백반 1만~1만5000원, 풀치백반 1만2000원 **영업시간** 08:00~18:00(연중무휴) **주차장** 있음

인생을 걸고 만든 찐빵
슬지제빵소

슬지제빵소는 '슬지'라는 딸 이름을 걸고 오픈해 2대째 운영 중인 찐빵 명가다. 정직한 먹거리를 만드는 것을 목표로 삼아 100% 우리 밀과 우리 팥으로 만든 우리밀팥빵, 크림치즈찐빵 등 다양한 찐빵을 판매한다. 특히 2층 테라스에서는 곰소염전이 내려다보여 색다른 뷰를 선사한다.

주소 전라북도 부안군 진서면 청자로 1076 **문의** 1899-9504 **가격** 우리 밀과 팥으로 만들어 쪄낸 찐빵, 우리밀팥빵 2000원, 우리밀찐빵을 구워 각종 토핑을 얹은 별미 구운찐빵 3500원 **영업시간** 10:00~19:00(연중무휴) **주차장** 있음

아담하지만 감성 넘치는

모항해수욕장 캠핑장

모항해수욕장은 내변산과 외변산이 마주치는 지점에 위치한, 한눈에 전체 풍경이 담기는 변산반도의 자그마한 해변이다. 규모는 아담하지만 해변 뒤쪽으로는 그늘을 만들어주는 송림이 있고, 서해안의 다른 해수욕장과 달리 썰물 때 물이 빠져도 하얀 모래가 끝없이 펼쳐져 아름답다. 내변산 쪽의 해송 숲 위로 떠오르는 일출과 수평선 위로 지는 일몰을 감상할 수 있는 곳으로 유명하다.

"아담한 해변의 가장 큰 장점은 바다를 바로 앞에서 즐길 수 있다는 것인 듯해요. 모든 덱이 해변을 향해 있어 시원한 그늘에 앉아 바다 뷰를 즐길 수 있고, 언제라도 바다로 뛰어나갈 수 있어요. 차는 진입할 수 없지만 덱을 갖춘 해변 앞 유료 야영장을 이용하거나 해수욕장 끝쪽에서는 차박을 즐길 수도 있어요."

휴양, 힐링, 캠핑, 물놀이

info 주소 전라북도 부안군 변산면 모항길 23-1 **문의** 063-580-4710 **가격** 1박 1만 원 **영업시간** 24시간(연중무휴, 눈 오는 날은 야영장 운영 안 함, 무료 야영은 가능)

편의 시설 주차장 O, 편의점/마트 O, 화장실 O, 샤워 O(한시적 운영), 취사 O, 전기 X, 덱 O, 사이드 주차 X(공용 주차장 주차 가능), 반려동물 O

체크 사항 예약이 되지 않고, 선착순으로 운영 되니 출발 전 상황을 확인해보는 것이 좋다. 별도의 체크인이 없고 비어 있는 덱에 텐트를 설치하면 관리자가 수시로 체크해 이용료를 부과한다.

목포 해남

로맨틱 목포, 푸른 꿈의 시작 해남

목포에서 해남까지의 여정은 온전한 나를 만날 수 있는 희망의 드라이브 길이자 다채로움의 연속이다. 낮과 밤 모두 아름다운 항구도시 목포에서 근대 문화유산 속으로 시간 여행을 떠나보고, 땅 끝자락이면서 바다가 시작되는 해남 땅끝마을에서 새로운 시작을 꿈꿔보자.

Drive Course ·이동 거리 **97km** ·소요 시간 **1시간 59분** ·전체 코스 **7시간**

01

목포 해상케이블카

일몰, 야경, 그리고 로맨틱한 시간을 즐길 수 있는 유달산 올라보기

3km
8분

02

목포근대역사관

레트로 느낌 가득한 역사관 정문에서 드라마 주인공처럼 사진 찍기

37km
48분

03

진도타워

명량해상케이블카를 타고 명량해전의 감동 느껴보기

57km
1시간
3분

04

땅끝전망대

'나에게 보내는 엽서'를 써서 느린 우체통에 넣기

코스 01 목포해상케이블카 

목포의 로맨스

목포해상케이블카는 155m의 아찔한 높이에서 목포의 아름다운 하늘과 바다를 관람할 수 있는 목포의 랜드마크다. 낮에는 눈부시게 반짝이는 아름다운 목포 바다를 볼 수 있고, 저녁에는 다도해의 금빛 낙조와 야경을 감상할 수 있다. 바닥이 투명한 크리스털 캐빈을 타면 발아래 유달산과 바다가 내려다보여 짜릿한 스릴감을 느낄 수 있으며, 다도해의 로맨틱한 풍경을 감상하기 좋다.

info 주소 전라남도 목포시 해양대학로 240(북항 스테이션) / 전라남도 목포시 고하도안길 186(고하도 스테이션) **문의** 061-244-2600 **입장료** 일반 캐빈 왕복 어른 2만4000원, 어린이 1만8000원 / 크리스털 캐빈 왕복 어른 2만9000원, 어린이 2만3000원 **운영 시간** 일~목요일 09:00~20:00, 금·토,공휴일 09:00~21:00(티켓 발권은 폐장 1시간 전까지, 연중무휴)

⊙ 이렇게 여행하자

☑ 고하도 전망대와 해안 덱 돌아보기 → ☑ 케이블카를 타고 로맨틱한 목포 바다의 일몰 감상하기 → ☑ 유달산 스테이션 전망대에서 목포 시내와 다도해의 풍경 감상하기 → ☑ 유달산 정상 오르기

 코스 02 목포근대역사관 1관

근대 문화 유산으로 떠나는 여행

목포에서 가장 오래된 이 건물은 1900년경 일본 영사관으로 사용하기 위해 지은 후 목포시청, 목포문화원으로 사용되다가 2014년 목포근대역사관 1관으로 개관했다. 근대 역사의 보물 창고라고 불리는 이곳에서는 목포의 시작부터 근대 역사까지 한눈에 살펴볼 수 있다. 붉은색 벽돌이 고풍스러운 느낌을 풍기고 1900년대부터 사용하던 생활용품과 가구 등을 전시하고 있다.

info 주소 전라남도 목포시 영산로29번길 6 **문의** 061-242-0340 **입장료** 어른 2000원, 청소년 1000원, 어린이 500원(목포근대역사관 1관, 2관 관람 가능) **운영 시간** 09:00~17:30, 매표 및 입장 마감 17:00(월요일, 1월 1일 휴관)

⊙ 이렇게 여행하자

☑ 목포 평화의 소녀상 보며 묵념하기 → ☑ 드라마 〈호텔 델루나〉 촬영지인 1층 입구에서 인증숏 찍기 → ☑ 건물 내부 돌아보며 근대 역사에 대해 자세히 알아보기 → ☑ 건물 뒤편 방공호 돌아보기

코스 03 진도타워

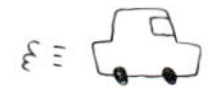

진도와 해남을 잇는 진도대교를 건너 망금산 정상에 위치한 진도타워는 이순신 장군의 명량대첩 승전을 기념하고 진도를 알리는 다양한 볼거리를 제공하기 위해 세운 전망대다. 높이는 약 60m로 지하 1층, 지상 7층으로 이루어졌으며, 진도군홍보관과 역사관, 명량대첩승전관, 전망대, 명량해전을 눈앞에서 생생하게 볼 수 있는 명량 MR 시네마가 있어 관광객들에게 인기 높다.

---

info 주소 전라남도 진도군 군내면 만금길 112-41 **문의** 061-542-0990 **입장료** 1000원(명량케이블카 이용 시 무료) **운영 시간** 3~10월 09:00~18:00, 11~2월 09:00~17:00(관람 종료 30분 전까지 입장 가능, 연중무휴)

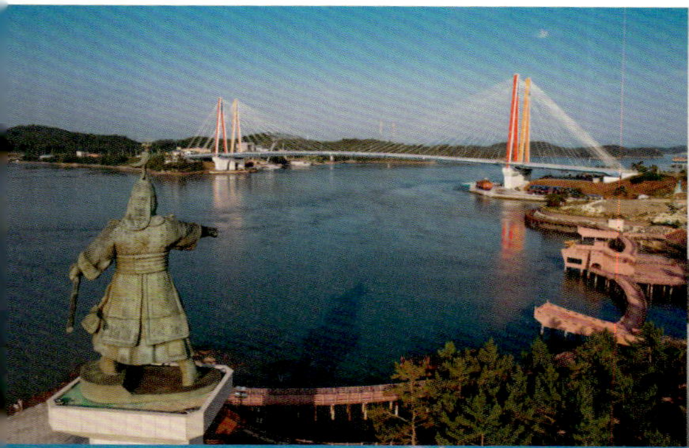

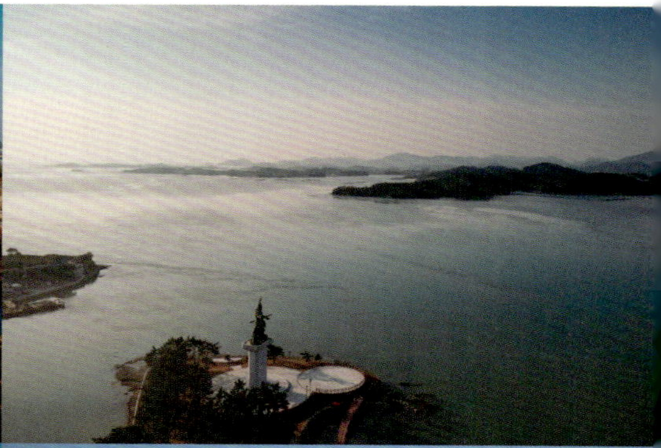

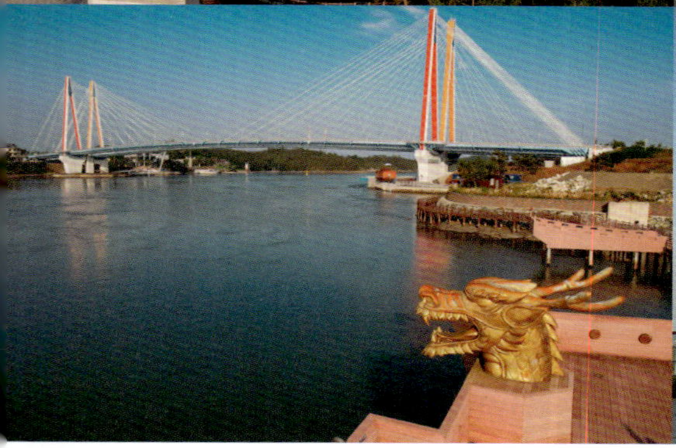

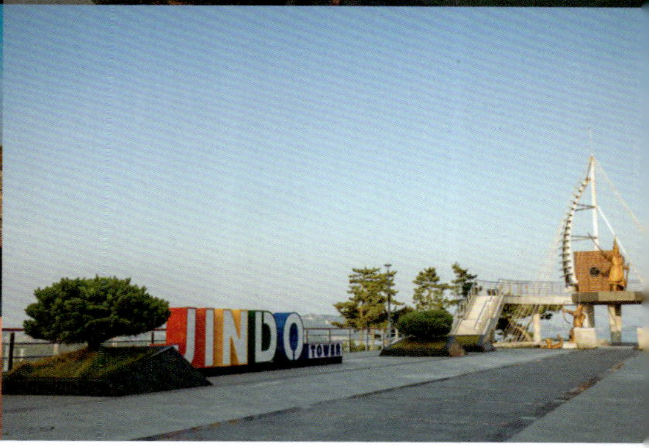

◎ 이렇게 여행하자

☑ 7층 전망대에 올라 진도 바다 감상하기 → ☑ 명량 MR 시네마에 들러 명량해전에 대해 생생하게 알아보기 → ☑ 진도타워 앞 공터에서 울돌목의 회오리 찾아보기

코스 04 땅끝전망대 

땅끝전망대가 있는 땅끝마을은 한반도 최남단이라는 상징성으로 전국에서 많은 관광객이 찾는 곳이다. 해발 156m의 사자봉 정상에 서 있는 횃불 모양의 땅끝전망대에 오르면 푸른 남해 바다가 파노라마처럼 눈앞에 펼쳐진다. 전망대 매표소 앞 한반도의 첫 땅을 의미하는 흙을 밟으면 희망의 기를 가득 받을 수 있다.

---

info 주소 전라남도 해남군 송지면 땅끝마을길 100 **문의** 061-530-5544 **입장료** 무료 **운영 시간** 입장 09:00, 퇴장 18:00(연중무휴)

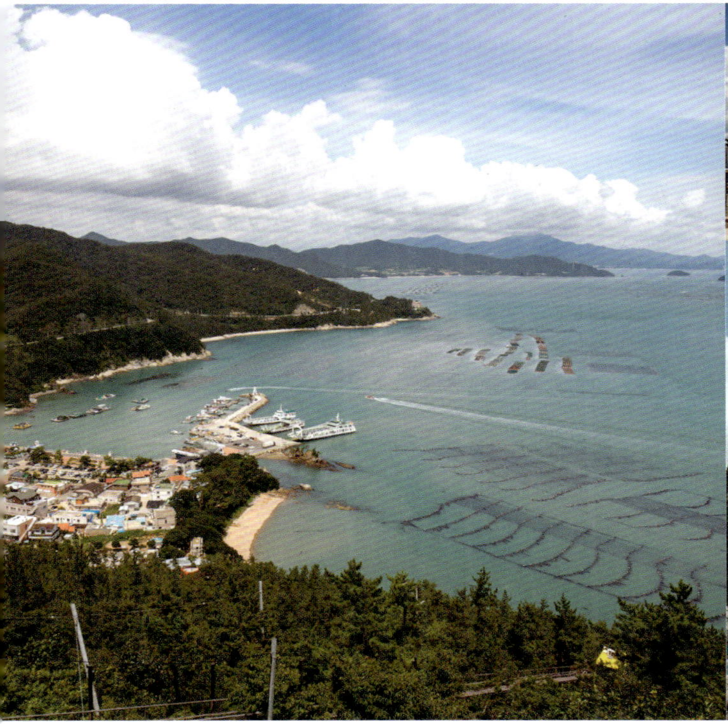

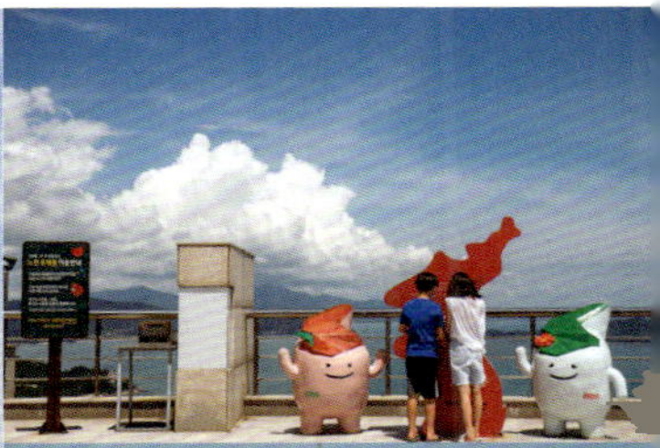

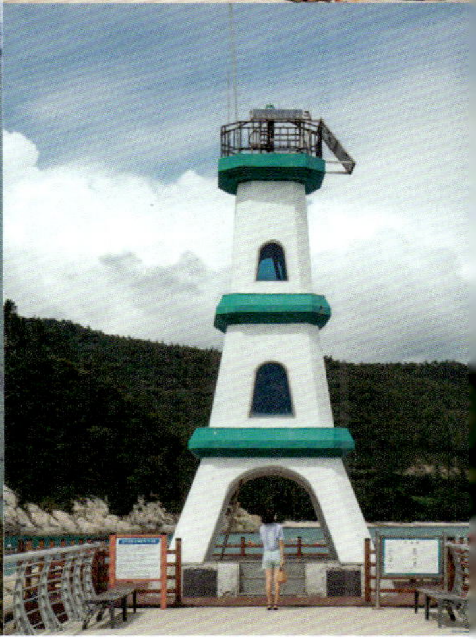

이렇게 여행하자

☑ 전망대 매표소 앞 '첫 땅' 흙 밟아보기 → ☑ 포토 존에서 추억 사진 남기기 → ☑ 전망대에 올라 푸른 남해 바다 감상하기 → ☑ 전망대 카페에서 커피 한잔 즐기기

싱싱한 꽃게살이 가득
장터식당

장터식당은 양념을 한 싱싱한 꽃게살을 밥에 비벼 먹는 꽃게살비빔밥으로 유명한 목포 맛집이다. 고추장 베이스 양념으로 새빨간 비주얼에도 맵지 않고 새콤하면서도 매콤한 맛으로 밥 한 그릇 뚝딱 비우게 만든다. 백김치와 된장국 등 함께 내오는 밑반찬도 만족스럽다.

주소 전라남도 목포시 영산로40번길 23 **문의** 061-244-8880 **가격** 양념된 게살을 비벼 먹는 꽃게살비빔밥 3만 원, 꽃게탕 3만5000원(소) **영업시간** 11:30~21:00, 브레이크 타임 15:00~17:30(첫째·셋째 주 일요일, 둘째·넷째·다섯째 주 월요일 휴무) **주차장** 없음

세발낙지 요리의 명가
독천식당

신안과 무안의 청정 갯벌에서 잡은 낙지를 이용해 다양한 낙지 요리를 선보이는 이곳은 목포에서 낙지 요리로 인정받았다. 낙지비빔밥, 낙지탕탕이, 연포탕, 그리고 호롱구이가 특히 인기가 좋다. 어떤 메뉴를 시키든 약 10가지 밑반찬과 함께 나와 푸짐하게 식사를 즐길 수 있다.

주소 전라남도 목포시 호남로64번길 3-1 **문의** 061-242-6528 **가격** 매콤한 맛이 일품인 낙지비빔밥 1만5000원, 낙지호롱구이 4만5000원 **영업시간** 11:00~21:00, 브레이크 타임 15:00~17:00(둘째·넷째 주 일요일, 설날 당일 휴무) **주차장** 있음

독특한 팥빙수 맛집
유달동의 로망스

유달동의 로망스는 젊은 청년들이 국내산 팥을 삶아 만든 건강하고 맛있는 팥빙수와 팥죽으로 유명하며 아메리카노와 밀크티, 상그리아, 뱅쇼 등 다양한 음료를 즐길 수 있다. 개화기 콘셉트의 인테리어가 무척 인상적이고 조용한 실내 분위기와 잔잔한 음악이 마음을 편안하게 한다.

주소 전라남도 목포시 번화로 19 **문의** 0507-1382-1897 **가격** 직접 삶은 팥으로 만든 밀크 빙수 팥빙수 9000원, 아메리카노 4000원 **영업시간** 08:00~22:00(월요일 휴무) **주차장** 있음

노을빛이 아름다운

해남 오시아노캠핑장

오시아노캠핑장은 서남해 거점 관광단지 조성을 목표로 건립된 오시아노관광단지 안에 있는 캠핑장으로, 캠핑장이 있는 화원면 지역은 서남해의 보석이라 불릴 정도로 이국적인 해변도로와 아름다운 석양으로 유명하다. 대규모 캠핑장답게 아이들이 물놀이를 할 수 있는 바닥 분수와 해변 및 숲 산책로, 바다를 배경으로 한 포토 존을 갖추었으며, 해수욕장에서는 갯벌 체험도 할 수 있어 놀거리가 가득하다. 무엇보다 해 질 녘에 온 바다를 붉게 물들이는 노을은 캠퍼들의 마음을 홀리기에 충분하다.

"처음 방문했을 때 엄청난 규모에 놀랐던 곳이에요. 캠핑을 위한 편의 시설도 잘되어 있고 캠핑장 내에서 다양한 체험을 할 수 있어 아이들이 있는 캠퍼들에게 안성맞춤일 것 같아요. 다만, 사이트 내에 나무가 없어 그늘이 전혀 없기 때문에 타프는 필수예요!"

휴양, 힐링, 캠핑, 해수욕장, 물놀이

info 주소 전라남도 해남군 화원면 주광리 384 **문의** 061-534-6790 **가격** 1박 3만5000원 **영업시간** 24시간(체크인 13:00, 체크아웃 12:00, 연중무휴)

편의 시설 주차장 O, 편의점/마트 O, 화장실 O, 샤워 O, 취사 O, 전기 O, 덱 O, 사이드 주차 O, 반려동물 O

체크 사항 해수욕장에서는 갯벌 체험을 할 수 있으니 편한 옷과 신발 등 관련 용품을 준비하면 더욱 더 재미있게 즐길 수 있다. 그늘이 없기 때문에 여름에 방문한다면 그늘막, 선풍기 등은 꼭 가져가는 게 좋다.

훌쩍 떠나는
남해안
드라이브

거제

섬 아닌 섬으로의 여행

거제도는 남해안의 많은 섬 중 가장 크고 넓은 섬이지만 거제대교와 거가대교가 놓여 이제는 더 이상 섬이 아니다. 매미성부터 시작해 몽글몽글한 몽돌이 가득한 몽돌해변과 바람의 언덕까지 해금강을 따라 환상적인 드라이브 코스가 이어진다. 짙은 쪽빛 바다의 풍경을 한가득 담아보자.

Drive Course

· 이동 거리 60.7km · 소요 시간 1시간 22분 · 전체 코스 6시간

01 매미성

설계 도면도 없이 몽돌해변 위에 세운 성벽인 매미성 포토 존에서 사진 찍기

27km
31분

02 구조라해수욕장

샛바람소리길을 지나 구조라 성까지 올라보기

7.7km
14분

03 외도

지중해풍의 이국적인 식물원 카페에서 커피 한잔의 여유 즐기기

26km
37분

04 바람의 언덕

언덕 위에 올라 시원한 남해 바다 감상하기

코스 01 매미성 

절박함이
만들어낸
예술의
경지

매미성은 2003년 태풍 매미로 경작지를 잃은 한 시민이 자연재해로부터 작물을 지키려는 절박한 심정으로 쌓아 올린 벽이다. 네모반듯한 돌을 쌓고 시멘트로 메우기를 10여 년, 이제는 유럽 중세 느낌의 훌륭한 성이 되어 지역 관광 명소로 자리 잡았다. 설계 도면 하나 없이 지었다고 하기엔 믿기 어려울 정도의 디자인과 규모로 가히 1인 예술의 결정체라 할 수 있겠다.

info 주소 경상남도 거제시 장목면 복항길 29 **문의** 055-639-4178(거제관광안내소) **입장료** 없음 **운영 시간** 24시간(연중무휴) **Tip** 주차장에 차를 대고 매미성으로 내려오는 길에 있는 바람의 핫도그, 아이스크림 등 특색 있는 간식을 즐겨보자.

◉ 이렇게 여행하자

☑ 매미성 내려가는 길에 있는 맛있는 간식 즐기기 → ☑ 건축가의 마음을 느끼며 성 돌아보기 → ☑ 매미성 내부 포토 존에서 인생 사진 남기기

  ## 코스 02 구조라해수욕장

호수같이
조용한
바다

구조라해수욕장은 아름다운 자연경관과 물속까지 들여다보이는 맑고 깨끗한 바다를 갖춘 거제를 대표하는 해수욕장이다. 해수욕장의 모래는 손가락 사이로 사르르 흘러내릴 만큼 부드럽고, 수심 또한 완만해 여름철 해수욕을 즐기기에 좋다. 주위에는 조선 중기에 축성한 구조라 성지와 내도, 외도 등 이름난 명승지가 있어 함께 둘러보기 좋다.

info 주소 경상남도 거제시 일운면 구조라리 500-1 **문의** 055-639-4178(거제관광안내소) **입장료** 없음 **운영 시간** 24시간(연중무휴) **Tip** 해수욕장 인근에 구조라 성으로 오르는 길에 대나무가 양옆으로 빼곡하게 자리한 '샛바람소리길'이 있어 산책하듯 걷기 좋다.

◉ 이렇게 여행하자

☑ 잔잔한 바다에서 해수욕 즐기기 → ☑ 샛바람소리길을 지나 구조라 성에 올라 멋진 전경 감상하기 → ☑ 해수욕장 인근 맛집, 카페에 들러 하루를 마무리하기

코스 03 외도

1969년 한 부부가 섬을 사들여 스파르티움, 마호니아 등의 희귀식물과 선샤인, 야자수, 선인장 등의 아열대식물을 심고 정성스레 가꾸었다. 덕분에 공간은 1년 내내 꽃이 지지 않는 지상 낙원이 되었고, 아름다운 조각 작품들과 어우러져 지중해의 어느 해변을 옮겨놓은 듯 이국적인 모습이다. 푸른 바다에 둘러싸인 외도는 연산홍이 만발하는 4월에는 매혹적인 섬으로 변신한다.

info **주소** 경상남도 거제시 일운면 **문의** 055-681-4541 **입장료** 어른 1만1000원, 청소년 8000원, 어린이 5000원 **운영 시간** 하절기 08:00~19:00, 동절기 08:30~17:00(연중무휴)

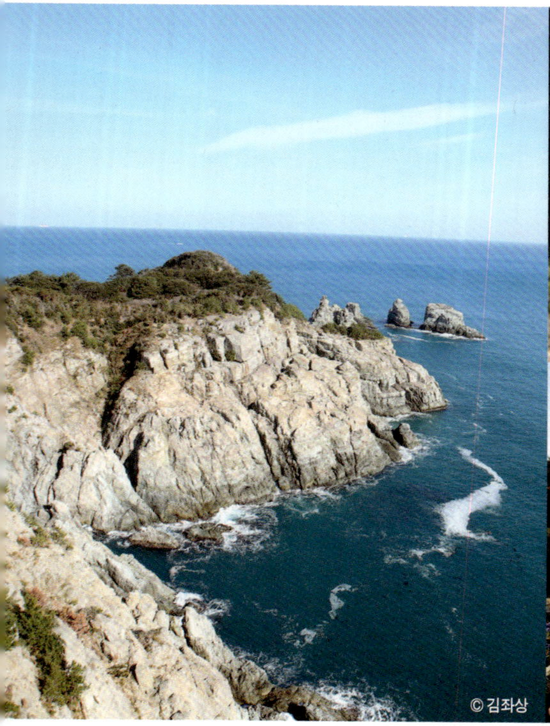

© 김좌상

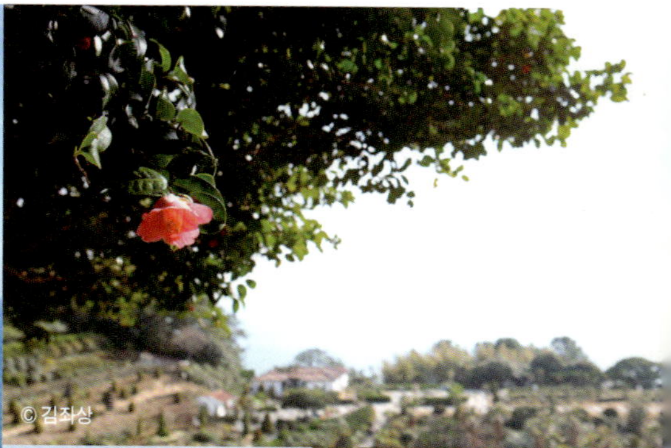

© 김좌상 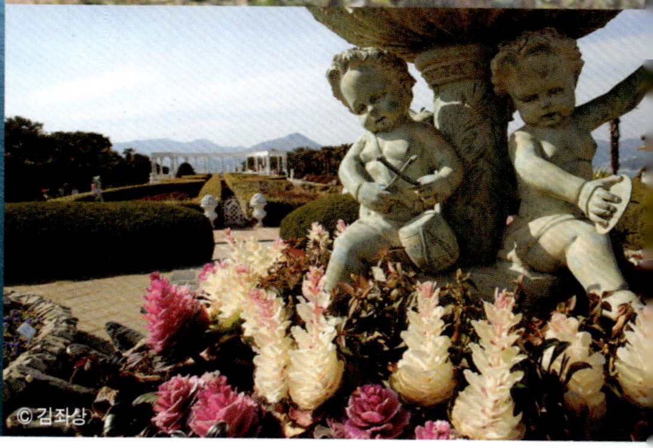 © 김좌상

☑ 꽃으로 둘러싸인 외도광장, 비너스가든 감상하기 → ☑ 리허우스에서 기념사진 촬영하기 → ☑ 아름다운 해금강을 감상할 수 있는 '오!아름다운' 카페에서 휴식하기

"""

코스 04 바람의 언덕

넓은 바위 위 억새가 흩날리는 민둥산에 풍차를 짓고 '바람의 언덕'이라 이름 지었다. 나무로 만든 산책로를 따라 언덕으로 오르면 탁 트인 바다를 볼 수 있다. 바람의 언덕은 해풍이 많은 곳이기에 자생하는 식물이 생태의 영향을 받아 키가 작은 편인데, 그 때문에 전망이 더욱 돋보인다. 풍차와 바다가 자아내는 동화 같은 풍경이 '바람의 언덕'이라는 낭만적인 이름과 잘 어우러진다.

info **주소** 경상남도 거제시 남부면 갈곶리 산14-47 **문의** 055-639-4178(거제관광안내소) **입장료** 없음 **운영 시간** 24시간(연중무휴) **Tip** 주말 성수기에는 바람의 언덕 주차장이 붐벼 주차하기 어려울 수 있으니 도장포 유람선 주차장에 차를 세우고 조금 걷는 것이 낫다.

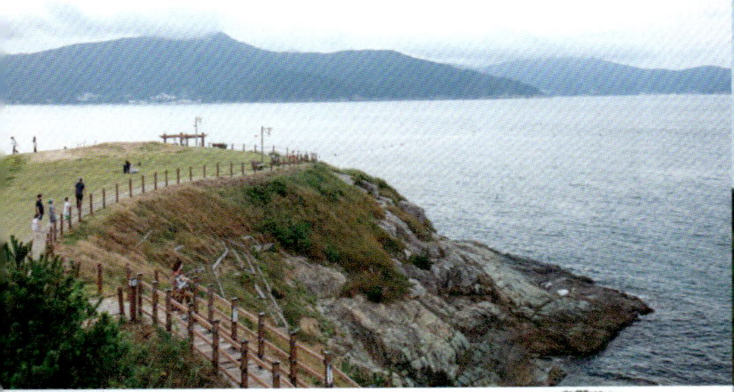

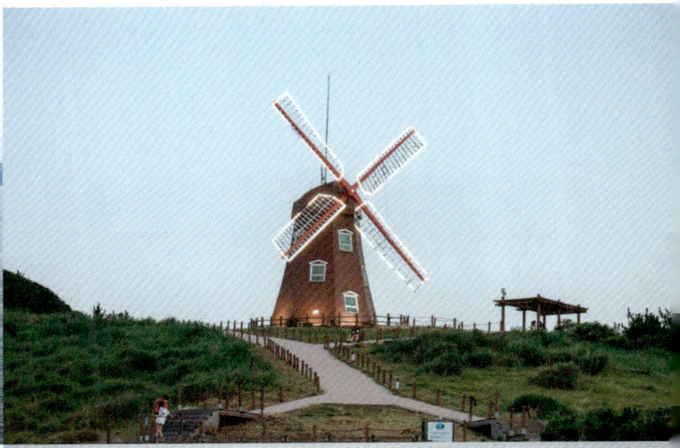

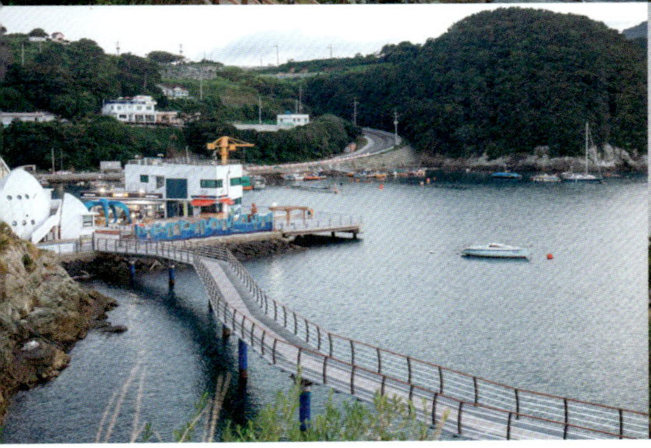

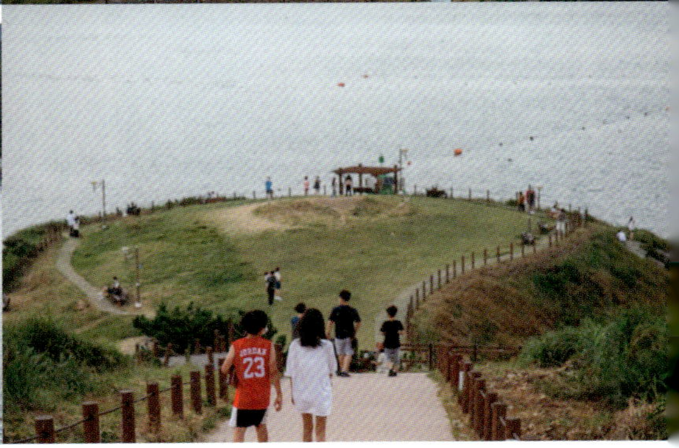

◉ 이렇게 여행하자

☑ 바람의 언덕까지 느긋하게 계단을 걸어 오르며 풍경 감상하기 → ☑ 풍차 앞까지 걸어가 사진 찍기 → ☑ 언덕 위 나무 벤치에 앉아 바다 감상하기

바다를 담은 한 그릇
초정명가

초정명가는 거제도 어부, 해녀가 직접 잡은 생선회, 해산물을 재료로 30년간 해산물 요리만 전문으로 해온 오너 셰프가 운영하는 회와 해산물 전문점이다. 싱싱한 회를 올린 새콤달콤한 초정물회와 멍게, 성게 비빔밥이 유명하며 한 상 차려내는 밑반찬도 하나같이 담백하고 맛있다.

주소 경상남도 거제시 일운면 지세포해안로 38 **문의** 055-682-4111 **가격** 초정명가만의 비법 육수에 신선하고 푸짐한 회를 담은 초정물회 1만6000원, 초정멍게비빔밥 1만6000원 **영업시간** 10:00~20:50, 라스트 오더 20:20(연중무휴) **주차장** 있음

푸릇한 식물 가득한 온실 카페
외도널서리

외도 보타니아의 숨결을 가득 담아 한 차원 높은 정원 문화를 선보이고자 지은 온실 카페다. 스페셜티 원두를 사용한 최고급 커피와 프랑스 출신의 파티시에가 선보이는 다양한 디저트는 거제의 모습을 담아 더욱 특색 있다. 어디서든 바다가 보여 눈, 코, 입이 모두 호강하는 아름다운 곳이다.

주소 경상남도 거제시 일운면 구조라로4길 21 **문의** 055-682-4541 **가격** 상큼한 푸른색 라벤더 티·시그너처 에이드·구조라에이드 각 8500원, 몽돌쇼콜라 1단 원 **영업시간** 월~금요일 11:00~18:30(라스트 오더 17:30), 토~일요일·공휴일 10:00~19:00(라스트 오더 18:00 / 연중무휴) **주차장** 있음

여행과 캠핑, 두 마리 토끼를 잡을 수 있는

학동자동차야영장

동글동글한 검은 돌이 많아 이름 붙여진 흑진주몽돌해수욕장 바로 앞에 위치한 학동자동차야영장은 국립공원관리공단이 운영하는 캠핑장이다. 사이트 옆에 주차를 할 수 있는 오토캠핑장과 일반 야영장, 그리고 캐러밴까지 갖추었을 뿐 아니라 3분만 걸어 나가면 해수욕을 할 수 있어 거제를 여행하는 캠퍼들에게 인기가 좋다. 거제의 유명 관광지와 가까워 여행과 캠핑을 함께 즐길 수 있어 더욱 매력적이다.

“섬에 왔으니 바다 근처에 위치한 캠핑장 또는 여름이라 차박이 아닌 샤워, 전기를 사용할 수 있는 공간을 찾다가 발견한 보석 같은 곳이에요. 첫 번째로 바다와의 접근성이 최고였고, 두 번째로는 국립공원에서 운영하는 곳답게 화장실, 개수대, 샤워실 등이 깨끗하게 관리되고 있었어요. 바다 바로 앞이지만 캠핑장 안쪽으로 들어가면 나무들 사이에서 조용히 캠핑할 만한 곳도 있어요. 사이트 외 길도 넓다 보니 아이들이 자전거, 킥보드 등을 타고 노는 모습이 무척 예뻤답니다.”

 **바다, 해수욕, 힐링, 캠핑**

info 주소 경상남도 거제시 동부면 거제대로 981 **문의** 055-635-5421 **가격** 성수기(5~11월) 2만3000원, 비수기(12~4월) 1만8000원(전기 포함) / 샤워장 6분에 1000원(500원 2개) **영업시간** 24시간(연중무휴)

편의 시설 주차장 O, 편의점/마트 O, 식당 O, 화장실 O, 샤워 O, 취사 O, 전기 O, 덱 X, 사이드 주차 O, 반려동물 X

체크 사항 공간이 넓으니 아이들과 함께 캠핑을 할 예정이라면 키보드, 자전거 등을 챙겨 가도 좋다.

통영

밤이 매혹적인 도시

도시 전체를 이국적으로 만들어주는 운하와 대교가 있는 통영을 말할 때는 어김없이 '동양의 나폴리', '한국의 나폴리'라는 수식어가 붙는다. 통영의 역사, 문화, 그리고 사람이 주는 여운이 진해 화려한 수식어보다 더 아름답고, 뭉클한 감동을 준다.

Drive Course

· 이동 거리 **20.4km**　· 소요 시간 **40분**　· 전체 코스 **6시간**

01 동피랑 벽화마을
알록달록 언덕 위 전망대에 올라 통영 시내 감상하기

3.8km
9분

02 통영대교와 통영운하
화려한 야경과 낭만적인 운하 감상하기

1.9km
4분

03 통영해저터널
동양 최초 해저터널의 흥미로운 건설 과정 확인하기

2.7km
6분

04 통영케이블카
통영 여행의 백미인 미륵산 정상에 올라보기

12km
21분

05 달아공원
쪽빛 바다와 어우러지는 로맨틱한 낙조 감상하기

코스 01 동피랑 벽화마을

동쪽에 있는 벼랑 끝 어딘가

'동피랑'이란 이름은 '동쪽'과 비탈의 통영 사투리인 '비랑'이라는 말이 합쳐진 것으로, '동쪽에 있는 높은 벼랑'이라는 의미다. 철거 위기에 놓였던 마을에 각지에서 모여든 예술가들이 담벼락에 벽화를 그리기 시작했고, 그렇게 해서 바닷가 언덕 마을이 그림으로 다시 태어났다. 소박하고 알록달록한 동화 같은 그림들을 감상하면서 마을을 돌아보는 재미가 쏠쏠하다.

---

info 주소 경상남도 통영시 동피랑1길 6-18 **문의** 055-642-3400(동피랑안내소) **입장료** 없음 **운영시간** 24시간(연중무휴) **Tip** 여름에 방문한다면 시원하게 얼린 얼음물과 휴대용 선풍기는 필수다. 마을 입구의 고목이 시원한 그늘을 만들어주어 오르기 전에 쉬어 가기 좋다. 마을 입구에는 별도의 주차장이 없으니 공영 주차장에 차를 세우는 것이 안전하다.

이렇게 여행하자

☑ 갈래마다 다른 콘셉트로 그린 담벼락의 벽화 감상하며 골목길 돌아보기 → ☑ 동포루에 올라 통영항과 시가지 풍경 감상하기 → ☑ 마을 입구의 고목 아래에서 휴식하기

코스 02 통영대교와 통영운하

낭만과 힐링이 공존하는 밤

통영시와 미륵도 사이를 흐르는 통영운하는 일제강점기에 좁은 목이었던 곳을 일본인들이 운하로 만들었다. 통영운하의 백미는 밤하늘을 빛으로 수놓는 야경이다. 운하를 사이에 두고 자리한 미수동 식당가 네온사인과 도로변 경관 조명이 마치 활주로 불빛처럼 수면 위에서 반짝인다. 통영대교와 운하는 통영을 대한민국 대표 야경 여행지로 우뚝 세운 일등 공신이라 할 수 있다.

info 주소 경상남도 통영시 미수동(통영 밤바다야경투어 경상남도 통영시 도남동 639 / 통영해양스포츠센터) **문의** 055-650-0580(통영시 관광안내소), 055-644-8082(밤바다야경투어) **입장료** 없음(밤바다야경투어 1인 2만5000원) **운영 시간** 24시간(연중무휴)

> ⊙ **이렇게 여행하자**
>
> ☑ 통영 밤바다야경투어 체험하기(체험 코스: 도남항 → 강구안 → 충무교 → 통영운하 → 통영대교 → 도남항)

코스 03 통영해저터널

동양 최초의 바다 밑 터널

통영해저터널은 통영과 미륵도를 연결하기 위해 1932년 건설된 동양 최초의 바다 밑 터널, 즉 해저터널이다. 터널 입구에 쓰여 있는 '용문달양(龍門達陽)'은 '섬과 육지를 잇는 해저도로 입구의 문'이라는 뜻으로 해저터널을 정확히 설명한다. 음침한 분위기가 느껴지는 터널 안 벽면에 당시의 역사와 건설 과정을 자세히 보여주는 패널이 설치되어 있어 이해하는 데 도움이 된다.

info 주소 경상남도 통영시 도천1길 **문의** 055-650-0582(해저터널 관광안내소) **입장료** 없음 **운영 시간** 24시간(연중무휴)

> ⊙ **이렇게 여행하자**
>
> ☑ 입구에서 해저터널 구간과 설명에 대해 잠시 살펴보기
> → ☑ 터널 안 벽면에 부착된 패널에 쓰인 내용 자세히 읽어보기

코스 04 통영케이블카 

통영 여행의 백미

미륵산 8부 능선을 오가는 통영케이블카에 몸을 싣는 순간 통영 여행의 백미를 감상할 수 있다. 차창 밖으로 보이는 보석 같은 섬들로 수놓인 쪽빛 바다의 풍경은 탄성을 자아내기에 충분하다. 서서히 고도를 높여 상부 정류장에 가까워지면 통영의 사량도와 한산도는 물론 거제도 풍경까지 시원스럽게 펼쳐진다. 조금만 걸으면 미륵산 정상까지 오를 수 있어 더욱 특별하다.

info **주소** 경상남도 통영시 발개로 205 **문의** 1544-3303(통영관광개발공사) **입장료** 어른 왕복 1만7000원, 어린이 1만3000원 **운영 시간** 월별 상이(홈페이지 참고 필수), 휴장일 유동적

◇ **이렇게 여행하자**

☑ 케이블카를 타고 차창 밖 통영 시가지, 통영항 등 파노라마처럼 펼쳐지는 전망 보기 → ☑ 미륵산 정상에 올라 한려수도의 장관 감상하기

 코스 05 달아공원

세상에서 가장 로맨틱한 낙조

달아공원은 한려수도의 아름다운 섬들과 어우러진 로맨틱한 낙조를 볼 수 있는 곳이다. '달아'라는 이름은 이곳 지형이 코끼리 어금니와 닮았다고 해서 붙은 것인데 지금은 통영 시민들이 '달 구경하기 좋은 곳'이라는 뜻의 '달애'라고 부르기도 한다. 달아공원은 다도해의 해안 절경을 즐길 수 있는 드라이브 코스인 산양일주도로에 있어 가는 길 자체로도 힐링이다.

info **주소** 경상남도 통영시 산양읍 산양일주로 1115 **문의** 055-650-0580(통영관광안내소) **입장료** 없음(주차비 최초 1시간 1100원) **운영 시간** 24시간(연중무휴)

◇ **이렇게 여행하자**

☑ 전망대에 올라 한려해상의 일몰 감상하기 → ☑ 전망대에서 한려수도의 비경을 배경으로 사진 찍기 → ☑ 여운이 남는다면 카페에서 차 한잔하기

생물을 이용한 해물탕 명소
어촌싱싱해물탕

이곳은 신선한 해산물로 가득한 통영의 숨은 맛집. 활문어, 전복, 꽃게 등 살아 움직이는 해산물이 한 냄비에 푸짐하게 담겨 나오며, 테이블에서 직접 손질해주는 서비스로 신선함을 더한다. 통영 여행 중 놓쳐선 안 될 해물탕 명소로 현지인은 물론 관광객 사이에서도 입소문을 타고 있다.

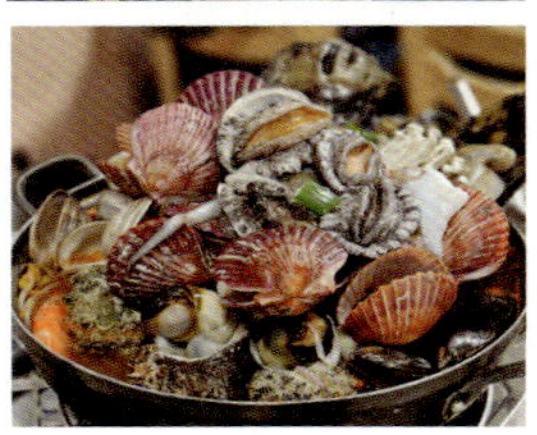

주소 경상남도 통영시 통영해안로 377 **문의** 055-641-4982 **가격** 통영에서 가장 맛있는 해물뚝배기 1만8000원, 박경리굴코스 3만3000원 **영업시간** 월·화~일요일 08:00~22:00(수요일 휴무) **주차장** 있음

통영의 대표 수제 맥줏집
라인도이치 펍

통영에는 양조장에서 방금 만든 맥주를 맛볼 수 있는 수제 맥줏집 라인도이치 펍이 있다. 맥주 애호가들도 인정하는 목넘김이 깔끔하고 청량한 수제 맥주는 물론 전문 이탤리언 레스토랑 못지않은 품격 있는 다양한 음식도 맛볼 수 있다. 창 너머 바다 풍경을 보며 맥주를 즐기기에 최고다.

주소 경상남도 통영시 미우지해안로 103 **문의** 055-643-7758 **가격** 아로마 향이 진한 밀맥주와 청량감이 좋은 수제 맥주 7000~9000원, 슈림프와 치킨 콤보 3만 원 **영업시간** 11:30~22:00, 브레이크 타임 15:00~17:00(연중무휴, 설·추석 당일 휴무) **주차장** 있음

통영에 숨은 비밀의 정원
포지티브즈통영

포지티브즈통영은 동피랑마을 초입에 있는 감성 넘치는 카페다. 경사가 가파른 계단을 오르면 간판도 잘 보이지 않는 가정집 같은 카페가 보인다. 주인장의 감각이 돋보이는 따뜻한 분위기의 실내에서 시그너처 커피를 즐겨도 좋고, 초록이 상큼한 정원에서 상그리아를 즐겨도 좋다.

주소 경상남도 통영시 중앙시장4길 6-33 **문의** 0507-1406-3715 **가격** 라테 위에 바삭한 캐러멜 토핑을 얹은 감고 커피 6500원, 상그리아 8000원 **영업시간** 11:00~19:00, 수·목요일 정기 휴무) **주차장** 없음(통제영 유료 주차장 이용 추천)

상상만으로도 상쾌함이 느껴지는

통영편백숲길캠핑장

통영편백숲길캠핑장은 편백 숲에 자리하면서도 한려수도의 풍경을 한눈에 담을 수 있는 캠핑장이다. 캠핑은 물론 글램핑도 즐길 수 있으며 글램핑 사이트 바로 앞에는 대형 수영장이 있어 바로 앞에 펼쳐진 바다를 바라보며 시원하게 물놀이를 할 수 있다. 캠핑장과 가까운 거리에 신선한 먹거리를 구할 수 있는 중앙시장과 케이블카, 루지, 이순신공원 등의 관광지가 있어 캠핑장에서 숙박하며 관광을 하기에도 좋다. 통영의 자연과 함께 힘든 일상에서 벗어나 편안한 힐링 타임을 가져보자.

"캠핑장을 둘러싼 편백나무에서 나오는 피톤치드를 온몸으로 흡수할 수 있어 굉장히 상쾌해요. 사설 캠핑장의 경우 보통 산속 깊숙한 곳이나 외진 곳에 있는 경우가 많은데, 통영편백숲길캠핑장은 관광지와 근접해 관광을 하기에도 좋은 위치예요. 무엇보다 산속 캠핑을 즐기며 숲길 산책은 물론 남해 바다를 한눈에 담을 수 있다는 것이 가장 큰 장점인 것 같아요."

바다, 해수욕, 힐링, 캠핑

info 주소 경상남도 통영시 천대국치길 297-10 **문의** 055-643-4797 **가격** 오토캠핑장 5만 원, 글램핑 캐러밴 15만 원(성수기 변동 가능) **영업시간** 입실 15:00, 퇴실 11:00(연중무휴)

편의 시설 주차장 O, 편의점/마트 O, 화장실 O, 샤워 O, 취사 O, 전기 O, 덱 O, 사이드 주차 O, 반려동물 X, 수영장 O, 방방이 O

체크 사항 여름에는 수영장을 운영하니 물놀이용품을 꼭 챙겨 가자.

남해

푸른 바다와 초록 언덕으로 둘러싸인 곳

남해라는 아늑한 섬의 품안에는 보물 같은 공간이 가득하다. 40년이 넘도록 남해의 관문 역할을 해오고 있는 남해대교를 지나 굽이굽이 이어진 해안길을 따라가면 '한국의 아름다운 길'로 선정된 남면해안도로로 접어든다. 언제나 따뜻하게 위로해주는 듯한 느낌을 주는 남해는 여행자의 마음을 설레게 만든다.

Drive Course

· 이동 거리 **85km** · 소요 시간 **2시간 1분** · 전체 코스 **8시간**

01 남해충렬사

충렬사 앞 거북선도 함께 둘러보기

33km
43분

02 다랭이마을

그림 같은 풍경의 산책로를 따라 한 바퀴 돌아보기

18km
31분

03 보리암

보리암의 자랑거리인 장엄한 일출 보기

20km
26분

04 설리스카이워크

하늘을 나는 듯한 기분의 하늘 그네에 도전해보기

14km
21분

05 남해독일마을

독일마을의 레스토랑에서 독일 정통 가정식 즐겨보기

코스 01 남해충렬사 

임진왜란의 마지막 전투인 노량해전이 시작된 곳으로 수많은 유배객이 나룻배를 탔던 한 맺힌 장소가 이곳, 남해다. 남해대교를 건너 길을 크게 휘감아 돌면 남해충렬사가 있는 노량마을에 도착한다. 1598년 충무공 이순신 장군이 명량해전에서 전사한 후 그의 시신을 잠시 모셨던 자리에 사당인 충렬사를 세웠다. 충렬사를 나와 바다 쪽으로 나가면 실물 크기의 거북선이 전시되어 있다.

info **주소** 경상남도 남해군 설천면 노량리 350 **문의** 055-862-2840 **입장료** 없음(거북선 체험 500원) **운영 시간** 09:00~18:00(월요일 휴무)

⊙ 이렇게 여행하자

☑ 충렬사에서 이순신 장군의 업적을 기리며 잠시 묵념하기 → ☑ 이순신 장군 가묘와 묘비 돌아보기 → ☑ 밖으로 나와 실제 크기의 거북선 돌아보기

코스 02 다랭이마을

다랭이마을은 농지가 부족한 갯마을 경사진 비탈에 농토를 한 뼘이라도 더 넓히려고 석축을 쌓아 계단식 논을 일구고 척박한 땅을 개간해 생겨난 마을이다. '다랑이'는 산골짜기의 비탈진 곳에 있는 좁고 긴 계단식 논배미란 뜻인데, 구수한 남해 사투리로 '다랭이'라고 부른다. 마을로 들어서면 남해 바다를 전망으로 한 카페와 음식점, 소박한 민박집이 여행객들을 맞이한다.

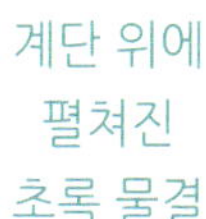

info **주소** 경상남도 남해군 남면 남면로 702 **문의** 055-863-3893(다랭이마을 관광안내소) **입장료** 무료 **운영 시간** 24시간 (연중무휴)

⊙ 이렇게 여행하자

☑ 다랭이마을 골목 구석구석 돌아보기 → ☑ 전망 좋은 맛집에서 남해 별미를 즐긴 후, 오션뷰 카페에서 여유로이 바다 감상하기 → ☑ 다랭이마을 산책길을 따라 걸으며 남해 바다 감상하기

코스 03 보리암

금산이 품은 보물

금산은 한려해상국립공원 내의 유일한 산악 공원으로, 전설을 담은 기암괴석이 금강산을 빼닮았다 해서 소금강 혹은 남해 금강이라그도 불린다. 매표소에서 15분 정도 걸어 올라가면 전망대가 나오고, 5분 정도 더 오르면 보리암이 나온다. 금산의 정상에 자리 잡은 보리암에서는 금산의 빼어난 경치와 푸르른 남해 바다를 한눈에 볼 수 있다. 바다를 내려다보며 무탈을 기원해보자.

info **주소** 경상남도 남해군 상주면 보리암로 665 **문의** 055-862-6115 **입장료** 어른 1000원, 학생 무료(주차료 비수기 4000원, 성수기 5000원) **운영 시간** 09:00~18:00(연중무휴)

© 김좌상

© 김좌상  © 김좌상

⊙ 이렇게 여행하자

☑ 웅장한 대장봉, 금산38경을 내려다보는 망대에 올라 남해 바다 전망 감상하기 → ☑ 관세음보살상과 해수관음상, 부처님의 진신사리가 묻혔다는 3층 석탑 등 돌아보기

코스 04 설리스카이워크 

하늘 위를 나는 듯한 스카이워크

백사장이 하얀 눈을 닮았다 해서 이름 붙인 '설리' 바닷가가 있는 남해의 자그마한 어촌, 설리마을. 설리마을에는 하늘을 걷는 듯한 기분이 들게 하는 설리스카이워크가 있다. 특히 '한쪽 끝은 고정되고 다른 끝은 받쳐지지 않은 상태로 있는 보'를 뜻하는 '캔틸레버' 교량으로 만들어 의미를 생각하며 걸으면 등골이 오싹하다. 하늘 그네와 함께 색다른 체험을 해볼 수도 있다.

info **주소** 경상남도 남해군 미조면 미송로303번길 176 **문의** 070-4231-1117 **입장료** 스카이워크 어른 2000원, 어린이 1000원 / 하늘 그네 어른 7000원, 어린이 5000원 **운영 시간** 스카이워크 10:00~18:00, 하늘 그네 09:00~16:00, 휴게 시간 12:00~13:00(기상 상황에 따라 수시 변동)

⊙ 이렇게 여행하자

☑ 탁 트인 전망대에서 남해 바다의 풍광 감상하기 → ☑ 아찔한 설리스카이워크에 올라 기념사진 찍기 → ☑ 하늘을 나는 듯한 경험을 하고 싶다면 하늘 그네 타기

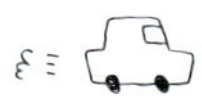 코스 05 남해독일마을

한국 속 작은 독일

1960년대 독일에서 열심히 일하며 국가 경제 발전에 크게 기여한 광부들과 간호사들이 노후에 귀국해 정착한 마을이다. 이곳의 주택들은 독일에서 수입한 재료로 전통 독일 양식에 따라 지었으며 실제 독일 교포들이 생활하면서 관광객을 위해 민박을 운영하기도 한다. 눈부신 남해 바다가 내려다보이는 마을의 높은 지대에 올라서면 주황색 지붕의 주택들이 연출하는 풍경이 이국적이다.

info **주소** 경상남도 남해군 삼동면 독일로 92(남해독일마을 관광안내소) **문의** 055-867-8897 **입장료** 없음(남해파독전시관 어른 1000원) **운영 시간** 24시간(연중무휴) / 남해파독전시관 09:00~18:00(월요일, 명절 당일 휴무)

⊙ 이렇게 여행하자

☑ 독일광장(도이처플라츠)에 올라 독일풍 건물을 둘러보기 → ☑ 남해파독전시관을 방문해 당시 교포들의 삶과 애환 느껴보기 → ☑ 전망대에서 주황색 지붕의 이국적인 풍경 감상하기

3대를 이어온 대표 맛집
시골할매막걸리

다랭이마을 맛집 시골할매막걸리집은 유서 깊은 곳이다. '원조' 시골 할매, 고(故) 조막심 할머니가 이곳 산골 마을로 시집와서 담그기 시작한 유자막걸리가 빠르게 입소문을 탔고 3대에 걸쳐 가업을 이어가고 있다. 지금은 남해의 막걸리 명소이자 다랭이마을의 대표 맛집이다.

주소 경상남도 남해군 남면 남면로679번길 17-37 **문의** 055-862-8381 **가격** 재료를 아낌없이 넣은 매콤한 해물파전 1만7000원, 유자 잎을 넣어 숙성시켜 만든 유자막걸리 5000원 **영업시간** 08:00~20:00(연중무휴) **주차장** 없음

독일마을 속 유럽 가정식
당케슈니첼

당케슈니첼은 독일마을의 레스토랑 중 맛과 분위기로 인정받은 곳이다. 실내는 아담한 편으로 깔끔한 원목 테이블에 유럽풍 그릇이 진열되어 있어 유럽의 어느 식당에 와 있는 듯한 느낌이 든다. 유럽 가정식 요리가 주를 이루며 식당의 대표 음식을 모은 세트 요리가 인기가 좋다.

주소 경상남도 남해군 삼동면 독일로 27 **문의** 070-7799-0101 **가격** 독일 가정식 요리 슈니첼 2만1000, 케제슈페츨레 1만9000원 **영업시간** 월~목요일 11:00~15:30, 금요일 11:00~20:00, 토요일 10:30~20:00, 일요일 10:30~15:30(브레이크 타임 15:30~16:30) **주차장** 있음

남해에서 온 유자
백년유자

백년유자는 남해에서 태어나고 자란 주인장이 남해 유자농장에서 키우는 유기농 유자를 사용해 음료와 빵을 만드는 남해 지역 토박이 가게다. 마치 호텔의 웰컴 드링크처럼 유자와 유자몽을 시음해볼 수 있어 맛을 본 후 메뉴를 선택해도 좋다. 세련된 외관과 깔끔한 인테리어가 돋보인다.

주소 경상남도 남해군 남면 남서대로 768 백년유자 2호점 **문의** 055-864-6004 **가격** 진한 유자 원액의 맛이 새콤한 유자에이드, 남해유자빵 각 6500원 **영업시간** 10:00~17:40(연중무휴) **주차장** 없음(대로 맞은편 길가 공영 주차장 이용)

남해에서 가장 아름다운 바다 앞 캠핑장

상주은모래비치 오토캠핑장

상주은모래비치는 남해를 대표하는 가장 아름다운 해수욕장으로, 빼어난 풍광을 자랑한다. 울창한 송림으로 둘러싸여 한여름에도 시원하고, 부채꼴 해안 백사장은 모래가 부드럽고 유난히 하얗다. 또 파도가 잔잔하고, 수온이 높아 여름이면 전국에서 휴가를 보내러 오는 사람들로 가득하다. 해수욕장 양옆과 뒤편으로는 남해 금산이 한 폭의 병풍처럼 둘러싸고 있어 장관을 이룬다. 눈부신 바다를 보며 아침을 맞을 수 있어 캠핑을 즐기기에 최적의 조건을 갖춘 천국 같은 곳이다.

"상주은모래비치는 남해를 여행할 때마다 꼭 들르는 곳이에요. 드넓은 백사장과 시원한 송림이 펼쳐진 것은 물론 주변에 맛집이 즐비해요. 캐러밴, 캠핑카, 일반 차량, 텐트 구분 없이 이용 가능하고 여름 성수기에는 해변가에서 물놀이장을 운영해 아이들에게 인기 만점이에요. 사람이 많아도 해변과 송림이 워낙 넓기 때문에 북적거리지 않고 조용히 물놀이하기에 좋아요."

캠핑, 휴양, 힐링, 자연, 바다

info 주소 경상남도 남해군 상주면 상추로 17-4 **문의** 캠핑장 055-863-3583(상담 가능 시간 11:00~12:00, 17:00~18:00) **가격** 3만~5만 원 (샤워장 이용료 2000원) **영업시간** 입실 14:00, 퇴실 12:00

편의 시설 주차장 O, 편의점/마트 O, 화장실 O, 샤워 O, 취사 O, 전기 O, 덱 X, 사이드 주차 O, 반려동물 X

체크 사항 · 해수욕장 옆쪽으로 낚시를 즐기는 사람도 많으니 낚시 도구를 챙겨 가도 좋다. · 송림은 나무가 울창해서 사이즈가 큰 텐트나 루프톱 텐트는 설치하기 힘들 수 있으니 사이트 정보를 잘 확인하자. 해수욕장과 가까운 거리에 하나로마트가 있으니 먹을거리는 간단히 싸 가도 좋다.

순천 여수

자연 그대로의 순천, 낭만이 가득한 여수

순천만습지의 황금빛 갈대밭에 바람이 불면 갈대가 부딪히는 사르륵 소리가 귀를 간질인다. 여수 바닷가에선 낭만의 파도가 출렁이고, 하늘에서는 돌산대교 위로 붉은 해가 뉘엿뉘엿 넘어가며 발걸음을 멈추게 한다. 첫사랑을 떠올리는 마음처럼 생각만 해도 그리운 풍경이다.

Drive Course

· 이동 거리 54km · 소요 시간 1시간 5분 · 전체 코스 9시간

01 순천만국가정원

대한민국 제1호 국가정원에서 마음에 드는 체험해보기

8km
12분

02 순천만습지

용산전망대에 올라
황금빛 일몰 감상하기

41km
39분

03 돌산공원과 돌산대교

돌산공원 산책로를 걸으며
여수의 일몰, 야경 즐기기

159m
2분

04 여수해상 케이블카

여수 바다를 누비는
케이블카 타기

5km
12분

05 낭만포차거리 & 하멜등대

하멜등대 전시관도
꼭 관람해보기

코스 01 순천만국가정원

자연과 인간이 하나 되는 곳

생태 도시 순천은 세계 5대 연안 습지인 순천만습지의 항구적 보전을 위해 순천만국가정원을 조성했다. 물 위에 떠 있는 미술관으로 불리는 '꿈의 다리'를 기준으로 동쪽과 서쪽 구역으로 나뉜다. 찰스 젱크스가 설계한 6개의 언덕과 호수, 나무 덱으로 구성된 정원의 랜드마크인 순천호수정원과 메타세쿼이아길은 놓치지 말자. 순천만습지와 함께 묶어서 돌아본다면 오롯이 하루가 걸린다.

info **주소** 전라남도 순천시 국가정원1호길 47 **문의** 061-749-3114 **입장료** 어른 1만 원, 청소년 7000원, 어린이 5000원 / 국가정원 내 관람차 어른 3000원, 어린이 2000원 **운영 시간** 10~6월 09:00~20:00, 7~9월 09:00~21:00(입장마감 19:00, 마지막 주 월요일 휴무)

⊘ 이렇게 여행하자

☑ 호수정원을 돌아보고 중국정원에서 관람차 탑승하기 → ☑ 꿈틀정원, 메타세쿼이아길 중 원하는 곳에서 하차해 돌아본 후 중국정원으로 돌아오기 → ☑ 꿈의 다리를 건너 서쪽 정원 돌아보기

코스 02 순천만습지

황금빛이 일렁이는 갈대밭

세계 5대 연안 습지 가운데 하나인 순천만습지의 백미는 갈대밭이다. 갈대숲 사이로 난 탐방로를 따라 걸어 들어가면 끝 지점에 출렁다리가 있고, 완만한 경사로를 따라 1km 남짓 오르면 순천만습지를 한눈에 담을 수 있는 용산전망대에 다다른다. 황금빛으로 물든 갈대밭, S자 물길과 붉은 칠면초 군락이 어우러지는 가을 해 질 녘 풍경은 가장 황홀한 장면으로 손꼽힌다.

info **주소** 전라남도 순천시 순천만길 513-25 **문의** 061-749-3114 **입장료** 어른 1만 원, 청소년 7000원, 어린이 5000원 **운영 시간** 11~2월 08:00~18:00, 3~4월·9~10월 08:00~19:00, 5~8월 08:00~20:00(관람 1시간 전 매표 마감, 연중무휴)

⊘ 이렇게 여행하자

☑ 순천만국가정원 동문으로 입장 → ☑ 꿈의 다리 → ☑ 스카이큐브 정원역 → ☑ 스카이큐브 문학관역 → ☑ 갈대열차 → ☑ 순천만습지

코스 03 돌산공원과 돌산대교

**석양부터
야경까지
오래 머물고
싶은 곳**

돌산공원은 여수 시내에서 돌산대교를 건너자마자 만날 수 있는 공원으로 여수에 방문한다면 꼭 들러야 할 여수의 랜드마크이자 뷰 맛집이다. 공원에 들어서서 돌산대교준공기념탑까지 이어지는 계단을 내려가던 해넘이의 황홀한 모습에 넋을 잃고 보게 된다. 다양한 테마로 돌산대교를 화려하게 수놓는 조명과 이순신광장, 장군도의 야경은 발걸음을 떼기 어려울 정도로 아름답다.

info 주소 전라남도 여수시 돌산읍 돌산로 3578-61 **문의** 1899-2012(여수시청 콜센터) **입장료** 없음 **운영 시간** 24시간 (연중무휴)

♥ 이렇게 여행하자

☑ 돌산공원준공기념탑에서 돌산대교를 배경으로 사진 찍기 → ☑ 공원 아래 쪽 뷰포인트에서 인생숏 남기기 → ☑ 아름다운 석양부터 야경까지 하염없이 감상하기

코스 04 여수해상케이블카

여수케이블카는 여수 돌산과 자산공원을 이으며 바다 위를 지나는 1.5km 구간의 해상 케이블카다. 차창 밖으로는 중앙동의 이순신광장, 알록달록한 고소동 벽화마을, 여수해양공원과 낭만포차거리의 명물인 빨간 하멜등대가 영화처럼 펼쳐진다. 늦은 밤까지 운영하기 때문에 여수의 매혹적인 야경을 즐기기 위해 낮부터 밤까지 관광객들의 발길이 끊이지 않는다.

info 주소 전라남도 여수시 돌산로 3600-1(돌산 탑승장), 여수시 오동도로 116(자산 탑승장) **문의** 061-664-7301 **입장료** 일반 캐빈 왕복 어른 1만7000원, 어린이 1만2000원 / 크리스털 캐빈 왕복 어른 2만4000원, 어린이 1만9000원 **운영 시간** 09:30~21:30(왕복 1시간 전 탑승 마감) / 날씨에 따라 운행 시간 변경, 사전 확인 필요, 연중무휴

⊙ 이렇게 여행하자

☑ 전망대에 올라 여수 바다 감상하기 → ☑ 케이블카를 타고 파노라마처럼 펼쳐지는 여수의 주요 관광지를 하늘에서 즐기기

코스 05 낭만포차거리와 하멜등대

야경이 예쁜 여수의 밤을 가장 잘 즐길 수 있는 곳이자 현재 가장 힙한 곳이 낭만포차거리다. 돌문어삼합이 이곳에서 시작된 대표 먹거리로 밤에도 불야성을 이룬다. 여수는 《하멜표류기》로 유명한 헨드릭 하멜이 마지막으로 한국 땅에 머물렀던 곳으로 이를 기념하며 빨간 등대를 세웠다. 등대에 하얀색으로 쓰인 '하멜등대'를 배경으로 인증숏을 찍으려는 사람들이 많다.

info 주소 전라남도 여수시 하멜로 102 거북선대교 아래 **문의** 1899-2012(여수시청 콜센터) **입장료** 없음 **운영 시간** 24시간(연중무휴)

⊙ 이렇게 여행하자

☑ 포차거리를 걸으며 여행의 흥분을 만끽하기 → ☑ 마음에 드는 맛집 골라 돌문어삼합 먹어보기 → ☑ 하멜등대에서 인증숏 찍기

순천 꼬막 맛집
도원경

도원경은 매스컴에도 여러 번 소개된 순천 맛집이다. 대표 메뉴인 꼬막정식에는 꼬막찜, 꼬막양념조림, 꼬막전, 꼬막꼬치, 꼬막무침까지 다양한 꼬막 요리가 나오고 간장게장, 양념게장 등 10여 가지가 넘는 반찬을 한 상 푸짐하게 내온다. 밥에 꼬막무침을 넣고 비벼 먹으면 별미다.

주소 전라남도 순천시 순천만길 309 **문의** 0507-1399-5571 **가격** 다양한 꼬막 요리를 즐길 수 있는 꼬막정식 3만 원, 짱뚱어탕 1만 8000원 **영업시간** 10:00~21:00, 라스트 오더 20:00(연중무휴) **주차장** 있음

여수 밤바다 낭만 포차
낭만포차거리 돌문어삼합

여수에 왔다면 돌문어삼합은 반드시 맛봐야 한다. 돌문어삼합은 돌문어와 고기, 전복, 새우, 관자 같은 싱싱한 해산물을 김치, 각종 채소와 함께 매콤하게 조려낸 두루치기다. 남은 국물에 밥을 볶아 먹거나 얼큰한 문어라면을 곁들여도 좋다. 소주를 곁들이면 세상 부러울 것이 없다.

주소 전라남도 여수시 하멜로 78 **문의** 0507-1320-9304 **가격** 돌문어와 고기, 싱싱한 해산물이 삼합을 이루는 돌문어해물삼합 4만 5000원, 돌문어해물라면 1만-2000원 **영업시간** 12:00~23:00(대장마다 상이, 연중무휴) **주차장** 있음(여수해양공원 주차장)

빈지티한 느낌의 수제 맥주
순천양조장

순천에는 레트로 느낌의 건물 외관과 빈티지 느낌의 간판을 단 순천양조장이 있다. 순천양조장에서는 순천과 관련된 지역, 명소 이름을 딴 수제 맥주를 맛볼 수 있는데, 열대 과일의 풍미를 느낄 수 있는 '순천특별시'가 순천양조장의 대표 맥주다. 수제 버거 맛집으로도 유명하다.

주소 전라남도 순천시 역전길 57 **문의** 061-745-2545 **가격** 열대 과일 풍미의 순천특별시 7500원, 4종 샘플러 1만5000원 **영업시간** 화~금요일 16:00~23:00, 토~일요일 11:00~22:00(월요일 휴무) **주차장** 있음

해양 스포츠를 즐기는 도심 속 캠핑장

웅천친수공원 캠핑장

웅천친수공원 캠핑장은 시민을 위해 만든 해변 공원이자 해수욕장인 웅천친수공원 해수욕장 안에 자리 잡은 캠핑장이다. 도심 속 캠핑장답게 근처에 마트, 카페, 식당 등 모든 편의 시설이 완벽하게 갖춰져 있고, 드넓은 잔디공원과 아이들을 위한 놀이터도 있어 의자와 테이블만 들고 당일치기로 다녀오기에도 좋다. 해수욕장을 기준으로 왼쪽에서는 원형 보트와 바나나 보트 등 다양한 수상 스포츠를 즐길 수 있고, 오른쪽으로는 예술의 섬 장도가 자리한다. 나무 덱에 설치되어 있는 파라솔과 구명조끼도 무료로 대여 가능해 물놀이를 하기에 불편함이 없다.

"내비게이션에 웅천친수공원 캠핑장을 찍고 가는 길에 도착지까지 얼마 남지 않았는데 양옆으로 아파트가 높게 들어서 있어서 '이런 곳에 해수욕장과 캠핑장이 있을까?' 반신반의하며 찾아갔어요. 아파트 숲에서 빠져나오니 그 앞으로 시원한 바다가 펼쳐졌고, 많은 사람들이 해수욕과 해양 스포츠를 즐기고 있었죠. 모든 것을 갖추었으면서도 가성비가 워낙 좋아 성수기에는 예약하기가 쉽지 않은데, 당일치기 피크닉 장소로도 손색이 없어요."

캠핑, 휴양, 힐링, 자연, 바다, 해양 액티비티

info 주소 전라남도 여수시 웅천동 1692 **문의** 061-685-3314 **가격** 나무 덱 1만 원, 노지 5000원(샤워 500원 별도) **영업시간** 입장 13:00, 퇴장 12:00(연중무휴)
편의 시설 주차장 O, 편의점/마트 O, 화장실 O, 샤워 O, 취사 O, 전기 O, 덱 O, 사이드 주차 X, 반려동물 X
체크 사항 · 갯벌에 조개나 소라게가 많아 갯벌 체험을 하기 좋으니 체험 도구를 챙겨 가면 좋다. · 모닥불, 바비큐, 폭죽은 금지되어 있다.

장흥 보성

초록의 힐링 장흥, 차향 가득한 보성

장흥과 보성에서는 서두를 필요가 없다. 편백 숲에서 푸른 산세를 느끼며 가슴 가득 상쾌한 공기를 들이마시고, 언덕을 올라 그림 같은 차밭에서 녹차아이스크림의 매력에 빠져보자. 어느새 온몸으로 느껴지는 남도의 바람이 깊은 휴식 시간을 선사할 것이다.

Drive Course

· 이동 거리 **40km** · 소요 시간 **41분** · 전체 코스 **7시간**

01 정남진 편백숲 우드랜드

피톤치드와 음이온을 내뿜는 편백나무가 가득한 숲 걷기

12km 13분

02 해동사

안중근의 어머니가 안중근 의사에게 쓴 마지막 편지 꼭 읽어보기

21km 18분

03 대한다원

드라마, 영화 촬영 스폿에서 사진 찍기

7km 10분

04 율포솔밭 해수욕장

해수욕 후 바로 앞 뜨끈한 녹차 해수탕에 몸 담그기

코스 01 정남진 편백숲 우드랜드

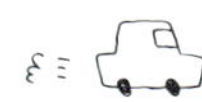

**힐링
그 자체**

40년생 아름드리 편백나무가 빼곡히 들어서 초록의 상쾌함이 가득한 정남진 편백숲 우드랜드는 장흥을 대표하는 관광지다. 스트레스 해소와 면역력 강화 효과가 있는 피톤치드 가득한 편백치유의 숲과 디톡스를 도와주는 편백소금집은 물론 황토흙집, 한옥 등의 숙박 시설까지 갖추어 가족, 연인과 함께 지친 심신을 치유하고 편안한 휴식을 할 수 있는 힐링 공간이기도 하다.

info 주소 전라남도 장흥군 장흥읍 우드랜드길 180 **문의** 061-864-0063 **입장료** 어른 3000원, 청소년 2000원, 어린이 1000원 **운영 시간** 09:00~18:00

◎ 이렇게 여행하자

☑ 편백나무숲길 → ☑ 유아숲체험원 → ☑ 물레방아분수대 → ☑ 난대자생식물원 → ☑ 편백분수대 → ☑ 향기원 → ☑ 만남의 광장(1시간 코스)

코스 02 해동사

**국내 유일의
안중근 의사를
모신 사당**

일제강점기 1909년 하얼빈 역에서 이토 히로부미를 암살한 후 순국한 안중근 의사에게 후손이 없어 오랫동안 제사를 지내지 못했다. 해동사는 고려시대 유학자 안향을 모시는 사당인 만수사 건립 시 그의 후손들이 안중근 의사 사당을 건립하면서 붙인 이름으로 서거일인 3월 26일 추모 제향을 올리는 곳이다. 규모는 작지만 안중근 의사의 업적을 되새겨보기에 좋다.

info 주소 전라남도 장흥군 장동면 만수길 25-121 **문의** 061-863-2663(만수사) **입장료** 없음 **운영 시간** 09:00~18:00

◎ 이렇게 여행하자

☑ 해동사 돌아보기 → ☑ 안중근 의사의 어머니 조마리아 여사의 편지 꼭 읽어보기 → ☑ 만수사 돌아보기 → ☑ 만수사 내 처음 건립되었던 안중근 의사 사당 보기

코스 03 대한다원 보성녹차밭

대한다원은 해발 350m에 위치한 국내 최대 규모의 차 밭이자 삼나무, 편백나무, 대나무 등 약 580만 그루의 나무가 들꽃과 함께 자라고 있는 생태 지역이다. 이곳의 녹차밭은 마치 녹색 카펫을 깔아놓은 듯 장관을 이루어 눈이 시원해지고 마음이 정화된다. 배롱나무 산책로를 지나 바다전망대에 오르면 저 너머 바다까지 아름다운 풍경이 펼쳐진다.

info 주소 전라남도 보성군 보성읍 녹차로 763-43 **문의** 061-852-4540 **입장료** 어른 4000원, 청소년 3000원, 어린이 무료 **운영 시간** 3~11월 09:00~19:00, 12~2월 09:00~18:00

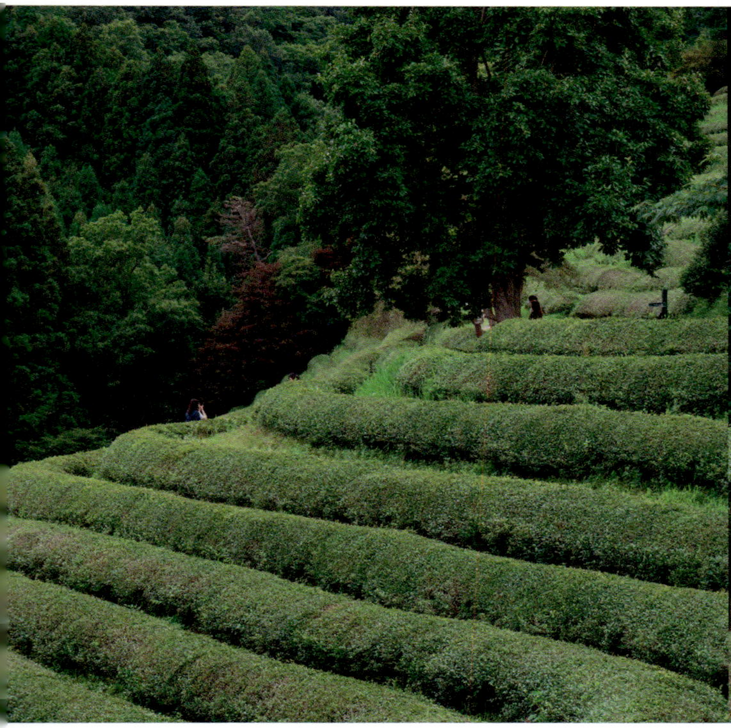

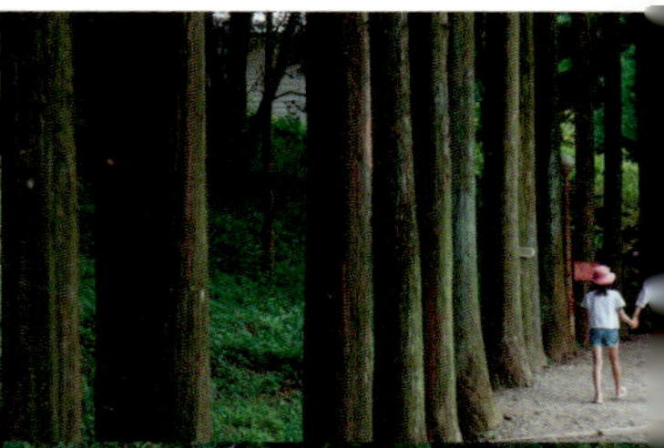

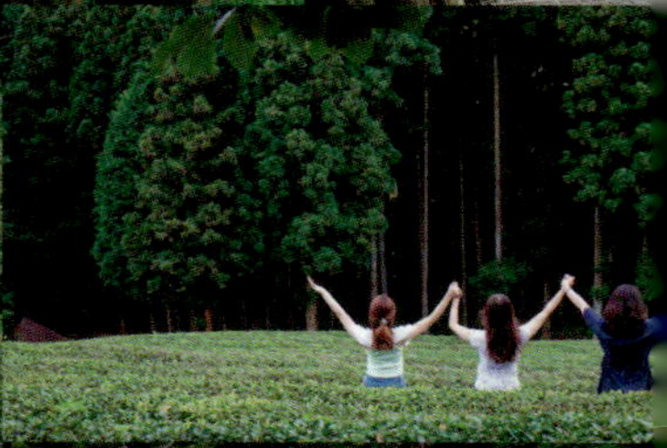

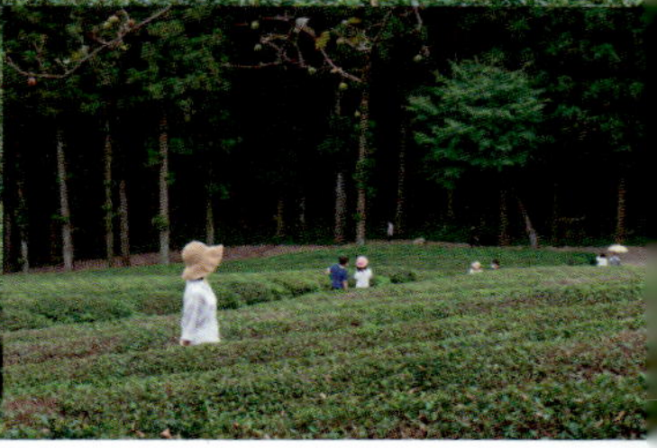

코스 04 율포솔밭해수욕장 

**동양화처럼
펼쳐진
솔숲 절경**

은빛 모래밭과 100년생 소나무들이 어우러져 아름다운 풍광을 연출하는 율포솔밭
해수욕장. 여름이면 전국에서 찾아오는 관광객들로 북적대지만 넓게 펼쳐진 솔숲과
잘 관리된 깨끗한 해변에서 여유로운 해수욕을 즐길 수 있다. 시원한 솔밭에서 돗자
리를 펴고 즐기는 낮잠이 꿀맛이다. 아이들은 탁 트인 바다를 바라보며 모래 놀이와
갯가재 잡기에 여념이 없다.

info **주소** 전라남도 보성군 회천면 우암길 24 **문의** 061-850-5206 **입장료** 없음 **운영 시간** 24시간
(방문 전 확인 필요)

○ **이렇게 여행하자**

☑ 솔밭 명당을 찾아 돗자리 펴기 → ☑ 썰물 시 갯벌 체험해보기 → ☑ 밀물 시 청정 해역에서 해수욕 즐기기
→ ☑ 해변 포토 존에서 예쁜 추억 남기기

한우, 키조개, 버섯의 만남
장흥삼합

장흥에서 절대 놓치지 말아야 할 것이 장흥삼합이다. '장흥' 하면 가장 먼저 명함을 내미는 특산품인 키조개, 명성이 높은 한우, 전국 생산량의 10%를 차지하는 표고버섯이 모여 장흥삼합을 만들어냈다. 어디든 마음에 드는 한우 판매점에 들어가 즐기면 된다.

주소 전라남도 장흥군 장흥읍 토요시장1길 53(한우 판매장) **문의** 061-864-7002 **가격** 장흥삼합 한우 100g 1만~2만 원, 키조개와 표고버섯 세트 1만8000원 **영업시간** 정남진 토요시장 06:00~19:00, 한우 판매장 09:00~21:00 **주차장** 있음

건강한 남도의 맛
청광도예원

청광도예원은 도예가인 남편과 그 도기에 정성껏 음식을 지어 내오는 부인이 함께 운영하는 곳이다. 보성에서 꼭 먹어봐야 할 녹차떡갈비와 보리굴비가 포함된 녹차한정식이 대표 메뉴로 깔끔한 맛의 호박죽과 정갈한 각종 나물이 따뜻한 녹차솥밥과 함께 나온다

주소 전라남도 보성군 보성읍 사동길 52-11 **문의** 061-853-4125 **가격** 녹차떡갈비와 보리굴비, 녹차솥밥이 함께 나오는 녹차정식 2만5000원 **영업시간** 10:00~20:20, 브레이크 타임15:00~17:00(둘째·넷째 주 월요일 정기 휴무) **주차장** 있음

복합 문화 공간
보성여관

보성여관은 조정래 작가의 대하소설 《태백산맥》 속 '남도여관'으로 등장했던 곳이다. 일본식 가옥으로 2004년 역사 및 건축사적 가치를 인정받아 등록문화재로 지정되었으며 복원 사업을 거쳐 '보성여관'으로 개관했다. 오래된 목조 가옥의 역사가 고스란히 느껴져 아날로그 감성을 자극한다.

주소 전라남도 보성군 벌교읍 태백산맥길 19 **문의** 061-858-7528 **가격** 커피와 다양한 계절차 4000원(입장료 포함) **영업시간** 10:00~17:00(월요일 휴무) **주차장** 없음(인근 공용 주차장 이용 가능)

코끝에 바다 내음이 가득히 퍼지는

율포오토캠핑장

율포오토캠핑장은 은빛 모래밭이 한눈에 들어오는 율포해변까지 1분이면 닿는 거리에 자리한 바다 친화적 캠핑장이다. 오토캠핑장과 숙박에 필요한 모든 것을 갖춘 캐러밴을 함께 운영해 날씨와 상관없이 사계절 모두 이용할 수 있다. 그뿐만 아니라 풋살 경기장, 족구장, 농구장, 배드민턴장 등부대시설을 갖추어 가족, 친구, 연인과 함께 활력 넘치는 캠핑을 즐기기에도 제격이다. 아름다운 남해 바다를 보며 눈을 뜨고, 운동으로 체온을 높이고, 바다에 물이 차는 시간에 맞춰 해수욕을 한 후 낙조를 감상하며 즐기는 삼겹살 파티까지. 율포오토캠핑장에서라면 캠퍼들이 꿈꾸는 가장 이상적인 캠핑을 누릴 수 있다.

"율포해수욕장은 아름다운 바다와 백사장은 물론 훌륭한 편의 시설을 갖춘 곳이에요. 율포오토캠핑장은 율포해수욕장과 캠핑장의 모든 장점을 누릴 수 있어 캠핑하기에 최고의 조건을 갖추었어요. 다음에는 캐러밴도 이용해보고 싶어요."

휴양, 힐링, 관광

info 주소 전라남도 보성군 회천면 충의로 52 **문의** 061-853-4488 **가격** 오토캠핑장 비수기 3만 원, 성수기 4만5000원 / 캠핑카 비수기 평일 8만 원, 주말 10만 원, 성수기 평일 13만 원, 주말 15만 원 **영업시간** 입실 14:00~22:00, 퇴실 11:00(연중무휴)
편의 시설 주차장 O, 편의점/마트 O, 화장실 O, 샤워 O, 취사 O, 전기 O, 덱 O, 사이드 주차 O, 반려동물 X
체크 사항 캠핑장 인근에는 해수욕장과 앞바다에서 막 잡아온 생선을 판매하는 생선종합위판장, 해수 풀장, 녹차해수욕장과 할인 마트, 편의점까지 모든 편의 시설이 있으니 두 손 가볍게 방문해도 좋다.

훌쩍 떠나는
산길 계곡
드라이브
야생동물주의
Wild Animals Beware

포천 철원

맑은 공기에 실려오는 꽃 내음, 숲 내음

서울에서 그리 멀지 않은 포천. 풍경이 아름답기로 유명한 한탄강이 흐르고 다양한 매력으로 가득한 여행 명소가 구석구석 숨어 있는 도시다. 전나무 숲이 우거진 국립수목원에서 시작해 철원 제일의 명승지 고석정까지, 때 묻지 않은 자연 그대로의 풍경을 즐길 수 있다.

Drive Course ・이동 거리 73km ・소요 시간 1시간 27분 ・전체 코스 6시간

01 포천국립수목원

자연 생태계를 간직한
육림호 쉼터에서의 커피 한잔

31km
34분

02 포천아트밸리

포천아트밸리의 명물
천주호에서 인생숏 찍기

25km
30분

03 비둘기낭폭포

숲속 폭포에서 영화 속
주인공처럼 사진 찍어보기

17km
23분

04 고석정

유람 보트를 타고
한탄강 구석구석 살펴보기

코스 01 포천국립수목원 

단번에 마음을 사로잡는 초록 숲

여름이면 반짝반짝 빛나는 숲이 있다. 500년이 넘도록 푸르름을 지켜온 초록 숲이 눈을 떼지 못할 만큼 청아해 단번에 마음을 사로잡는다. 피톤치드 가득한 잘 정돈된 숲길을 따라 걷는 것만으로도 힐링인데, 이름도 정겨운 들꽃과 식물이 반겨준다. 수목원 내 호수인 육림호의 숲속 카페에 앉아 따뜻한 차를 곁들이면 경직되었던 몸과 마음이 봄바람처럼 나긋나긋해진다.

info 주소 경기도 포천시 소흘읍 광릉수목원로 509 **문의** 031-540-2000 **입장료** 인터넷을 통한 사전 예약 필수, 어른 1000원, 청소년 700원, 어린이 500원(주차 3000원) **운영 시간** 하절기 09:00~18:00, 동절기 09:00~17:00(월요일, 1월 1일, 설날 및 추석 연휴, 12~2월 일요일 휴원)

⊙ 이렇게 여행하자

☑ 수목원 입구에서 오늘 내가 '걷고 싶은 길'을 선택해 출발하기 → ☑ 찬찬히 걸으며 숲의 매력 감상하기 → ☑ 호수 옆 카페에서 차 한잔 즐기기

코스 02 포천아트밸리

버려진 채석장의 화려한 변신

버려진 폐채석장이 자연과 문화, 예술이 살아 숨 쉬는 친환경 복합 문화 예술 공간으로 탈바꿈해 포천아트밸리가 탄생했다. 포천아트밸리에서 인기가 가장 좋은 공간은 신비로운 물색을 띠는 천주호다. 화강암을 캐낸 후 생긴 웅덩이 바닥에 가라앉은 화강토가 반사되어 에메랄드빛을 띤다. 모노레일을 타고 올라가면 전망대, 전시장과 공연장, 천문과학관 등 다양한 문화 공간이 있다.

info 주소 경기도 포천시 신북면 아트밸리로 234 **문의** 1668-1035 **입장료** 어른 5000원, 청소년·군인 3000원, 어린이 1500원 / 모노레일(왕복 기준) 어른 5300원, 청소년 4300원, 어린이 3300원 **운영 시간** 월~목요일 09:00~19:00, 금~토요일 09:00~22:00, 일요일 09:00~20:00(첫째 주 화요일 휴장)

⊙ 이렇게 여행하자

☑ 모노레일 타고 천주호로 이동하기 → ☑ 천주호에서 에메랄드빛 호수를 배경으로 사진 찍기 → ☑ 전망대에 올라 천주호와 포천시 전망 감상하기 → ☑ 조각공원의 조각품 감상하기

코스 03 비둘기낭폭포와 한탄강하늘다리

**숲속에
숨은
은밀한
폭포**

비둘기낭폭포는 주변 지형이 비둘기 둥지처럼 움푹 들어갔다고 해서 붙은 이름이다. 현무암 침식으로 생긴 폭포의 물빛은 동굴에 휩싸여 천혜의 비경을 보여주며 맑고 투명한 느낌을 넘어 오묘한 분위기를 풍긴다. 다양한 지질구조로 학술적으로도 높은 가치를 인정받았으며, 2012년 천연기념물로 지정되어 많은 관광객들에게 범접할 수 없는 아름다움을 전하고 있다.

info 주소 경기도 포천시 영북면 대회산리 415-2 **문의** 031-538-2312 **입장료** 없음 **운영 시간** 09:00~18:00(연중무휴)

◎ **이렇게 여행하자**

☑ 안전한 계단을 따라 내려가 폭포 감상하기 → ☑ 한탄강국가지질공원 전망을 감상하며 한탄강하늘다리까지 걷기 → ☑ 한탄강하늘다리 건너며 사진 촬영하기

코스 04 고석정

한탄강 한가운데 우뚝 선 높이 약 10m의 바위 사이로 옥같이 맑은 물이 휘돌아 흐른다. 한탄강의 절경을 바라보며 서 있는 2층 누각의 정자가 실제 고석정이지만 이 정자와 고석바위, 그리고 바위 위에 솟아오른 소나무 군락과 현무암 협곡을 통틀어 고석정이라 부른다. 고석바위와 한탄강의 조화가 시간이 멈춘 듯 고즈넉한 느낌을 주어 수많은 사극과 영화가 이곳에서 촬영되었다.

info 주소 경기도 철원군 동송읍 태봉로 1825 **문의** 033-450-5558(관광안내소) **입장료** 없음(주차 2000원) **운영 시간** 24시간(연중무휴)

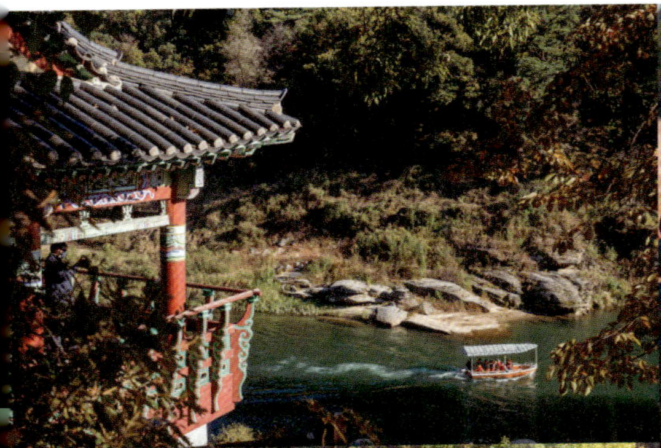

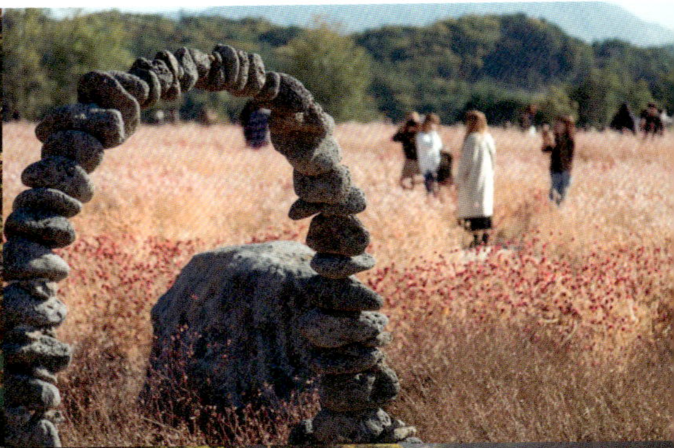

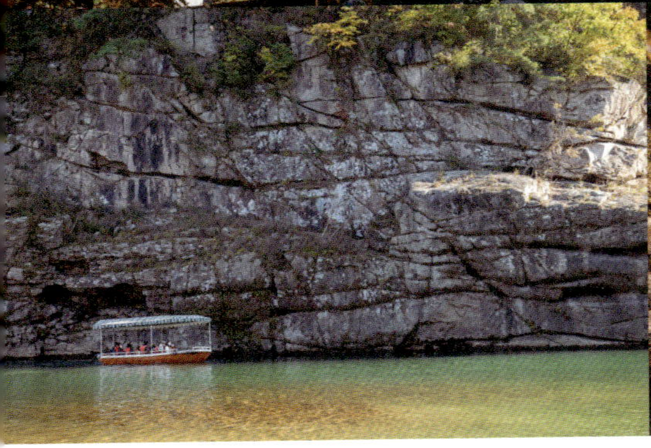

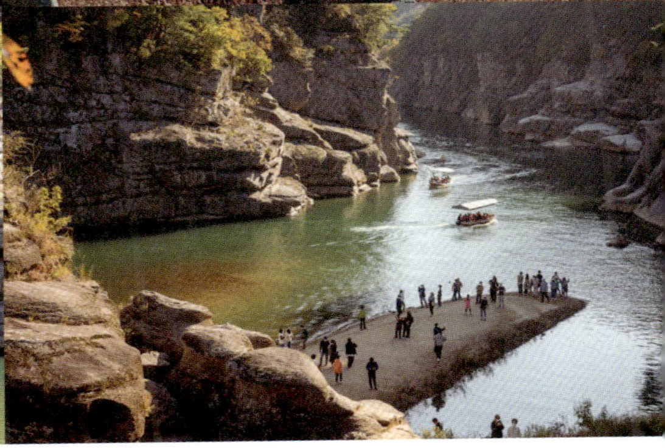

◎ 이렇게 여행하자

☑ 고석정에 앉아 한탄강과 어우러진 고석바위의 풍경 감상하기 → ☑ 고석바위 앞 사구로 내려가보기 → ☑ 유람 보트 타고 한탄강 구석구석 즐기기

숯불 향 가득 밴 육즙
원조김미자할머니갈비

포천이동갈비촌은 등산객들이 식사를 하러 들렀다가 그 맛이 알려져 전국적으로 널리 퍼지게 되었다고 한다. 질 좋은 암소 고기를 선별해, 화학조미료를 쓰지 않고 갖은 양념을 해 하룻밤 재워둔 다음 참나무 숯불에 구워 육질이 부드럽다. 시원한 동치미를 들이켜면 그 조화가 기가 막히다.

주소 경기도 포천시 이동면 화동로 2087 **문의** 031-531-2600 **가격** 부드러운 육질과 달짝지근한 맛이 일품인 소양념갈비 4만3000원, 소생갈비 5만2000원 **영업시간** 10:00~21:00, 라스트 오더 20:00, 연중무휴 **주차장** 있음

내 마음에 '포옥' 들어온
포옥

포근하게 안아주는 모습을 뜻하는 '포옥'. 인근 카페와 차별되는 매력적인 인테리어가 눈길을 끈다. 화려함보다 자연스럽고 심플하며 따스한 느낌을 추구해 머무는 내내 편안하다. 카페에서 정성 들여 가꾼 정원은 인기 포토 존이다. 가을에는 단풍으로 붉게 물든 산을 감상해보자.

주소 경기도 포천시 소흘읍 죽엽산로 685-20 **문의** 0507-1391-5446 **가격** 하얀 크림을 올려 커피를 포옥 감싸는 포옥크림라테 8000원, 아메리카노 6500원 **영업시간** 10:30~19:00, 라스트 오더 18:30(목요일 휴무)

고즈넉한 한옥 카페
부용원

한옥 카페 부용원은 외부에서 보기엔 단층의 아담한 전통 한옥처럼 느껴지지만 실내로 들어오면 규모가 꽤 크다. 한옥 카페와 잘 어울리는 쌍화차, 대추자, 오미자차 등 다양한 전통차는 물론 허브차와 커피도 준비되어 있다. 특히 테라스에서 보이는 고모리저수지 뷰가 압권이다.

주소 경기도 포천시 소흘읍 죽엽산로 452 **문의** 031-542-1981 **가격** 오미자의 깊은 맛이 느껴지는 오미자차 7000원, 쌍화차 8000원 **영업시간** 10:00~20:00, 라스트 오더 19:00(월요일 휴무) **주차장** 있음

캠퍼들이 원하는 모든 것을 갖춘

철원가산농원캠핑장

'농원캠핑장'이라는 말이 다소 생소했지만 하룻밤을 지내보면 캠핑장과 너무나 잘 어울리는 이름이라는 것을 알게 된다. 캠핑장 내에는 아이들을 위한 농촌체험장과 과수원을 갖추어 다양한 체험을 할 수 있고, 작은 동물 친구들이 있는 미니동물원도 있다. 꾸미지 않은 자연 그대로의 계곡과 한탄강의 비경을 접할 수 있으며 산속에 자리 잡아 사계절의 변화를 제대로 느낄 수 있다. 조용하고 안락한 분위기 속에서 힐링 캠핑을 해보자.

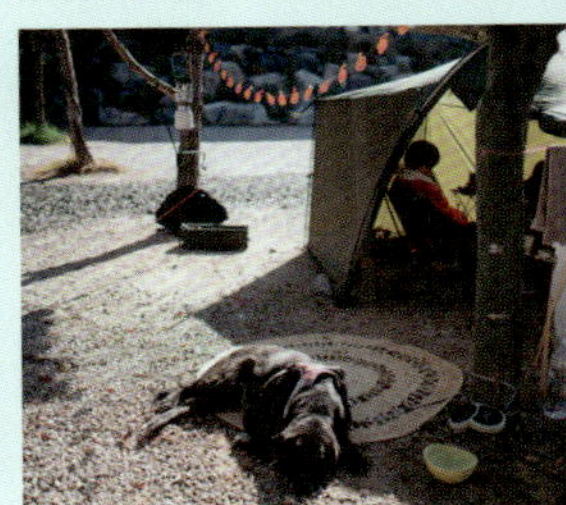

"오토캠핑, 캐러밴, 글램핑에 펜션까지 갖춘 대규모 캠핑장이에요. 넓은 잔디밭과 연못, 족구장과 농구장, 체험하우스와 미니동물원까지, 캠퍼들이 원하는 모든 것을 갖추었죠. 특히 반려견도 동반 가능해 인기가 좋아요. 캠핑장 가장 안쪽에서는 한탄강을 보며 캠핑을 할 수 있고 바로 앞은 과수원이 있어 프라이빗하게 캠핑을 즐길 수 있어요. 사이트가 많은 덕에 극성수기를 제외하고는 예약하기 편합니다."

캠핑, 휴양, 힐링, 자연, 바다

info 주소 강원도 철원군 갈말읍 상사로 377 **문의** 033-452-9995 **가격** 오토 캠핑 4만~7만 원, 캐러밴 12만~25만 원, 글램핑 10만 원, 펜션 20만~25만 원 **영업시간** 24시간(연중무휴)

편의 시설 주차장 O, 편의점/마트 O, 식당 X, 화장실 O, 샤워 O, 취사 O, 전기 O, 덱 O, 사이드 주차 O, 반려동물 O

체크 사항 · 잔디와 족구장, 축구장 등의 시설을 잘 갖추어 축구공 등 필요한 용품을 챙겨 가면 더욱 알차게 캠핑을 즐길 수 있다. · 과수원과 미니동물원도 있으니 사이트 내에만 머물지 말고 조용한 아침 힐링 산책을 즐겨보자.

제천 충주

도시 곳곳 청량함이 가득한, 제천과 충주

국토 한복판에 위치한 충주와 충주호를 따라 이어진 제천. 충주호의 푸른 물결이 일상에 지친 이를 위로해 주고 중앙탑사적공원과 탄금대를 걸으면 마음이 편안해진다. 시원한 물줄기를 내뿜는 의림지 용추폭포도 빼놓을 수 없다.

Drive Course ·이동 거리 **86km** ·소요 시간 **1시간 34분** ·전체 코스 **7시간**

01 중앙탑사적공원

공원 주변의 충주박물관 함께 관람하기

5km
5분

02 탄금대

열두대에 올라 치열했던 전쟁의 아픔을 되새겨보기

54km
50분

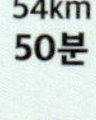

03 청풍호

360도로 펼쳐지는 청풍호의 비경 감상하기

27km
39분

04 의림지

의림지 용추폭포를 배경으로 사진 찍기

코스 01 중앙탑사적공원

아름다운 충주의 야경 명소

중앙탑사적공원은 우리나라 국보 제6호 탑평리 칠층석탑이 위치한 공원이다. 너른 잔디밭 중앙에 탑평리 칠층석탑이 우뚝 솟아 있어 공원 어디서든 우러러보이는 날렵하고 웅장한 풍모가 시선을 끈다. 야외 조각 작품을 감상하며 느리게 걷거나 잔디밭에 드러누워 하늘을 감상해도 좋다. 밤이면 칠층석탑과 무지개 다리 등 공원 전체에 조명을 밝혀 멋진 야경을 선사한다.

info 주소 충청북도 충주시 탑정안길 6 **문의** 043-842-0532 **입장료** 없음 **운영 시간** 24시간(연중무휴)

⊙ 이렇게 여행하자

☑ 탑평리 칠층석탑 감상하기 → ☑ 야외조각공원 감상하기 → ☑ 충주박물관 관람하기 → ☑ 세계술문화박물관 관람하기

코스 02 탄금대

우륵의 가야금 소리가 피어나는 곳

해발 108m의 야트막한 산에 위치한 탄금대는 신라시대의 악성 우륵 선생이 가야금을 타던 곳이라 해서 붙은 이름이다. 임진왜란 때 항전하다 죽은 사람들의 넋을 기리기 위한 팔천고혼위령탑과 충혼탑을 지나 걷다 보면 충주 사람들의 산책로인 탄금대 속 탄금대, 열두대에 도착한다. 어느새 해가 지면 아픈 역사를 품은 하늘은 울긋불긋 물들어 아름답기만 하다.

⊙ 이렇게 여행하자

☑ 숲길을 따라 걸으며 충혼탑과 팔천고혼위령탑 돌아보기 → ☑ 탄금정 아래 탄금대 내려가보기 → ☑ 남한강의 절경 감상하기

info 주소 충청북도 충주시 탄금대안길 105 **문의** 043-848-2246 **입장료** 없음 **운영 시간** 24시간(연중무휴)

코스 03 청풍호와 청풍호반 케이블카

한국의 하롱베이

청풍호는 충주댐을 건설하면서 생겨난 호수로 당시에는 제천 인근 많은 지역이 수몰되는 아픔이 있었지만, 최근 내륙의 바다라는 별칭을 얻으며 화려하게 부활했다. '청풍의 작은 민속촌'인 청풍문화재단지를 시작으로 비봉산 정상에서 산수화 같은 청풍호를 조망할 수 있는 청풍호반 케이블카와 모노레일 등 볼거리와 즐길 거리가 많고 풍광이 뛰어나 관광객들의 발길이 이어진다.

info **주소** 충청북도 제천시 청풍면 청풍호로 2048(청풍문화재단지) **문의** 043-641-5532, 문화관광해설 예약 043-641-6734 **입장료** 청풍문화재단지 어른 3000원, 청소년 2000원, 어린이 1000원 / 청풍호반케이블카 어른 1만8000원, 어린이 1만4000원 **운영 시간** 청풍문화재단지 3~10월 09:00~18:00, 11~2월 09:00~17:00(연중무휴) / 청풍호반케이블카 09:30~18:00

> ⊙ **이렇게 여행하자**
>
> ☑ 청풍문화재단지 둘러보기 → ☑ 청풍호반 케이블카 또는 청풍호모노레일 타고 비봉산 정상에 올라 청풍호 감상하기

코스 04 의림지

**어린 시절
소풍 가던
유원지 풍경**

삼한시대에 축조된 의림지는 인공 수리 시설로 신라 진흥왕 때 가야금 명인 우륵이 쌓았다는 이야기가 전해진다. 의림지 입구에는 아날로그 감성을 불러일으키는 유원 시설과 의림지역사박물관이 있고, 저수지의 풍광을 조망할 수 있는 정자, 그리고 의림지의 수위를 유지하는 역할을 하는 용추폭포가 있다. 한 폭의 수채화 같은 역사적 명승지로 충청북도의 대표적인 관광지이기도 하다.

---

info 주소 충청북도 제천시 의림지로 33 **문의** 043-651-7101(의림지 관광안내소) **입장료** 없음 **운영 시간** 24시간(연중무휴)

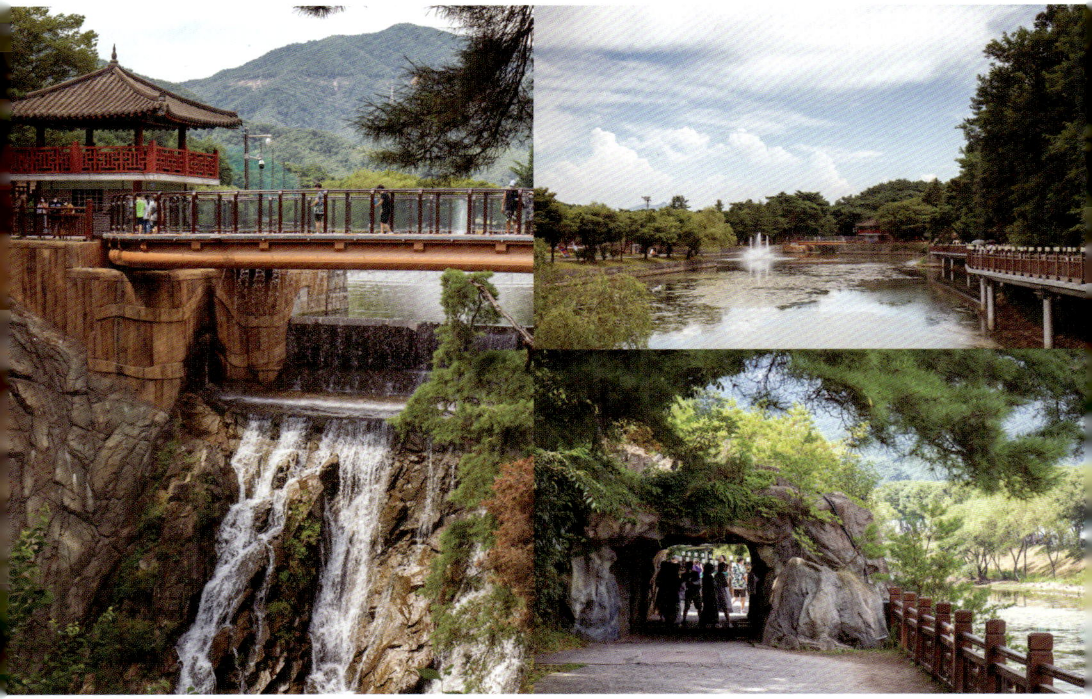

통밥정식으로 유명한
우림정

우림정은 청정 지역에서 재배한 농작물과 고기를 그대로 쪄서 네 가지 성분을 넣은 한 방소스와 곁들여 먹는 통밥정식으로 유명한 제천 맛집이다. 통밥 안에 부추, 양배추, 호박, 차돌, 숙주나물을 넣어 푹 쪄서, 깔끔하고 담백한 맛에 먹는 내내 건강해지는 듯한 기분이다.

주소 충청북도 제천시 의림대로 446 **문의** 0507-1404-4060 **가격** 제천에서 재배한 채소와 차돌박이가 어우러진 우림정 대표 메뉴 명품약채통밥 2만5000원, 약채떡갈비정식 2만 원 **영업시간** 10:00~21:00 (둘째·넷째 주 일요일 휴무) **주차장** 있음

찰진 도토리묵밥
통나무묵집

통나무묵집은 200년도 넘은 실제 구옥을 해체한 후 부자재를 그대로 사용해 식당에 맞게 리모델링한 한옥 식당이다. 찰진 도토리묵으로 만든 도토리묵밥이 대표 메뉴이고 제철에 맞는 건강한 식재료로 만든 반찬에 직접 담근 청국장과 비지장까지 더해 군침 도는 조합이다.

주소 충청북도 충주시 안림로 146 **문의** 043-842-5059 **가격** 탱탱하고 찰진 묵과 직접 끓인 깔끔한 국물로 만든 도토리묵밥 1만 원, 청국장 1만2000원 **영업시간** 11:00~22:00 **주차장** 있음

좋은 재료로 만든 베이커리
듀레베이커리

듀레베이커리는 충주 호암지 뷰가 돋보이는 베이커리 카페다. 다양한 베이커리와 커피를 즐길 수 있는 카페는 통창으로 탁 트인 공간에 전 좌석에서 호암지를 볼 수 있는 것이 가장 매력적이다. 맑은 날에는 테라스에 앉아 여유를 부려도 좋다.

주소 충청북도 충주시 중원대로 3250 **문의** 043-848-5451 **가격** 달달한 베이커리와 잘 어울리는 풍부한 보디감의 아메리카노 5800원, 소금버터빵 2700원 **영업시간** 09:30~21:30(화요일 휴무) **주차장** 있음

달천에 떠오른 8개 봉우리를 품은

수주팔봉 노지캠핑장

수주팔봉 노지캠핑장은 차박이 유행하기 전부터 캠퍼들에게 '전국 최고의 뷰를 자랑하는 캠핑장'으로 입소문이 난 캠핑 성지 같은 곳이다. 노지 캠핑장임에도 차박을 할 수 있는 곳과 차량 진입 없이 텐트를 치고 즐길 수 있는 공간으로 명확히 구분되어 있는 등 팔봉마을에서 사설 캠핑장 못지않게 잘 관리하고 있다. 강 건너편 빼어난 수주팔봉의 경관을 병풍 삼아 달천 강가 너른 자갈밭에 텐트를 펴고 흐르는 강물 소리를 음악 삼아 낮잠을 즐기며 힐링 할 수 있다.

"워낙 유명한 곳이라 예전부터 가보고 싶었지만 유명세 때문에 갈 엄두가 나지 않던 곳이었어요. 수주팔봉에서 하룻밤 캠핑을 해보면 왜 다들 이곳으로 몰려드는지 바로 알게 되죠. 고요한 밤의 장막을 두른 수주팔봉은 바라보는 것만으로도 자체 힐링이 돼요. 자갈밭이 워낙 넓기 때문에 강가 어느 곳에서도 수주팔봉을 즐길 수 있지만 출렁다리가 보이는 입구 쪽이 가장 전망이 좋고, 그만큼 경쟁이 치열해요. 한여름 성수기에는 좁은 입구에 차량이 줄을 설 정도로 붐비기 때문에 휴가를 내 평일에 방문하거나 극성수기는 피하는 것이 좋아요."

휴양, 힐링, 자연

info 주소 충청북도 충주시 대소원면 문주리 39-1 **문의** 043-850-6723(충주시청 관광과) **입장료** 없음 **영업시간** 24시간(연중무휴)

편의 시설 주차장 O, 편의점/마트 O, 화장실 O, 샤워 X, 취사 O, 전기 X, 덱 X, 사이드 주차 O(구획에 따라 다름, 확인 필요), 반려동물 O

체크 사항 · 화장실이 있을 뿐 샤워장 같은 편의 시설이 없기 때문에 필요한 것을 미리 확인한 후 방문하는 것이 좋다. · 입구에 매점이 있지만 규모가 작고 인근에 편의점이 없기 때문에 필요한 것이 있다면 미리 준비하는 것이 좋다.

보은

천 년의 숲길, 보은

세조와 얽힌 설화로 유명한 정이품송과 유네스코 세계문화유산에 빛나는 법주사. 이 두 가지만으로도 보은으로 떠날 이유는 충분하다. 서두를 것 없이 천천히 솔숲의 향을 음미하며 걷다 보면 자연이 선사하는 선물을 원 없이 누릴 수 있다. 마음을 치유하는 여행길로 떠나보자.

Drive Course　　　·이동 거리 **8.5km**　·소요 시간 **56분**　·전체 코스 **9시간**

01

말티재전망대

전망대에 올라
눈부신 낙조 감상하기

1.2km
2분

02

솔향공원

스카이바이크 타고
솔향공원 한 바퀴 돌기

2.7km
3분

03

정이품송

정이품 벼슬을 받은
정이품송의 자태 감상하기

2km
3분

04

법주사

국보급 보물
찾아내기

도보
48분
(2.6km)

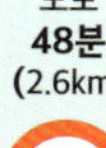
05

세조길

법주사부터 세심정까지
2.6km까지 명품테마길 걷기

코스 01 말티재전망대 

**발아래
아름다운
꼬불거림**

'말티재'는 왕이 가마에서 내려 말로 바꿔 타야 했을 만큼 고개가 가파르다는 뜻에서 붙은 이름이다. 고개는 한 굽이, 두 굽이 이어지면서 아름다운 보은의 고갯길과 수풀이 신기루처럼 사라졌다가 나타나길 반복한다. 백두대간 속리산의 자연환경을 보존하기 위해 속리산관문에 세운 말티재전망대에서 내려다보는 말티고개는 거대한 구렁이를 보는 듯 장관이다.

info **주소** 충청북도 보은군 장안면 장재리 산4-14 **문의** 043-542-3006(속리산 관광안내소) **입장료** 없음 **운영 시간** 11~2월 09:00~18:00, 3·4·9·10월 09:00~19:00, 5~8월 09:00~20:00(연중무휴)

◎ **이렇게 여행하자**

☑ 속리산관문 상설전시관의 사진 감상하기 → ☑ 말티재전망대에서 노을 감상하기 → ☑ 꼬부랑길 카페에서 대추차 한잔하기

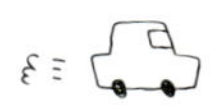
코스 02 솔향공원

보은의 소나무는 다르다

솔향공원은 우리나라 어디서든 볼 수 있는 소나무에 대해 공부할 수 있는 기념관이다. 소나무에 대한 자세한 설명과 품종, 그리고 소나무로 만든 다양한 식재료와 농기구가 전시되어 있다. 특히 '소나무의 일생'에 대한 이야기는 감동적이기까지 하다. 공원에서 운영 중인 스카이바이크를 타면 크게 힘들이지 않고도 솔 향기 가득한 솔향공원을 보다 높은 곳에서 둘러볼 수 있다.

⊙ 이렇게 여행하자

☑ 스카이바이크 타고 솔향공원 한 바퀴 돌아보기 → ☑ 솔향공원 산책하며 정이품송 후계목 등 소나무 구경하기 → ☑ 기념관에 들러 소나무에 대한 이야기 읽어보기 → ☑ 자생식물원에서 자연의 향기 맡기

info **주소** 충청북도 보은군 속리산면 속리산로 600 **문의** 043-540-3774 **입장료** 없음, 스카이바이크 2만 원(최대 4인 탑승, 운행 시간 30분) **운영 시간** 09:00~18:00(월요일 휴무, 월요일이 공휴일인 경우 화요일 휴무)

코스 03 정이품송

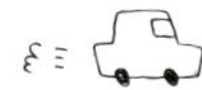

600년의 세월이 주는 카리스마

우리 조상들은 마을 앞에 크고 장대한 나무를 심어 마을의 안위를 빌고, 개인의 길흉화복을 점쳤다. 특히 소나무는 절개의 상징이자 극복의 상징이었다. 600년의 세월을 묵묵히 지켜온 정이품송은 사선으로 펼쳐진 양쪽 가지부터 품위가 느껴진다. 폭설의 무게를 견디지 못해 한쪽 어깨가 부러져 현재 나무 전체에 지지대를 설치했지만 여전히 위풍당당했던 자태를 엿볼 수 있다.

info **주소** 충청북도 보은군 속리산면 법주사로 99 **문의** 043-542-3006(속리산 관광안내소) **입장료** 없음 **운영 시간** 24시간 (연중무휴)

⊙ 이렇게 여행하자

☑ 정이품송 한 바퀴 돌며 감상하기 → ☑ 여름이라면 맞은편 연꽃단지에서 만개한 홍련, 백련, 수련 구경하기 → ☑ 정이품송공원 한 바퀴 돌기

코스 04 법주사

길상초 위에 세운 전설의 사찰

법주사 일주문에 적혀 있는 '호서제일가람'은 '호서 지방 최고의 사찰'이라는 뜻으로 입구에서부터 예사롭지 않음이 느껴진다. 법주사에 들어서면 한낮의 태양 아래 황금빛 찬란한 자태가 돋보이는 금동미륵입상이 가장 먼저 눈에 띈다. 이 밖에도 팔상전, 쌍사자석등, 석련지를 비롯한 국보와 보물급 문화유산을 보유해 유네스코 세계유산에 등재된 유서 깊은 절이다.

info 주소 충청북도 보은군 속리산면 법주사로 405 **문의** 043-543-3615 **입장료** 어른 5000원, 청소년 2500원, 초등학생 1000원 **운영 시간** 하절기 04:00~20:00, 동절기 05:00~20:00(입장 마감 18:00, 연중무휴)

⊙ 이렇게 여행하자

☑ 법주사까지 이어지는 산책로 즐기기 → ☑ 법주사의 금동미륵입상과 팔상전은 내부까지 꼭 찬찬히 둘러보기 → ☑ 산책로를 걸으며 속리산의 또 다른 모습 감상하기

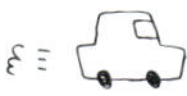 코스 05 세조길

왕들이 거닐던 숲

법주사는 시대를 달리하면서 많은 왕과 깊은 인연을 맺어온 고찰이다. 세조길은 보위 당시 세조가 요양을 위해 속리산을 왕래했던 길이었다고 전해진다. 왕들이 거닐던 숲 좋고 골 깊은 그 산길이 2016년 9월에 개통되었다. 사계절 특색이 뚜렷한 경관과 피톤치드가 풍부한 자연환경을 갖춘 속리산의 대표 명소로 숲의 참맛을 느끼기에 부족함이 없다.

info 주소 충청북도 보은군 속리산면 사내리 **문의** 043-542-3006(속리산 관광안내소) **입장료** 없음 **운영 시간** 24시간(연중무휴)

⊙ 이렇게 여행하자

☑ 가벼운 마음으로 세조길 들어서기 → ☑ 태평휴게소까지 걸으며 전나무와 참나무 숲의 참맛 느끼기 → ☑ 세심정까지 이어지는 계곡길 따라 피톤치드 들이마시기

가마솥 두부로 차려내는 고소한 두부 한 상
묘봉두부마을

묘봉두부마을은 약 49,586㎡(1만5000평)에 이르는 넓은 콩밭에서 주인이 직접 농사한 콩으로 만든 담백한 두부 요리 전문점이다. 음식을 주문하면 쌀, 배추, 고춧가루, 돼지고기까지 모두 직접 키운 국산 재료로 만든 맛깔 나는 한 상을 차려낸다. 언제 방문해도 손님들이 북적이는 속리산 대표 맛집이다.

주소 경상북도 상주시 화북면 속리산로 2348 **문의** 054-533-9197 **가격** 정성으로 매일 만드는 두부 맛이 일품, 두부백반 7000원, 두부구이 1만4000원 **영업시간** 08:00~19:00(둘째·넷째 주 월요일, 명절 연휴 휴무) **주차장** 있음

연꽃 정원을 품고 있는
로투스 블로섬(LOTUS BLOSSOM)

'연꽃을 피우다'라는 카페 이름에서도 알 수 있듯 속리산국립공원 입구에 위치한 33,057㎡(1만 평)이 넘는 규모의 연꽃단지 바로 앞에 위치한 카페다. 커피부터 보은의 대표 특산물인 대추라테까지 다양한 음료를 취급하며 인테리어가 아늑하다. 정이품송 뷰 또한 멋지다.

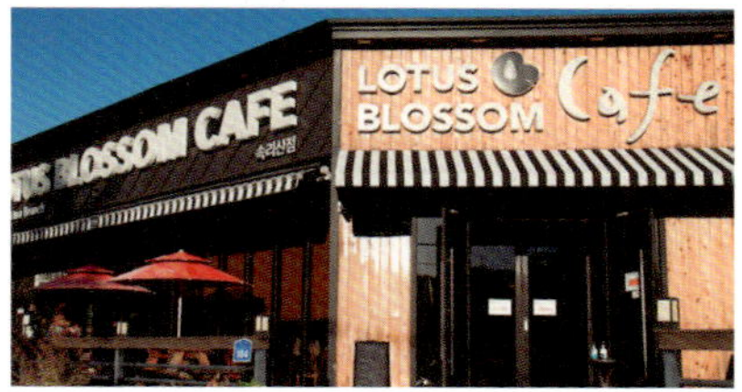

주소 충청북도 보은군 속리산면 법주사로 104 **문의** 0507-1407-1360 **가격** 향이 구수하고 원두 고유의 맛이 입에서 오랫동안 맴도는 아메리카노 5000원, 대추라테 6500원 **영업시간** 10:00~21:00(연중무휴) **주차장** 있음

솔향 가득한 자연 속 캠핑장

사내리캠핑장

법주사로 가는 길목이자 속리산 등산로 입구에 위치한 사내리캠핑장은 규격에 맞게 정돈된 사이트가 있는 일반 사설 캠핑장과는 다르게 야영장 내 마음에 드는 장소에 텐트를 치면 그곳이 사이트가 된다. 법주사 일원으로 오리숲길에 접해 자연경관이 훌륭하고, 법주사를 비롯한 국립공원 내 명소들을 도보로 관광할 수 있는 좋은 위치다. 야영장은 선착순으로 운영하며, 전기가 되는 구역과 안 되는 구역으로 나뉘어 본인의 캠핑 스타일에 맞춰 구역을 결정하면 된다.

"단풍이 화려하게 수놓은 어느 가을날에 찾은 사내리 캠핑장은 감동 그 자체였어요. 마치 여행 중 우연히 만난 풍경 좋은 숲속에서 캠핑을 하는 것 같은 기분이었죠. 하지만 어느 곳이든 항상 장단점이 있듯 구획이 정해져 있지 않기 때문에 옆 텐트와 너무 가까이 붙어 있게 될 수도 있고, 예약제가 아니기 때문에 원하지 않는 위치에 텐트를 쳐야 할 수도 있어요. 자연에 거스르지 않고 순응하는 법, 현재에 만족하며 행복을 느낄 줄 아는 법에 대해 생각해볼 기회를 주는 아주 매력적인 곳이에요."

 **휴양, 체험, 식도락**

info 주소 충청북도 보은군 속리산면 법주사로 248-46 **문의** 043-544-5453, 010-2304-5234 **가격** 비수기 4만 원, 성수기 9·10월 4만5000원, 전기 사용료 5000원 **영업시간** 10:00~22:00(토요일 08:30 개장), 12월 중순~2월 말 동계 휴장

편의 시설 주차장 O, 편의점/마트 O, 화장실 O, 샤워 O, 취사 O, 전기 O, 덱 X, 사이드 주차 O, 반려동물 O

체크 사항 · 솔나무가 많아 송진에 예민한 사람이라면 5월은 피하는 게 좋다. · 전기가 있는 곳은 선착순 마감이 빠르다. · 여름에는 하천에서 물놀이가 가능하다.

문경

흙길 따라 천천히 떠나는 과거로의 여행

굽이굽이 이어진 산과 터널을 지나면 문경새재에 도착한다. 명성에 걸맞게 높고 험한 고개인 문경새재를 시작으로 중요 유적지인 고모산성, 문경의 소금강이라 불리는 진남교반을 지나 배 위에 지은 신비로운 주암정까지. 산 따라 강 따라 이어지는 과거로의 여행을 떠나보자.

Drive Course ·이동 거리 **31km** ·소요 시간 **43분** ·전체 코스 **10시간**

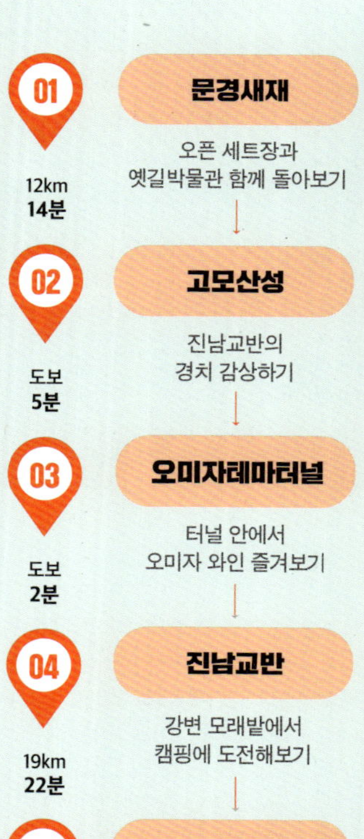

코스 01 문경새재 

'한국의 아름다운 길 100선'에 선정된 곳이자 명승길로 지정된 문경새재는 새들도 넘기 힘들어 쉬었다 갈 만큼 높은 고개라 해서 '조령'이라 불리기도 했다. 지금은 전체적으로 오르막이 없이 길이 평탄하고 산길 탐방로도 잘 정비되어 있어 누구나 쉬엄쉬엄 걸을 수 있다. 사계절 어느 때 가도 좋은, 절절한 이야기가 가득한 오래된 길을 걷는 것 자체가 힐링이다.

info 주소 경상북도 문경시 문경읍 새재로 932 **문의** 054-571-0709(문경새재 관리사무소) **입장료** 없음, 주차료 2000원 **운영 시간** 24시간(탐방로 상시 개방, 연중무휴)

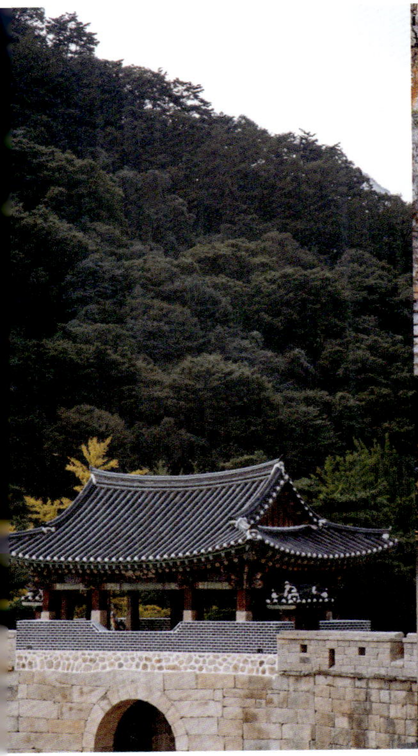

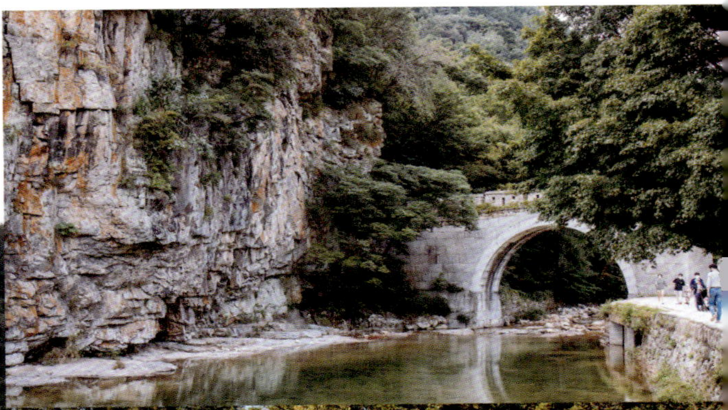

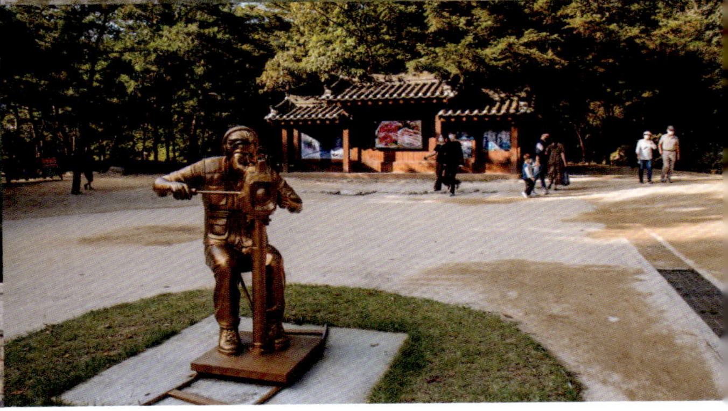

♡ 이렇게 여행하자

☑ 옛길박물관에 들러 전국 곳곳의 옛길에 얽힌 이야기 들어보기 → ☑ 고려와 조선시대의 풍경을 실감 나게 재현한 오픈 세트장 구경하기 → ☑ 오르는 길에 전기차 타보기

코스 02 고모산성

고모산성은 문경에 남아 있는 성곽 중 둘레가 1.3km로 규모가 가장 크고 신라 시대에 지어 가장 오래된 산성이다. 산성 쪽으로 오르면 가장 먼저 석현성의 진남문이 보인다. 진남문을 지나서 석현성을 따라 산성으로 오르는 길은 조금 가파르기는 하지만 앞에 펼쳐진 탁 트인 풍경에 올라올 때의 고생스러움이 모두 씻긴다. 특히 문경8경 중 1경인 진남교반이 내려다보여 감탄사가 절로 나온다.

info **주소** 경상북도 문경시 마성면 신현리
문의 054-550-6393(문경시 관광진흥과)
입장료 없음 **운영 시간** 24시간(연중무휴)

⊙ **이렇게 여행하자**

☑ 석현성을 배경으로 한 진남문 앞에서 사진 찍기, 진남문 누각에 올라보기 → ☑ 석현성을 따라 고모산성 오르면서 앞에 펼쳐진 진남교반 감상하기

코스 03 오미자테마터널

총 길이 540m의 오미자테마터널은 실제로 운행했던 문경선 내 터널로 장기간 방치되어 있던 곳을 개발해 재탄생시켰다. 오미자를 테마로 별빛터널, 오미자 조형, 오미자로 만든 명주인 오미자 와인을 시음할 수 있는 휴게 공간으로 꾸몄으며, 갤러리 존과 아이들과 함께 사진 찍기 좋은 만화 캐릭터 존, 트릭아트 존이 있다. 오미자의 참맛을 느끼며 좋은 추억을 만들어보자.

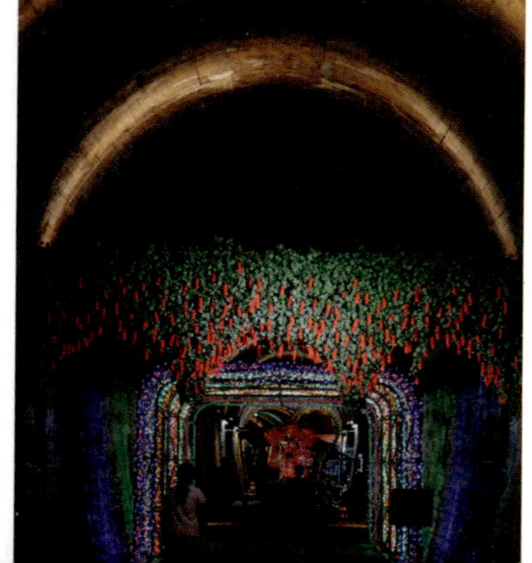

info **주소** 경상북도 문경시 마성면 문경대로 1356-1 **문의** 054-554-5212 **입장료** 어른 3500원, 청소년 2500원, 어린이 2000원 **운영 시간** 3~10월 09:30~18:00(공휴일,주말 09:30~19:00), 11~2월 10:00~18:00, 1시간 전 입장 마감/월요일 휴관

⊙ **이렇게 여행하자**

☑ 독특한 터널 입구에서 인증숏 찍기 → ☑ 화려하게 꾸며놓은 일루미네이션 감상하기 → ☑ 시원한 터널에서 오미자 와인 맛보기 → ☑ 터널 안 소망의 나무에 소원 달기

코스 04 진남교반 

경북8경 중 1경으로 꼽히는 진남교반은 맑고 푸른 강 위에 하늘로 치솟은 기암괴석과 층암절벽이 이어지고 철교와 함께 3개의 교량이 놓여 자연과 인공이 아름답게 아우러진 문경의 대표 관광지다. 봄이면 진달래와 철쭉이 만발하고, 여름이면 푸른 숲이 울창하며 가을이면 단풍으로 붉게 물들고, 겨울이면 흰 눈이 소복이 쌓여 절경을 이룬다. 문경의 소금강으로도 불린다.

info **주소** 경상북도 문경시 마성면 신현리 산41(입구는 진남휴게소 앞) **문의** 054-550-6393(문경시 관광진흥과) **입장료** 없음 **운영 시간** 24시간(연중무휴)

◎ 이렇게 여행하자

☑ 진남교반 앞 모래사장에 캠핑 의자 놓고 바로 앞 멋진 풍광 감상하기 → ☑ 진남교반 주위 천천히 산책하기

코스 05 주암정 

주암정은 유학자였던 주암 채익하 선생을 기리기 위해 후손들이 세운 정자다. 배 모양을 한 거대한 바위 위에 정자를 지어 신비로운 느낌이 든다. 정자는 아담하고 소박하지만 기품이 있고, 바위와 연못, 그리고 그 너머로 보이는 풍경이 조화롭다. 툇마루에 가만히 앉아 있자면 주암 선생이 이곳에서 심신을 수련하며 유유자적했을 모습이 눈앞에 그려지는 듯하다.

info **주소** 경상북도 문경시 산북면 서중리368 **문의** 054-550-6393(문경시 관광진흥과) **입장료** 없음 **운영 시간** 24시간(연중무휴)

◎ 이렇게 여행하자

☑ 연못 주변을 걸으며 각도에 따라 다른 모습을 보이는 주암정 감상하기 → ☑ 주암정 툇마루에 앉아 차 한잔하며 정자 안에 쓰여 있는 시와 문구 음미하며 읽어보기

문경새재보다 유명한 한우집
초계한우

문경 대표 맛집 초계한우는 전통 숙성 방식인 도자기 속 숙성 온도 1.2℃로 21일간 유지해 다른 곳과 차별화된 맛과 향을 낸다. 한우 한 마리를 주문하면 호텔급 플레이팅에 놀라고, 한우의 깊은 맛에 반하며, 마무리로 제공되는 샤부샤부의 시원함에 또 한번 놀라게 된다.

주소 경상북도 문경시 호계면 부천로 136 **문의** 054-553-7331 **가격** 전통 방식으로 숙성한 한우의 다양한 부위를 맛볼 수 있는 초계한우의 대표 메뉴, 초계한우 한마리 8만8000원, 초계돼지한마리 5만5000원 **영업시간** 10:00~22:00(연중무휴) **주차장** 있음

고즈넉한 한옥에서 즐기는 떡 와플
화수헌

1800년대에 지은 우리 전통 한옥을 최소한으로만 개조해 재탄생시킨 화수헌은 옛 정취를 그대로 살리면서 한옥만의 아름다움을 잘 드러낸 전통 한옥 카페다. 문경에서 나는 건강하고 안전한 재료로 가래떡구이와 오미자 에이드 등 사계절에 어울리는 음료와 먹거리를 만든다.

주소 경상북도 문경시 산양면 현리3길 9 **문의** 0507-1365-0724 **가격** 가래떡을 한입 크기로 썰어 아몬드, 호두와 함께 설탕에 달달하게 조린 가래떡구이 1만 원, 오미자 에이드 6000원 **영업시간** 주중 11:00~19:00, 주말 11:00~19:00, 라스트 오더 마감 30분 전(둘째 주 수요일 휴무) **주차장** 있음

별 헤는 밤, 문경 별빛 여행

음마들 야영지

음마들은 원래 문경시에서 캠핑장으로 조성하려다 중단된 곳으로 사설 캠핑장이라고 해도 전혀 손색이 없을 정도로 잘 꾸며져 있다. 오토 캠핑을 할 수 있도록 주차 공간과 텐트를 칠 수 있는 공간이 잘 구분되어 있고, 야영장 중심에 아이들과 반려견이 맘껏 뛰어놀 수 있는 넓은 잔디밭이 매력적이다. 날이 맑은 밤이라면 밤하늘의 별빛 쇼도 볼 수 있다. 노지 캠핑장임에도 대부분의 사람들이 소란스러움 없이 각자의 룰에 맞춰 차분히 캠핑을 즐긴다.

"음마들 야영지는 사설 오토 캠핑장에 온 듯한 착각이 들 정도로 시설이 훌륭한 곳이에요. 물론 이용료를 지불하지 않는 노지 캠핑장에서 모든 것에 만족할 수 없듯 화장실 상태가 아주 훌륭했던 건 아니지만 화장실이 없는 곳이 대부분인 것을 고려했을 때 만족하며 사용할 수 있었어요. 무엇보다 아이들이 맘껏 뛰어놀 수 있는 잔디밭, 낙동강변의 모래사장 그리고 쏟아질 듯 별이 반짝이는 음마들의 밤하늘을 잊을 수가 없네요. 위치가 잘 검색되지 않을 수 있으니 문경야구장을 찾아가면 편해요."

info 주소 경상북도 문경시 영순면 이목리 44(문경야구장) **문의** 054-550-6393(문경시 관광진흥과) **가격** 노지 캠핑(이용료 없음) **영업시간** 24시간(연중무휴)
편의 시설 주차장 O, 편의점/마트 X, 화장실 O(동절기 미운영), 샤워 X, 취사 O, 전기 X, 덱 X, 사이드 주차 O, 반려동물 O
체크 사항 · 간단히 손을 씻을 수 있는 개수대가 있어 활용하기 좋다. · 캠핑 후 깔끔한 뒤처리를 위해 도착 전 문경시 쓰레기봉투를 준비하면 편하다. · 가로등이 없으니 밤에 이동 시 휴대용 랜턴을 준비하자.

태백 정선

자연을 벗 삼아 떠나는 힐링 여행

구불구불 이어지는 만항저 길은 우리나라에서 포장도로가 놓인 가장 높은 고개로 덕분에 땀 한 방울 흘리지 않고 함백산의 아름다운 절경을 감상할 수 있다. 태백과 정선에서는 '가장 높은', '하늘 아래' 라는 수식어는 기본이다. 태초의 자연으로 힐링 여행을 떠나보자.

Drive Course   · 이동 거리 59km   · 소요 시간 1시간 19분   · 전체 코스 9시간

01 정암사
산 중턱에 서 있는
국보 수마노탑 보기

5.7km
11분

02 만항재
만항재 쉼터에서 감자전에
막걸리 한잔하기

32km
41분

03 구문소
구문소 위에 있는 정자에
올라 또 다른 풍경 감상하기

14km
17분

04 황지연못
연못 중앙에 놓인 쟁반에
동전 던지며 소원 빌기

7.3km
10분

05 추전역
옛 기차역을 배경으로
추억의 사진 찍기

코스 01 정암사

부처님의 향기가 가득한 사찰

정암사는 태백산에 있는 신라시대의 절로 신라 자장율사가 창건한 우리나라 5대 적멸보궁(부처의 사리를 모신 절)이다. 사찰의 규모가 크지는 않으나 단정하며 소박해서 방문한 사람들의 마음마저 정갈해진다. 신년이나 입시 철에는 소원이 이루어지길 바라며 정성으로 기도하는 사람들의 발걸음이 끊이지 않고, 전국에서 많은 불자들이 순례를 오기도 한다.

info 주소 강원도 정선군 함백산로 1410 **문의** 033-591-2469 **입장료** 없음 **운영 시간** 07:00~19:00

⊘ 이렇게 여행하자

☑ 정암사의 아담하고 고즈넉한 경내 돌아보기 → ☑ 보물에서 국보로 승격된 수마노탑에 올라 아름다운 석탑 감상하기

코스 02 만항재

하늘 아래 첫 고갯길

태백과 정선, 영월이 만나는 함백산 자락에 위치한 만항재는 우리나라에서 포장도로가 놓인 고개 가운데 고도가 가장 높은 곳이다. 봄과 여름에는 만항재 야생화 군락지의 화려한 야생화가, 가을에는 색색의 단풍이, 겨울에는 새하얀 설경이 환상적이다. 만항재를 따라 놓인 414번 지방도는 '하늘 아래 첫 고갯길'이란 별칭이 있을 만큼 고원 드라이브 여행의 정수로 꼽힌다.

⊘ 이렇게 여행하자

☑ 만항재 쉼터에서 감자전 맛보기 → ☑ 만항재 하늘숲공원 걷기 → ☑ 쉼터 아래쪽 산상의 화원, 바람길 정원도 함께 돌아보기 → ☑ 태백산 봉우리들 감상하기

info 주소 강원도 영월군 함백산로 865(만항재 쉼터) **문의** 1544-9053(정선군 관광안내소) **입장료** 없음 **운영 시간** 24시간(연중무휴)

코스 03 구문소

여린 물살이 만든 거대한 힘

낙동강의 발원지인 황지천부터 흐르는 물줄기가 큰 산을 뚫어 형성된 절벽과 그 아래 웅덩이를 두고 구문소라 한다. 구문소의 원래 이름은 '뚜루내'였다. 강물이 산을 뚫고 흐른다 해서 붙은 이름이다. 여린 물살이 거대한 산에 구멍을 낸 모습은 실제로 보고도 믿기지 않을 만큼 비경 중의 비경이다. 구문소의 석문과 그 아래 검은 물빛의 소가 어우러져 신비로운 분위기를 연출한다.

info 주소 강원도 태백시 동태백로 11(공영 주차장) **문의** 033-550-2081(태백시 관광문화과) **입장료** 없음 **운영 시간** 24시간(연중무휴)

이렇게 여행하자

☑ 신비로운 구문소 석벽 감상하기 → ☑ 고생대의 신비를 간직한 지질 명소 돌아보기 → ☑ 산책로를 따라 구문소 위 정자에 올라보기 → ☑ 고생대자연사박물관 체험하기

코스 04 황지연못 

낙동강 발원지

낙동강 발원지인 황지연못은 깊은 산속이 아닌 태백시 중심에 자리한다. 둘레가 100m 남짓한 아담한 황지연못은 상지, 중지, 하지로 나뉘는데, 상지에는 깊이를 알 수 없는 수굴이 있어 엄청난 양의 물이 용출된다. 이 물이 태백시의 구문소를 통과하고 낙동강과 합류해 경상도 및 부산을 거쳐 남해로 흐른다고 하니 자연의 신비로움은 끝이 없는 것 같다.

info 주소 강원도 태백시 황지동 25-4 **문의** 033-550-2081(태백시 관광문화과) **입장료** 없음 **운영 시간** 24시간(연중무휴)

☑ 연못 입구 동상에 적힌 황지연못의 전설 읽어보기 → ☑ 상지부터 하지까지 찬찬히 돌아보기 → ☑ 상지 연못 중앙에 놓인 황부자와 며느리 돌상에 돌 던지며 소원 빌기

코스 05 추전역 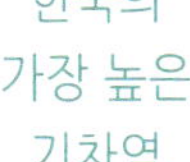

한국의 가장 높은 기차역

추전역은 해발고도 855m로 우리나라에서 가장 높은 곳에 위치한 기차역이다. 1973년에 운행을 시작해 험준한 태백산맥을 넘어 전국 각지로 석탄을 공급하는 데 중추적인 역할을 했지만 석탄 산업 쇠퇴와 함께 여객열차 운행이 중단되었다. 지금은 '가장 높은 기차역' 이라는 팻말이 달린 추전역 역사만 쓸쓸히 서 있다. 추전역에서 아득히 보이는 매봉산 풍력발전단지 풍경이 환상적이다.

info 주소 강원도 태백시 싸리밭길 47-63 **문의** 033-550-2081(태백시 관광문화과) **입장료** 없음 **운영 시간** 24시간(연중무휴)

☑ 노란색 광차 내부 구경하기 → ☑ 입구 오른쪽 쉼터에서 추전역의 역사에 대해 알아보기 → ☑ 추전역을 배경으로 기념사진 남기기

태백의 역사, 한우 연탄구이
원조태성실비식당

고산지대인 태백의 한우는 넓은 초원에서 태백산 약초를 먹고 자라 육질이 뛰어나고 부드럽다. 원조태성실비식당은 태백이 과거 국내 최대 탄광지였던 만큼 갈빗살을 연탄불에 직화로 구워 먹는 것으로 유명하다. 한 점씩 천천히 구워 입안에 넣으면 담백한 고기의 풍미를 느낄 수 있다.

주소 강원도 태백시 감천로 4 **문의** 033-552-5287 **가격** 연탄불에 직화로 구워 고기의 풍미가 가득 느껴지는 한우 갈빗살 3만4000원, 육회 3만4000원 **영업시간** 11:00~21:30(둘째·넷째 주 화요일, 명절 연휴 휴무) **주차장** 있음

태백 주민들도 줄 서는 맛집
한서방칼국수

태백에서 가장 유명하다고 허도 과언이 아닌 태백 맛집이다. 대를 이어가며 가게를 운영 중이며 매장 내에서 직접 뽑아내는 수타면과 깊고 진한 국물이 어우러진 닭칼국수는 한번 먹어보면 잊을 수 없는 맛이다.

주소 강원도 태백시 강원남부로 468 **문의** 033-544-3300 **가격** 진한 국물과 쫄깃한 면발이 맛있는 닭칼국수 1만 원, 멸치칼국수 1만 원 **영업시간** 09:30~16:00(매주 월요일 휴무) **주차장** 있음

달달한 디저트 공방
상상초콜릿

해발 700m 하늘 아래 첫 시장, 고한구공탄시장에는 고한의 1호 카페이자 디저트 공방인 상상초콜릿이 있다. 건강한 재료로 보존제도 넣지 않고 입안 가득 부드러움이 느껴지는 생초콜릿, 로컬 재료와 프랑스 발효 버터로 만든 마카롱, 감자와 똑같이 생긴 감자빵이 인기 상품이다.

주소 강원도 정선군 고한읍 고한4길 38-6 **문의** 0507-1375-2511 **가격** 로컬 재료로 만든 수제 마카롱 2500원, 감자빵 2500원 **영업시간** 월~토요일 10:00~19:00(일요일은 20:00까지 영업, 재료 소진 시 단축 영업) **주차장** 없음(고한시장 공영 주차장 이용 가능)

장엄한 백두대간을 품은

국립 청옥산자연휴양림

국립청옥산자연휴양림은 청옥산 800m 지점에 있는 휴양림으로 수령 100년 이상의 울창한 잣나무와 소나무가 빽빽이 들어서 있다. 봄이면 계곡 주변에 야생화와 함박꽃나무 산목련이 흐드러지게 피어나고 가을이면 온 산이 울긋불긋 변하는 모습이 장관을 이룬다. 휴양림에는 산림문화휴양관, 어린이물놀이장, 어린이 놀이터, 숲속의집, 숲속수련장, 노지야영장과 야영덱을 갖추었다. 어느 계절에 가도 후회가 없는 곳이다.

"평일에 방문해 한적하고 운치 있는 캠핑을 즐길 수 있었어요. 울창한 숲속에 홀로 앉아 나무의 기운을 느끼며 피톤치드를 즐기니 한결 건강해진 기분까지 들었어요. 휴양림이다 보니 전기 사용이나 바비큐가 제한적이고 사이트 간격이 넓어 조용히 단출하게 또는 프라이빗하게 캠핑을 즐기고 싶은 분들에게 추천해요."

 **휴향, 힐링, 하이킹**

info 주소 경상북도 봉화군 석포면 청옥로 1552-163 **문의** 054-672-1051 **가격** 오토 캠핑장 비수기 주중 1만4000원, 성수기·주말 1만5000원 **영업시간** 휴양림 09:00~18:00(화요일 휴무), 야영장 입실 14:00~22:00, 퇴실 11:00

편의 시설 주차장 O, 편의점/마트 X, 화장실 O, 샤워 O, 취사 O, 전기 O, 덱 O, 사이드 주차 O, 반려동물 X

체크 사항 · 오토 캠핑장이 아닌 노지 야영장과 야영덱은 전기 사용과 바비큐가 불가하고 취사장과 샤워실도 거리가 있는 '불편한 야영장'이니 가족 단위 여행객은 주의해야 한다. · 고지대인 만큼 여름에도 긴 옷을, 그 외 계절에는 두꺼운 옷을 준비하는 게 좋다.

훌쩍 떠나는
초원 꽃향기
드라이브

이천

오감으로 느끼는

이천은 꽃과 호수를 따라 풍경을 즐기는 감성 가득한 도시다. 봄이면 벚꽃이 만발하는 설봉공원과 산수유의 노란 물결이 가득한 산수유마을은 이천 여행에서 놓치지 말아야 할 포인트다. 당일치기 여행도 좋고, 이천의 구석구석을 즐기는 1박 2일 여행도 좋다.

Drive Course ・이동 거리 **30.8km** ・소요 시간 **40분** ・전체 코스 **7시간**

01 이천 산수유마을

노란 산수유의 정겨운 시골길 돌아보기

11km
16분

02 설봉공원

조형물 감상하며 한 바퀴 돌아보기

6.8km
11분

03 예스파크

감성 가득한 공방에서 도자기 체험해보기

13km
13분

04 덕평자연휴게소

'별빛정원 우주'의 로맨틱한 야경 감상하기

코스 01 이천 산수유마을 

**봄이면
온통
노랗게
물드는
마을**

전라남도 구례까지 내려가지 않더라도 서울에서 1시간 남짓 거리인 이천에서 산수유를 감상할 수 있다. 봄이 오면 노란 산수유가 온 마을을 뒤덮는데, 이 황홀한 광경을 즐기기 위해 여행객들의 행렬이 이어진다. 시골 마을의 정겨운 풍경을 따라 걷다 보면 언덕 위 아름드리 산수유나무 아래 벤치가 놓여 있어 포토 존으로 인기가 좋다. 이 시기에 맞추어 열리는 산수유꽃 축제도 즐겨보자.

info 주소 경기도 이천시 백사면 원적로775번길 17 **문의** 031-632-4304 **입장료** 없음 **운영시간** 24시간(연중무휴)

◇ 이렇게 여행하자

☑ 조선 중종 때 지은 육괴정 돌아보기 → ☑ 산수유마을 둘레길 걸으며 노란 산수유에 흠뻑 취해보기

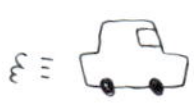 ## 코스 02 설봉공원

**호수에서의
힐링**

이천의 설봉산 자락에 자리 잡은 설봉공원은 세계도자기비엔날레와 이천도자기축제, 이천쌀문화축제 등이 개최된 대표 관광 명소다. 모든 이들에게 편안한 휴식처가 되는 공간이기도 하다. 바라만 봐도 가슴이 시원해지는 호수를 중심으로 산책로가 잘 정비되어 있어 풍경을 감상하며 걷기 좋다. 호수의 분수에서는 시원한 물줄기를 쏘아 올려 방문객들에게 영롱한 무지개를 선사하기도 한다.

info 주소 경기도 이천시 경충대로 2709번길 128 **문의** 031-634-6770 **입장료** 없음 **운영 시간** 24시간(연중무휴)

◇ 이렇게 여행하자

☑ 호수 둘레길 걸으며 유명 작가들의 조각 작품 감상하기 → ☑ 곳곳에 자리한 정자에 앉아 평온한 호수 바라보며 힐링하기

코스 03 예스파크

예술가들의 마을

예스파크(藝's Park)라는 어여쁜 이름은 '다양한 예술과 기술이 모여 만든 마을'이라는 의미를 담고 있다. 공예 공방 300여 곳과 작가 500여 명이 모여 있으며, 도자기를 중심으로 유리·옻칠·섬유·목공예 등 다양한 분야의 예술가들이 각자의 공방에서 수준 높은 창작품을 선보인다. 작가들의 개성만큼 특색 있는 건축물이 많아 구경하는 재미가 쏠쏠하다.

---

info 주소 경기도 이천시 신둔면 도자예술로62번길 123 **문의** 031-638-1995 **입장료** 없음 **운영 시간** 24시간(연중무휴)

⊙ 이렇게 여행하자

☑ 관광안내소에 들러 체험 프로그램 등을 확인하고 이동 동선 짜보기 → ☑ 마음에 드는 공방에 들어가 도자기 감상하기 → ☑ 분위기 좋은 카페에 들러 도자예술마을 풍경 감상하며 커피 한잔하기

코스 04 덕평자연휴게소

휴게소의 이유 있는 변신

영동고속도로를 달리다 보면 차들이 줄지어 서 있는 덕평자연휴게소를 만나게 된다. 아기자기하게 꾸민 아름다운 정원과 강아지 전용 놀이터 '달려라 KoKo', 다양한 메뉴를 갖춘 전문 식당가, 그리고 쇼핑몰까지 갖추어 휴게소라는 이름이 무색하다. 밤이면 화려한 조명들이 불을 밝히는 별빛정원에 눈이 휘둥그레진다. 덕평자연휴게소는 휴게소를 넘어 복합 테마파크라고 해도 손색이 없다.

info 주소 경기도 이천시 마장면 덕이로154번길 287-76 **문의** 031-645-0001 **입장료** 없음(별빛정원 우주와 강아지 전용 놀이동산은 별도 운영) **운영 시간** 24시간(연중무휴)

⊙ 이렇게 여행하자

☑ 전문 식당가에서 시그너처 메뉴 즐기기 → ☑ 아담한 숲을 이룬 휴게소 중앙정원 감상하기 → ☑ 별빛정원 우주에서 아름다운 음악과 함께 화려한 불빛 쇼 즐기기

건강한 한 끼 밥상
강민주의 들밥

변함없는 맛으로 손님들에게 건강한 한 끼 밥상을 내오고 있는 강민주의 들밥은 신선한 제철 채소와 담백한 보리밥으로 건강하면서도 맛있는 한 상을 맛볼 수 있는 토속 음식 전문점이다. 청국장과 가마솥밥, 그리고 철마다 조금씩 메뉴를 달리하는 10여 가지 건강한 밑반찬이 차려진다.

주소 경기도 이천시 마장면 지산로22번길 17 **문의** 0507-1315-6040 **가격** 청국장과 돌솥밥, 담백한 반찬이 나오는 들밥 1만7000원, 보리굴비 1만9000원 **영업시간** 11:00~20:00(라스트 오더 19:15, 브레이크 타임 16:00~17:00), 설·추석 연휴 휴무 **주차장** 있음

앤티크한 베이커리 카페
이진상회

정감 가는 이름의 이진상회는 이진상회커피, 이진상회베이커리, 더이진 등 특색 있는 여러 공간이 모여 있는 복합 문화 공간이다. 빈티지와 앤티크가 섞인 레트로 느낌의 인테리어에 고급 로스팅 공정을 거친 향긋한 커피와 신선한 재료로 맛있게 구운 베이커리를 판매한다.

주소 경기도 이천시 마장면 서이천로 648 **문의** 0507-1497-8882 **가격** 고소하면서도 진한 풍미가 느껴지는 카페라테 6500원, 이천 명물 순쌀 치즈 바게트 4500원 **영업시간** 09:30~21:00 **주차장** 있음

커피와 아트의 만남
시몬스 그로서리 스토어

침대 브랜드 시몬스의 철학을 전달하고 지역과 소통하는 '컬처 허브'로 시몬스 박물관, 전시장, 그로서리 스토어가 어우러진 공간이다. 감각적이고 세련된 인테리어는 물론 겨울이면 수천 개의 전구와 오너먼트로 꾸민 초대형 크리스마스 트리는 시몬스 그로서리의 트레이드마크다.

주소 경기도 이천시 모가면 사실로 988 **문의** 0507-1398-0637 **가격** 적당한 산미와 고소한 맛이 균형감을 이루는 아메리카노 6000원, 카페라테 6500원 **영업시간** 11:00~20:00, 라스트 오더 19:30 **주차장** 있음

잔디밭에서 즐기는 낭만적인 캠핑

청암관광농원 캠핑장

청암관광농원은 1989년에 개업해 2대째 운영하고 있는 자연 휴양 농원이다. 음식점으로 시작해 현재는 수영장, 눈썰매장, 캐러밴, 글램핑, 오토 캠핑장을 갖춘 캠핑장이자 지프라인까지 즐길 수 있는 이천의 관광지로 자리 잡았다. 청암관광농원에서의 캠핑이 낭만적이고 로맨틱한 이유는 드넓은 천연 잔디 위에서 캠핑을 즐길 수 있기 때문이다. 아이들은 안전한 공간에서 마음껏 뛰어놀 수 있고, 어른들은 모처럼 편안히 자연을 즐길 수 있다. 여름이면 수영장에서 신나는 물놀이를, 겨울이면 눈썰매를 즐길 수 있어 사계절 어느 때 방문해도 즐길 거리가 많다.

"많은 사람들이 '캠핑' 하면 잔디 위에 베이지 톤의 감성 텐트와 의자, 그리고 모닥불을 안정적으로 세팅해놓은 낭만적인 캠핑을 꿈꾸지만, 실상은 관리가 쉬운 파쇄석 바닥 또는 나무 덱으로 구획해놓은 곳이 많아요. 물론 캠퍼 중에도 여러 가지 불편함 때문에 잔디밭 캠핑을 꺼리는 분들도 있지만, 자연 그대로의 흙과 풀을 동경하는 저는 청암관관농원의 잔디밭 하나만으로도 크게 만족했어요. 햇살이 좋은 가을날, 다시 한번 방문하고 싶어요."

자연, 잔디밭, 눈썰매

info 주소 경기도 이천시 부발읍 황무로1720번길 74 **문의** 031-632-5082 **가격** 4만5000원(주말·공휴일 2박 이상 예약 가능, 1박 예약 및 평일 이용은 문의 필수) **영업시간** 입실 13:00, 퇴실 12:00(연중무휴)

편의 시설 주차장 O, 편의점/마트 O, 식당 O, 화장실 O, 샤워 O, 취사 O, 전기 O, 덱 X, 사이드 주차 O, 반려동물 X

체크 사항 · 기본적으로는 2박 이상의 예약만 받으나 평일 또는 예약이 마감되지 않은 주말에는 1박도 가능하니 전화 또는 게시판 문의는 필수다.

광주

꽃향기, 예술의 향기 가득한 여행길

경기도 광주는 수도권과 가까워 언제든 훌쩍 떠나기 좋다. 특히 가을이면 가을 햇살 아래 부끄러운 듯 홍조를 띠고, 새침하게 노란빛을 띠는 단풍이 온 산을 물들인다. 화담숲, 곤지암도자공원, 영은미술관, 한옥마을까지 꽃향기, 예술의 향기를 따라 싱그럽게 피어나는 광주로 떠나보자.

Drive Course · 이동 거리 **22.5km** · 소요 시간 **39분** · 전체 코스 **8시간**

화담숲

모노레일 타고 온 산을 물들인 단풍 감상하기

6.2km
15분

곤지암도자공원

자연과 어우러진 도자 세상, 도자박물관 관람하기

9.8km
14분

영은미술관

야외 조각공원 둘러보기

6.5km
10분

경기광주 한옥마을

한옥 카페 옆 돌담에서 사진 찍기

코스 01 화담숲 

화담숲은 '생태 수목원'이라는 명칭 그대로 자연의 지형과 식생을 최대한 보존하고
자 계곡과 산기슭을 따라 숲이 이어진다. 산책로는 계단 대신 나무 덱으로 이어져 있
어 유모차나 휠체어로도 대부분의 구간을 관람할 수 있다. 특히 단풍이 울긋불긋 화
려한 색으로 갈아입은 가을의 화담숲이 압권이다. '화담'이라는 숲의 이름처럼 정겹
게 이야기 나누는 사람들의 모습이 행복해 보인다.

info **주소** 경기도 광주시 도척면 도척윗로 278-1 **문의** 031-8026-6666 **입장료** 어른 1만1000원,
청소년 9000원, 어린이 7000원(온라인 예약 필수) **운영 시간** 화~일요일 09:00~18:00(월요일 정
기 휴무), 주말·공휴일 08:30~18:00, 10~11월 단풍 시즌 08:00~18:00, 폐장 1시간 전 매표 마감,
12~3월 휴장(계절 및 기상 상황에 따라 일정 상이, 방문 전 홈페이지 확인 필요)

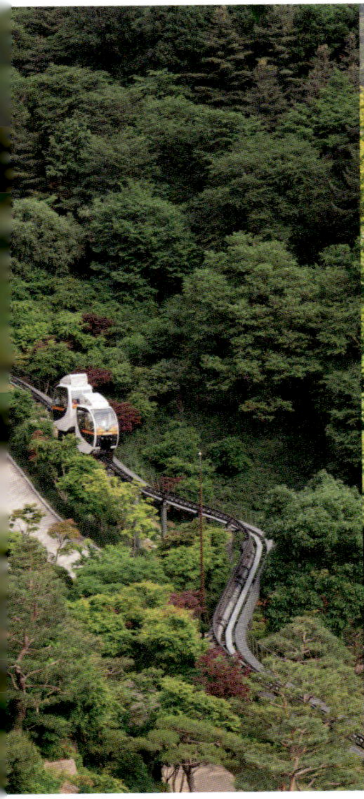

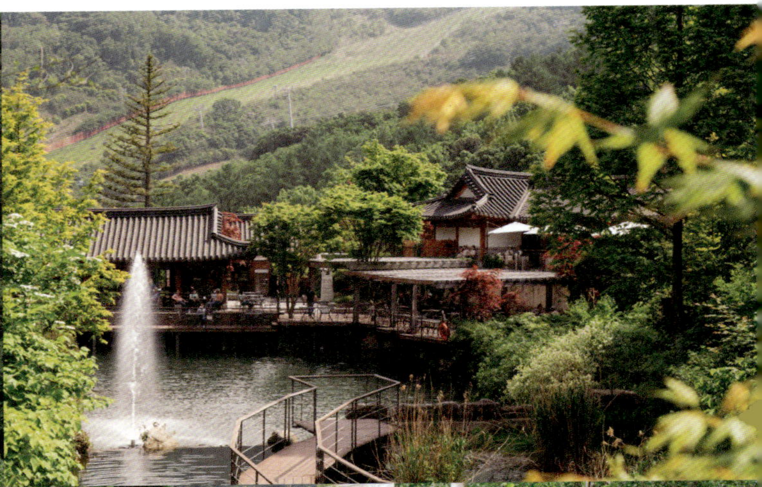

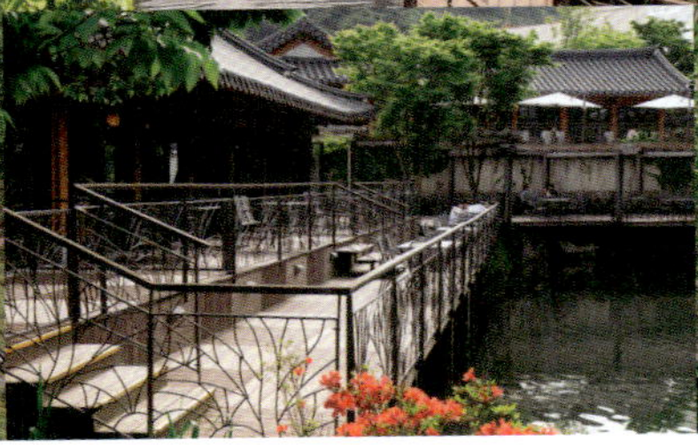

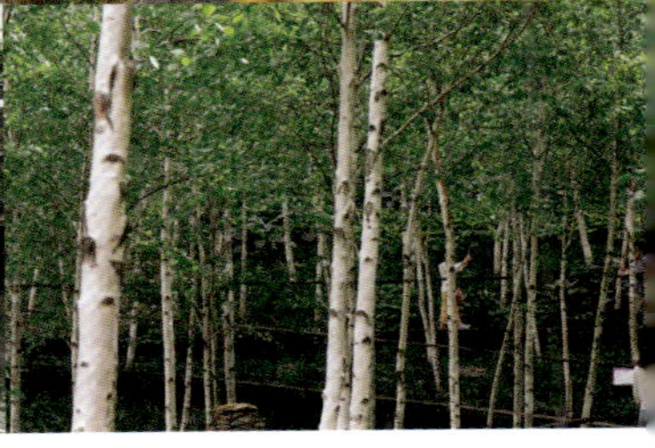

✅ 이렇게 여행하자

☑ 모노레일 타고 화담숲 정상에 오르기 → ☑ 분재원, 양치식물원, 암석정원, 소나무정원 등 천천히 산책하며
내려오기 → ☑ 화담숲 카페에서 연못 풍경 감상하기

코스 02 곤지암도자공원

광주 곤지암도자공원은 대부분의 부지가 구석기 유적지이며, 조선시대 왕실에 백자를 제조해 납품하는 관요(관청에서 필요로 하는 사기를 제작하는 곳)를 운영하던 역사 깊은 곳이다. 도자박물관, 조각공원, 산책로, 도자 쇼핑몰, 공연장, 구석기 체험마당, 어린이 놀이터 등을 넓은 부지에 여유롭게 조성해 누구나 즐길 수 있는 체험형 공간으로 만들었다.

info 주소 경기도 광주시 곤지암읍 경충대로 727 **문의** 031-799-1500 **입장료** 없음(경기도자박물관 입장료 별도: 어른 3000원, 청소년·어린이 2000원) **운영 시간** 10:00~18:00(관람 종료 1시간 전 입장 마감, 월요일, 1월 1일, 명절 당일 휴무) / 공원 24시간

◉ 이렇게 여행하자

☑ 도자박물관 관람하기 → ☑ 한국정원을 둘러보고 도자의 길 따라 구불구불한 산책길 걷기 → ☑ 도자 체험 프로그램 중 골라서 체험해보기

코스 03 영은미술관

영은미술관은 수려한 자연 속에 자리 잡은 현대미술 전문 미술관이다. 공간은 현대미술 작품을 전시하는 현대미술관과 개성 있는 국내외 작가들의 창작 활동을 지원하는 창작 스튜디오로 구성되어 있다. '미술관 자체가 살아 있는 창작의 현장'이라는 수식어는 이러한 다양한 지원과 교육 프로그램 덕분인 것 같다. 자연과 미술, 사람이 만나 함께 호흡할 수 있는 진정한 예술의 장이라 할 수 있다.

info 주소 경기도 광주시 청석로 300 **문의** 031-761-0137 **입장료** 어른 1만 원, 청소년 7000원, 어린이 5000원 **운영 시간** 10:30~17:00(매주 월·화요일 휴관, 1~3월 동계 휴관)

◉ 이렇게 여행하자

☑ 미술관의 갤러리 중 가장 큰 공간인 제1전시장 관람하기 → ☑ 미술관 로비와 천장에서 아름다운 자연의 풍광이 비추는 제2전시장 감상하기 → ☑ 야외 조각공원의 전시물 관람하며 산책하기

코스 04 경기광주한옥마을

계절마다
새로운
옷을 바꿔
입는 마을

400년이 넘은 충청남도 광천의 사대부 한옥을 복원하고, 1000년 수령의 느티나무와 소나무들을 한옥과 잘 어우러지게 다듬어 한국의 전통과 역사가 담긴 경기광주한옥마을이 태어났다. 공간은 한옥 스튜디오, 한옥 스테이, 그리고 한옥 카페로 이루어져 있다. 한옥마을의 포토 존인 죽담에 걸터앉아 눈을 감으면 남한산성에서 흘러내리는 실개천과 고즈넉한 한옥의 정취가 느껴진다.

info 주소 경기도 광주시 새오개길 39 **문의** 031-766-9677 **입장료** 없음(스튜디오, 카페, 한옥 이용료 별도) **운영 시간** 10:30~18:00(연중무휴)

☑ 야외 분수대나 잔디마당에서 고즈넉한 한옥의 정취를 즐기며 커피 마시기 → ☑ 포토 존인 죽담에 걸터앉아 인생 사진 찍기 → ☑ 여름이라면 실개천에 발 담그기

밥 비벼 먹기 좋은 두루치기
순영네돼지집

광주시 오포에는 50년 전통의 돼지 두루치기 전문점이 있다. 메인 메뉴는 양파를 듬뿍 넣은 통돼지두루치기와 생삼겹살, 단 두 종류다. 두루치기는 돼지와 김치, 양파를 잘 버무려내 오는데, 국물이 자박자박할 정도로 끓여 뜨거운 돌솥밥에 비벼 먹으면 밥도둑이 따로 없다.

주소 경기도 광주시 오포읍 오포로520번길 13 **문의** 031-767-7075 **가격** 잡내 없이 부드럽고 매콤한 통돼지두루치기 2만4000원, 통생삼겹살 1만8000원 **영업시간** 10:30~22:00(설·추석 휴무) **주차장** 있음

숲을 오롯이 카페 안으로
스멜츠

스멜츠가 유명세를 타게 된 것은 2층 때문이다. 전면 통창으로 사방이 시원하게 오픈되어 바깥 풍경을 오롯이 안으로 끌어들인 모습이 마치 한 폭의 수채화를 보는 듯하다. 카페의 시그너처 메뉴인 스멜츠 크림 라테와 아몬드 아인슈페너 라테, 그리고 브런치 메뉴가 준비되어 있다.

주소 경기도 광주시 신현로 103 **문의** 070-7724-2030 **가격** 쫀득한 크림을 올린 스멜츠 시그너처, 스멜츠 크림라테 7500원, 아메리카노 5500원 **영업시간** 10:30~22:00(라스트 오더 21:00) **주차장** 있음(발레파킹 2000원)

나만 알고 싶은 숲속 캠핑장

곤지암야영장

곤지암야영장은 초등학생 시절 아이들의 우상이었던 스카우트 대원과 지도자, 가족을 위해 만든 곳으로 한국 스카우트연맹에서 관리·운영한다. 숲 깊숙이 자리해 꾸미지 않은 대자연을 오롯이 느낄 수 있다. 총 6개의 사이트를 운영 중이며 다람쥐영지, 토끼영지, 호랑이영지, 사슴영지 등 동물 이름을 따서 지은 사이트 이름이 정겹다. 산책과 산림욕은 물론 등산을 할 수 있는 숲길이 조성되어 있고, 아이들을 위한 모험활동장이 있어 캠핑을 하면서 건강해지는 듯한 기분이다. 도심과 가까이에서 조용히 자연에 스며들 수 있는 매력 넘치는 캠핑장이다.

"곤지암야영장에서 캠핑을 하는 중 비가 내렸는데 타프 아래에서 비 내리는 모습을 바라보는 것조차 힐링이 되었어요. 제가 캠핑장을 고르는 기준 중 가장 중요하게 생각하는 부분이 '인위적이지 않고, 자연 친화적일 것', '캠핑장 내에서 어떤 것이든 즐길 거리가 있을 것', '조용한 밤과 아침을 즐길 수 있는 곳일 것', 이 세 가지거든요. 별거 아닌 것 같은 이 조건들을 모두 만족시켜주는 캠핑장이 생각보다 많지 않은데 곤지암야영장이 제 기준을 모두 만족시키는 곳이었어요."

 **숲, 산림욕**

info 주소 경기도 광주시 도척면 저수지길 224-39 **문의** 031-764-1634 **가격** 5만~6만 원(사이트 예약은 출발일 기준 30일 전 24:00부터 가능) **영업시간** 입실 13:30~19:30, 퇴실 13:00(개인 캠핑은 금~월요일, 연휴 기간만 운영)

편의 시설 주차장 O, 편의점/마트 X(장작 판매), 식당 X, 화장실 O, 샤워 O, 취사 O, 전기 O, 덱 O, 사이드 주차 O, 반려동물 X

체크 사항 · 야영장 안에서는 장작만 판매하기 때문에 필요한 것은 모두 준비해 가야 한다.

안성

푸른 자연에서 즐기는 안성맞춤 여행

어느 도시보다 흥미로운 이야기를 가득 담고 있는 곳, 안성. 한국 최초의 유랑 예인 집단으로 기록된 '남사당패'의 근거지이자 드넓은 초원에 펼쳐진 안성팜랜드와 역사 깊은 사찰인 칠장사까지 자연과 어우러진 보석 같은 관광지가 가득하다. 서울 근교에 이만한 여행지가 또 있을까?

Drive Course ·이동 거리 **70km** ·소요 시간 **1시간 23분** ·전체 코스 **8시간**

미리내 성지

자연림으로 조성된
십자가의 길과 묵주의 길 걷기

22km
24분

안성팜랜드

그림 같은 초원을 배경으로
사진 찍기

14km
17분

안성맞춤랜드

복합 문화 공원으로
피크닉 가기

6.8km
10분

금광호수

호수 주변 경치를 돌아볼 수
있는 박두진 둘레길 걷기

27.2km
32분

칠장사

칠장사 안에 있는
수많은 보물 찾아보기

© 김소연

코스 01 미리내 성지 

은하수 아래 작은 불빛

미리내 성지는 천주교 박해 시대부터 교우들이 모여 살며 신앙의 터전으로 가꾸었던 곳으로 한국 천주교의 최대 성지다. 대성전 내부의 스테인드글라스에는 한국인 93명과 10명의 외국인 순교자를 포함해 총 103명의 모습이 새겨져 있다. 대성전 뒤편으로는 한국 최초의 사제 김대건 신부가 잠들어 있는 경당과 성요셉 성당이 위치한다. 경건한 발걸음으로 마음에 담아야 할 고귀한 성역이다.

info 주소 경기도 안성시 양성면 미리내성지로 420 **문의** 031-674-1256 **입장료** 없음 **운영 시간** 09:00~17:00(월요일 휴무)

이렇게 여행하자

☑ 대성전에서 103명 순교자들의 모습이 새겨진 스테인드글라스 감상하기 → ☑ 이국적인 느낌이 가득한 경당 사진 담아보기

코스 02 안성팜랜드

그림 같은 초원

안성팜랜드의 메인 테마는 '가축과의 즐거운 체험'으로 소체험관, 가축체험장, 토끼마을, 동물 쇼를 하는 야외 공연장 등 동물들과 직접 교감할 수 있는 공간으로 꾸며져 있다. 또 '그림 같은 초원'에는 호딜밭, 유채밭, 해바라기밭, 뮬리동산, 코스모스밭이 있어 계절별로 옷을 갈아입듯 새로운 꽃이 만발한다. 꽃들을 즐기며 유유히 걸어도 좋고, 트랙터를 타고 한 바퀴 돌아도 좋다.

© 김소연

info 주소 경기도 안성시 공도읍 대신두길 28 **문의** 031-8053-7979 **입장료** 어른 1만5000원, 청소년·어린이 1만3000원(계절별 탄력적 운영) **운영 시간** 2~11월 10:00~18:00, 12~1월 10:00~17:00(매표 마감 폐장 1시간 전) / 설·추석 당일 휴무

☑ 체험목장에서 마음에 드는 체험 해보기 → ☑ 플레이 존에서 다양한 액티비티 즐기기 → ☑ 그림 같은 초원에서 예쁜 꽃들을 배경으로 인생 사진에 도전해보기

코스 03 안성맞춤랜드

보고 느끼고 힐링하고

안성맞춤랜드는 안성 시민들에게 가장 사랑받는 대표적인 시민 공원이다. 드넓게 펼쳐진 잔디밭을 중심으로 오른쪽에는 조선시대 대중 연예인의 시초인 남사당패의 풍물놀이가 펼쳐지는 남사당공연장과 어린이들의 천국인 사계절 썰매장이 있다. 이 밖에도 상모 돌리는 모양을 형상화한 수변공원과 천문과학관, 공예문화센터 등 오롯이 하루를 보내도 좋을 만큼 볼거리가 가득하다.

info 주소 경기도 안성시 보개면 남사당로 198 **문의** 031-678-2672 **입장료** 없음(남사당 공연장, 천문과학관, 사계절 썰매장 이용료 별도) **운영 시간** 24시간(연중무휴)

☑ 잔디밭 산책하기 → ☑ 남사당 공연 보기 → ☑ 박두진 문학관에서 커피와 함께 전시품 관람하기 → ☑ 소원대박 터널 지나며 소원 빌기

코스 04 금광호수

힐링을 선사하는 푸른 호수

안성은 금광호수, 고삼호수, 미산호수 등 10여 개의 호수와 작은 저수지가 곳곳에 위치할 정도로 물이 많다. 그중에서도 가장 많은 사람들이 찾는 곳이 바로 안성8경에 손꼽히는 금광호수다. 특히 호수 둘레길로 알려져 있는 박두진문학길은 아름다운 호수 풍경과 어우러져 고요히 사색하기 좋다. 금광호수를 끼고 산림이 우거진 도로변을 따라가는 드라이브 코스가 일품이다.

info 주소 경기도 안성시 금광면 **문의** 031-677-1330(안성시 관광안내소) **입장료** 없음 **운영 시간** 24시간(연중무휴)

⊙ 이렇게 여행하자

☑ 금광호수 한 바퀴 드라이브 → ☑ 둘레길 걷기 → ☑ 청학대미술관 관람하며 커피 한잔 마시기

코스 05 칠장사

안성의 숨은 보석, 아름다운 천 년 고찰

칠장사는 636년에 창건되어 무려 1400년에 가까운 역사를 자랑한다. 일주문을 지나 사찰로 들어서면 가장 먼저 고풍스러운 모습의 제중루가 눈에 띈다. 너른 마당에는 삼층석탑을 중심으로 대웅전이 정면에 자리하고, 그 주변을 따라 'ㅁ' 자 형태로 여러 전각이 이어진다. 어사 박문수 합격다리를 지나 좀 더 오르면 사찰이 한눈에 내려다보이는데, 그 모습이 고즈넉하니 아름답다.

info 주소 경기도 안성시 죽산면 칠장로 399-18 **문의** 031-673-0776 **입장료** 없음 **운영 시간** 04:00~일몰 전(연중무휴)

⊙ 이렇게 여행하자

☑ 사찰 안 보물들 관람하기(대웅전, 칠장사 삼층석탑, 칠장사삼불회괘불탱) → ☑ 어사 박문수 합격다리 걸으며 소원 빌기 → ☑ 언덕에 올라 사찰 풍경 감상하기

배 타고 강 건너
강건너빼리

강건너빼리라는 이름에 맞게 이곳에 가기 위해서는 식당에서 운영하는 작은 배를 타고 1~2분 정도 호수를 건너가야 한다. 가장 인기 있는 메뉴는 얼큰한 메기매운탕과 기름기 쫙 뺀 장작삼겹살. 식당 텃밭에서 직접 키운 재료로 만든 소박한 밑반찬은 건강하고 담백하다.

주소 경기도 안성시 금광면 가협1길 121-54 **문의** 031-671-0007 **가격** 통통한 메기살과 얼큰한 국물이 일품인 메기매운탕 4만 원, 장작삼겹살 1만7000원 **영업시간** 10:30~21:00(화요일, 설·추석 당일 휴무) **주차장** 있음

집밥 느낌 가득, 정겨운 밥상
느티나무 묵집

안성 금광호수 앞에 위치한 느티나무 묵집은 이른 새벽 6시부터 2시까지만 운영되는 향토 한정식집이다. 대표메뉴는 시원한 냉, 온 묵밥과 백반정식이며 제육볶음이나 도토리무침도 별미다. 고슬고슬한 밥과 담백하고 깔끔한 찬이 푸짐하고 소박하게 제공된다.

주소 경기도 안성시 금광면 삼흥로 123 **문의** 0507-1424-8333 **가격** 시원한 냉, 온 묵밥 1만 원, 가정식 백반 1만 원 **영업시간** 06:00~14:00(화요일 휴무) **주차장** 있음

정감 넘치는 호수 뷰 카페
더 정감

너른 잔디밭을 지나 카페 문을 열면 넓은 통창으로 저수지 풍경이 시원하게 펼쳐진다. 넓지 않은 공간이지만 잔디 뷰 또는 저수지 뷰를 즐길 수 있도록 테이블을 배치한 주인장의 세심한 배려가 돋보인다. 카페 이름처럼 소박하면서도 정감이 넘치는 공간이 가득하다.

주소 경기도 안성시 양성면 미리내성지로 339-3 **문의** 010-5102-7822 **가격** 아메리카노 6500원, 카페라테 7500원 **영업시간** 10:00~21:00(화요일 휴무) **주차장** 있음

사계절 내내 즐거움이 가득한

금광관광농원캠핑장

수도권과 가까운 금광관광농원캠핑장은 거리와 산속 캠핑장이라는 환경적 이점을 넘어 호텔급 시설을 자랑하는 곳이다. 카페와 매점이 있는 관리동에는 보드게임 카페처럼 다양한 게임과 코인 노래방, PC방 등 온 가족이 즐길 수 있는 오락 시설이 있고 탁구대, 스크린 야구, 스크린 골프까지 갖추어, 사계절 내내 캠핑장 전체가 스포츠 활동과 이벤트에 최적화 되어 있다고 할 수 있다. 봄, 여름, 가을, 겨울 장박을 하는 캠퍼들이 많아 사계절 어느 때 방문해도 즐거움이 가득하다.

"캠핑을 다니며 나름 시설이 좋은 다양한 캠핑장을 봐왔지만 금광관광농원캠핑장의 다양한 부대시설에 깜짝 놀랐어요. 넓은 잔디 광장에서 아이들이 뛰어노는 모습, 숲속 캠핑장에서 자연을 즐기며 사색을 즐기는 어른들의 모습은 여느 캠핑장과 다를 바가 없었지만 처음 보는 사람들과 캠핑장에서 진행하는 다양한 액티비티를 즐기는 모습이 가장 신선했어요. 1박 2일로는 아쉬움이 남는 어른, 아이 모두에게 완벽한 캠핑장이에요."

휴양, 체험, 액티비티, 자연, 물놀이

info 주소 경기도 안성시 금광면 현곡리 589 **문의** 031-673-8881 **가격** 4만 원 **영업시간** 입실 13:00, 퇴실 12:00

편의 시설 주차장 O, 편의점/마트 O, 화장실 O, 샤워 O, 취사 O, 전기 O, 덱 O, 사이드 주차 O, 반려동물 X

체크 사항 · 여름에는 수영장을, 겨울에는 눈썰매장을 운영하며 겨울철 장박은 예약이 치열하니 관심이 있다면 미리 문의하는 것이 좋다. 입실과 퇴실은 전 예약자나 다음 예약자가 없는 경우 여유를 가져도 된다.

서산 예산

샛노란 봄이 손짓하는 서산, 느리고 한갓지게

봄에는 영롱한 노란 수산화, 가을이면 드넓은 초원에 펼쳐진 코스모스가 바람에 일렁이는 곳, 서산에서 당진을 거쳐 예산으로 향하는 길이다. 계절마다 색을 갈아입는 꽃들의 향연을 즐긴 후, 꽃길, 숲길을 따라 달리며 온몸으로 맑은 공기를 느껴보자.

Drive Course · 이동 거리 **49.6km** · 소요 시간 **55분** · 전체 코스 **6시간**

01 서산유기방가옥

꽃밭 중간에 놓인
포토 존에서 인생 사진 찍기

20km
20분

02 아미미술관

폐교의 감성을 느끼며
여유로이 커피 한잔하기

10km
12분

**03 아그로랜드
태신목장**

트랙터 열차 타고
광활한 목장 달려보기

12km
13분

04 신리성지

미사 시간에 맞춰
성지에서 미사 참례해보기

7.6km
10분

05 추사김정희고택

천연기념물인 백송은
놓치지 말 것

코스 01 서산유기방가옥

봄을
알리는
수선화의
노란 물결

서산유기방가옥은 1919년 건립된 일제강점기 전통 가옥으로 송림이 우거진 낮은 산을 등지고 마을 안쪽에 자리 잡고 있다. 충청도 작은 마을의 전통 가옥이 이토록 유명해진 데는 봄이면 온 산을 뒤덮는 노란 수선화의 물결 덕분이다. 그리스신화에 나올 정도로 고대부터 아름다움의 대명사였던 수선화는 유기방가옥 마을에서도 영롱한 빛깔과 우아한 자태를 뽐낸다.

info 주소 충청남도 서산시 운산면 이문안길 72-10 **문의** 041-663-4326 **입장료** 수선화 축제 기간(3~4월) 어른 8000원, 청소년·어린이 6000원 / 상시 어른 5000원, 청소년·어린이 4000원 **운영 시간** 수선화 개화 시기(3~4월) 06:00~19:00, 상시 08:00~18:00(연중무휴)

이렇게 여행하자

☑ 수선화 감상하며 언덕 따라 걷기→ ☑ 드넓은 꽃밭 중간에 놓인 의자에 앉아 사진 찍기→ ☑ 드라마 〈미스터 션샤인〉의 배경인 유기방가옥 돌아보기

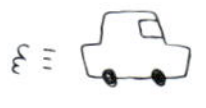

코스 02 아미미술관

친구처럼
가깝고
친근한
미술관

아미미술관은 1993년 폐교한 유동초등학교를 작가 박기호 씨와 설치미술가 구현숙 씨가 10년간 다듬고 꾸며 만든 감성 가득한 공간으로 2011년 정식 개관했다. 프랑스어로 '친구'라는 뜻의 아미(ami)는 친구처럼 편안하고 친근한 미술관이라는 의미를 담고 있다. 단층 건물에 복도를 따라 조르르 이어진 교실의 모습이 학창 시절을 소환한다. 너른 잔디를 바라보며 차 한잔하기에도 좋다.

info 주소 충청남도 당진시 순성면 남부로 753-4 **문의** 0507-1412-1556 **입장료** 어른 7000원 **운영 시간** 10:00~18:00(명절 당일 휴무)

이렇게 여행하자

☑ 미술관 입구 넝쿨식물이 뒤덮은 포토월 앞에서 사진 찍기 → ☑ 다양한 색의 전시관 관람하기 → ☑ 건물 옥상에서 풍경 감상하기 → ☑ 카페 지베르니에서 커피 마시기

코스 03 아그로랜드 태신목장 

드넓은 초원에서의 행복한 하루

농업이라는 뜻의 'agriculture'와 육지라는 뜻의 land'를 결합해 만든 이름, 아그로랜드. 목장에 들어서는 순간 자연과 하나가 된 듯한 기분이 든다. 봄에는 청보리밭의 푸른빛과 벚꽃이 가득하고, 여름에는 보랏빛 수레국화가 마음을 빼앗는다. 분홍빛 코스모스가 온 목장을 뒤덮는 가을을 지나 겨울에는 동화처럼 순수한 설경을 감상할 수 있다. 드넓은 초원이 선물하는 그림 같은 풍경을 즐겨보자.

info 주소 충청남도 예산군 고덕면 상몽2길 231 **문의** 041-356-3154 **입장료** 주중 어른 1만1000원, 청소년·어린이 8000원 / 주말 어른 1만2000원, 청소년·어린이 9000원(트랙터 타기 포함) **운영시간** 하절기 09:00~18:30, 동절기 10:00~17:30(입장 마감 1시간 전, 연중무휴)

☑ 트랙터 타고 광활한 목장 돌아보기 → ☑ 마음에 드는 곳을 골라 동선을 짜서 천천히 걷기 → ☑ 곳곳에 놓인 포토 존에서 인생 사진 찍기 → ☑ 목장 체험 해보기

코스 04 신리성지

신리성지는 천주교가 우리나라 구석구석에 자리 잡는 데 큰 역할을 한 신부와 신자들이 순교한 유적지다. 넓은 잔디 평원에 다블뤼 주교의 은거처, 성인들의 경당, 순교자기념관과 미술관 등 성스럽고 멋스러운 건물이 들어서 있다. 주변 경관을 배제하고 이곳만 본다면 유럽에 온 듯한 기분이 든다. 천주교에 일생을 바친 순교자들이 묻힌 아픔이 있는 곳으로 마음이 경건해진다.

info 주소 충청남도 당진시 합덕읍 평야6로 135 **문의** 041-363-1359 **입장료** 없음 **운영 시간** 24시간(연중무휴)

> ⊘ 이렇게 여행하자
>
> ☑ 다블뤼 주교의 은거지, 순교자기념관 등 주요 공간 돌아보기 → ☑ 풍경 즐기며 힐링하기 → ☑ 잔디밭과 잘 어우러진 건축물을 배경으로 사진 찍기

코스 05 추사김정희고택

조선 후기의 실학자인 추사 김정희 선생이 태어나고 자란 곳이다. 53칸 규모의 대저택이었으나 일부만 복원해 현재 고택의 모습을 갖추었다. 공간은 김정희 고택을 중심으로 추사기념관과 체험관, 김정희 선생 묘가 한데 모여 있어 김정희 선생의 삶을 잠시나마 엿볼 수 있다. 고택 주변에는 잘 가꾼 나무와 잔디밭이 넓게 펼쳐져 있어 나들이 코스로도 훌륭하다.

info 주소 충청남도 예산군 신암면 추사고택로 261 **문의** 041-339-8248 **입장료** 없음 **운영 시간** 하절기 09:00~18:00, 동절기 09:00~17:00(월요일 휴무)

> ⊘ 이렇게 여행하자
>
> ☑ 고즈넉한 고택 천천히 둘러보기 → ☑ 추사기념관에서 김정희 선생의 업적 알아보기 → ☑ 천연기념물인 백송 관찰하기

할머니 댁에 놀러 온 듯한 편안함
간양길카페

예산의 어느 시골길에 접어들면 하얀 외벽의 한옥 카페인 간양길카페가 보인다. 시골집의 아늑한 느낌과 깔끔한 현대식 인테리어가 조화를 이루어 머무는 내내 즐겁다. 건강한 재료를 사용한 든든한 식사는 물론 다양한 음료를 갖추어 브런치와 티타임을 즐기기에 부족함이 없다.

주소 충청남도 예산군 간양길 197-26 **문의** 0507-1309-2723 **가격** 새콤달콤한 소스가 인상적인 슈림프 파스타 샐러드 1만3000원, 간양길 비엔나 7000원 **영업시간** 11:00~18:00(화·수요일 휴무) **주차장** 있음

연둣빛 청보리를 보며 즐기는 커피 한잔
카페 피어라

청보리밭 뷰로 SNS에서 유명해진 카페 피어라. 봄이면 벚꽃 잎이 연둣빛 청보리밭에 눈처럼 내려앉은 모습을 찍으려는 사람들로 가득하다. 아기자기한 본관에서 주문을 하고 푸른 청보리밭을 감상하기 좋은 별관에서 풍경을 즐기면 된다. 야외 테이블은 반려견 동반 가능하다.

주소 충청남도 당진시 합덕읍 합덕대덕로 502-24 **문의** 041-362-9900 **가격** 고소하고 부드러운 아메리카노 6000원, 할머니 당근 케이크 7500원 **영업시간** 10:30~19:30(연중무휴) **주차장** 있음

황새가 날갯짓하는 몽환적인 호수

예당저수지

예당저수지는 1980년대에 낚시터로 조성된 국민 관광지였으나 지금은 형형색색의 음악분수와 예당호출렁다리까지 완공되어 많은 여행객들이 찾는 예산의 랜드마크로 자리 잡았다. 특히 캠퍼 사이에서 잘 알려진 차박지이기도 하다. 출렁다리와 음악 분수대가 몰려 있는 예당관광지에서 남쪽으로 조금 내려오면 차박하기에 좋은 공간이 있다. 어느 곳에 텐트를 펼치든 호수를 볼 수 있으며, 당연히 낚시도 즐길 수 있다. 호수 중간 수심이 낮은 곳은 나무가 물에 반쯤 잠겨 몽환적인 분위기를 풍기고, 호수 위를 나는 황새도 볼 수 있다. 평화로운 예당저수지에서 느긋한 하루를 즐겨보자.

"이정표가 아예 없어 찾기가 좀 어려웠지만 캠퍼라면 호수 주위를 돌면서 직관적으로 차박지라고 눈치챌 수 있을 것 같아요. 대로에서 호수 쪽으로 향하는 좁은 길을 따라 안으로 들어가면 캠핑이나 차박하기 좋은 호수 뷰의 공간이 펼쳐져요. 예당저수지가 원래 낚시터로 유명한 곳이라 호수에 낚싯대를 드리운 사람 반, 캠핑을 즐기는 사람이 반이에요. 사람은 많지만 공간이 넓어 방해받지 않고 조용히 캠핑을 즐기기에 좋아요."

 **낚시, 힐링, 호수**

info 주소 충청남도 예산군 광시면 예당남로 41(예당저수지 황금낚시 옆길로 진입한 후 직진) **문의** 041-333-0545 **가격** 없음 **영업시간** 24시간(연중무휴)
편의 시설 주차장 O, 편의점/마트 O, 식당 X, 화장실 O, 샤워 X, 취사 O, 전기 X, 덱 X, 사이드 주차 O, 반려동물 O
체크 사항 · 낚시로 유명한 곳이니 낚시용품을 챙겨 가면 좋다. 마트 가기 쉽지 않으니 필요한 용품은 미리 준비해야 한다.

평창

드넓은 목초지에서 느끼는 대자연

바쁜 일상에 지친 나에게 쉼을 선물하고 싶다면 평창이 답이다. 목장의 푸른 초원은 눈을 시원하게 정화하고, 월정사의 키 큰 전나무와 자생식물원의 꽃들이 맑은 기운을 가져다준다. 내딛는 걸음마다 힐링이 되는 평창은 어느 계절에 떠나도 실망할 일이 없는 곳이다.

01 대관령 삼양목장

건강한 원유로 만든 유기농 우유와 아이스크림 맛보기

18km 3분

02 대관령 하늘목장

트랙터 마차 타고 드넓은 초원 돌아보기

11km 17분

03 발왕산 케이블카

발왕산 정상인 평화봉까지 꼭 올라보기

20km 28분

04 월정사

500년이 넘는 전나무 숲길 맨발로 걷기

5.2km 10분

05 국립 한국자생식물원

우리 꽃동산 돌아보고 1.2km의 산책 코스 걷기

코스 01 대관령 삼양목장 

대자연을 꿈꾸다

직접 소를 키워 건강한 단백질을 국민들에게 공급하고자 했던 고(故) 전중윤 삼양식품 명예회장의 굳은 의지로 탄생한 목장이다. 원시림으로 둘러싸여 인간의 발길조차 거부했던 대관령 고산지를 개척해 모두가 불가능하다고 말했던 삼양목장의 역사가 시작되었다. 푸른 초원에서 자유롭게 방목되는 동물들과 언덕 위에 우뚝 솟은 풍력발전기가 어우러진 모습이 장관이다.

info 주소 강원도 평창군 대관령면 꽃밭양지길 708-9 **문의** 033-335-5044 **입장료** 어른 1만2000원, 어린이 1만 원 **운영 시간** 5~10월 09:00~18:00, 11~4월 09:00~17:30(1시간 전 매표 마감, 연중무휴)

♡ 이렇게 여행하자

☑ 동해전망대 포토 존에서 포토 타임 갖기 → ☑ 마음에 드는 산책로를 걸으며 풍력발전기를 배경으로 멋진 사진 남기기 → ☑ 온실 카페 순설에서 유기농 아이스크림 맛보기

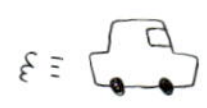

코스 02 대관령 하늘목장

하늘과 초원이 마주하는 곳

'대관령 한일목장'으로 불리며 우유를 생산하는 젖소 목장 본연의 업무에 충실하다 2014년 '하늘목장'이라는 이름으로 문을 열었다. 젖소와 면양, 말이 광활한 초원을 편안하게 누빈다. 해발 1,000m에 위치한 넓고 푸른 초지에서는 거대한 풍력발전기의 이국적인 모습과 함께 손 내밀면 구름이 잡힐 것 같은 기분을 느낄 수 있다.

info 주소 강원도 평창군 대관령면 꽃밭양지길 458-23 **문의** 0507-1321-8061 **입장료** 어른 8000원, 어린이 6000원, 트랙터 마차 대인 1만 원, 소인 8000원(체험 프로그램 이용 요금 별도) **운영 시간** 4~9월 09:00~18:00, 10~3월 09:00~17:30(폐장 1시간 전 매표 마감, 연중무휴)

☑ 트랙터 마차 타고 하늘전망대까지 오르기 → ☑ 풍경길, 원시림 터널, 숲속 여울길, 종종걸음길 등 골라서 산책하기 → ☑ 양 떼 체험 등 다양한 체험 해보기 → ☑ 하늘 카페 & 스토어에서 요거트 맛보기

코스 03 발왕산 케이블카

하늘을 걷는 기분

케이블카에 올라 발왕산의 수려한 경관과 시원하게 뻗은 스키장의 슬로프를 즐기다 보면 어느새 발왕산 정상에 도착한다. 하늘과 맞닿은 스카이워크는 벼랑 끝에 아슬아슬 달려 있는 모습이 웅장하면서도 아찔하다. 바로 옆 등산로를 따라 다양한 식물과 재미난 조형물을 즐기며 20분 정도 걸으면 겨울왕국이 눈앞에 펼쳐진다.

info 주소 강원도 평창군 대관령면 올림픽로 715 **문의** 033-335-5757 **입장료** 케이블카 어른 2만 5000원, 어린이 2만1000원 **운영 시간** 케이블카 09:00~17:00(하행 마감 18:00, 연중무휴)

☑ 드래곤 캐슬에 내려 스카이워크 오르기 → ☑ 숲길 지나 발왕산 정상 오르기 → ☑ 드래곤 캐슬 카페테리아에서 발왕산 경치 감상하며 차 마시기

코스 04 월정사

마음의 평안을 얻는 치유의 길

월정사는 신라 선덕여왕 때 자장율사가 창건한 천 년 고찰이다. 일주문을 지나 월정사 금강교까지 이어지는 전나무 숲길은 우리나라 3대 전나무 숲길로 손꼽힌다. 여름이면 싱그러운 초록으로, 가을이면 울긋불긋 노랑과 빨강으로, 겨울이면 하얀 설국으로 변해 언제 방문해도 아름답다.

info 주소 강원도 평창군 진부면 오대산로 374-8 월정사 **문의** 033-339-6800 **입장료** 없음(주차 6000원) **운영 시간** 일출 2시간 전~일몰(연중무휴)

⊘ 이렇게 여행하자

☑ 일주문 지나 아름다운 전나무 숲길 걷기 → ☑ 월정사 팔각구층석탑과 석조보살좌상 감상하기 → ☑ 느릿느릿 걸어 선재길의 다양한 묘미 즐겨보기

코스 05 국립한국자생식물원

야생화의 천국

국립한국자생식물원은 우리 고유의 꽃과 나무의 아름다움을 알리고자 조성해 사립 식물원 1호로 지정된 우리나라 최초의 식물원이다. 최대한 자연 그대로의 모습을 보전해 꾸민 식물원은 다양한 야생화가 피어나 산책하기에도 좋다. 자생식물 1,500여 종을 수집해 연구·증식 중인 식물 유전자원의 보고다.

info 주소 강원도 평창군 대관령면 비안길 150-3 **문의** 033-339-9900 **입장료** 어른 5000원, 청소년 4000원, 어린이 3000원 **운영 시간** 3~10월 09:00~18:00, 11~2월 09:00~17:00(폐장 1시간 전 매표 마감, 월요일·명절 연휴 휴무)

⊘ 이렇게 여행하자

☑ 야외 식물원 둘러보기 → ☑ '영원한 속죄' 조형물 감상하기 → ☑ 솔바람갤러리에서 사진 감상하기 → ☑ 북 카페 '비안'에서 책도 읽고 차 한잔하기

산속 청정 송어회
용골송어와 캠핑

항상 운무가 넘나든다는 운두령 자락의 청정 계곡에 용골송어집이 있다. 용골송어집의 대표 음식인 송어회를 시키면 삼색나물무침, 배추전, 백김치, 고추장아찌가 딸려 나온다. 송어회가 나오면 사장님의 설명대로 채소에 콩가루와 초장을 넣고 들기름을 뿌려 버무리면 고소하고 담백하다.

주소 강원도 평창군 용평면 운두령로 767-17 **문의** 033-332-1115 **가격** 영양가 높은 청정 자연 속 일품 송어회 5만5000원, 송어구이 5만5000원 **영업시간** 10:00~20:00(연중무휴) **주차장** 있음

대관령 맛집
이촌쉼터

한적한 산속 도로 가에 위치한 단출한 이촌쉼터는 알 만한 사람은 다 아는 대관령 맛집이다. 깨를 듬뿍 넣어 고소하고 깔끔한 황태국물에 감자 전분으로 반죽한 옹심이칼국수와 황태만두국이 별미다. 강원도의 대표 특산물이 옹심이와 황태인 만큼 실망할 일은 없을 것 같다.

주소 강원도 평창군 대관령견 꽃밭양지길 405 **문의** 033-336-4640 **가격** 쫀득쫀득한 옹심이, 직접 만든 수제 만두를 넣은 옹심이칼국수·황태만두국 각 1만 원 **영업시간** 11:00~20:00(월요일 휴무) **주차장** 있음

계절마다 다양한 뷰
카페 연월일

카페 연월일은 시골 마을과 잘 어울리는 외관과 우드 톤의 아늑한 인테리어가 돋보이는 감각적인 카페다. 특히 눈을 시원하게 해주는 여름의 파밭 뷰와 온 세상이 하얗게 변하는 겨울의 눈 뷰가 압권이다. 맛있는 커피와 수제 밀크티, 그리고 당근 케이크가 인기 높다.

주소 강원도 평창군 진부면 진고개로 129 **문의** 033-332-6488 **가격** 고소함이 입안 가득 퍼지는 부드러운 카페라테·당근 케이크 각 6000원 **영업시간** 09:30~21:00 **주차장** 있음

사계절 신나는 놀거리가 가득한

솔섬오토캠핑장

솔섬오토캠핑장은 평창 봉평면 깊은 산속에 캠핑장과 펜션, 방갈로 등 다양한 숙박 시설을 갖추고 캠퍼를 맞이하는 대규모 캠핑장이다. 하늘 높은 소나무 숲 사이에서 계곡을 보며 캠핑을 즐길 수 있는 제1 캠핑장과 좀 더 안쪽에 위치해 숲을 오롯이 느낄 수 있는 제2 캠핑장으로 나누어져 있다. 사계절 신나는 놀거리가 가득한 것으로 유명한데, 봄가을에는 무료 막걸리 이벤트 및 신발 던지기 등 추억 돋는 게임을 진행하고, 여름에는 캠핑장 사이를 흐르는 맑은 계곡과 인공 수영장에서 수영을 즐길 수 있다. 계곡에서의 나룻배 및 오리배 체험은 언제나 무료다. 한겨울에는 캠핑장 안 무료 눈썰매장과 얼음낚시까지 즐길 수 있어 어느 계절에 방문해도 놀거리가 가득하다. 또 캠핑장 안에 작은 동물 농장이 있고 양 먹이까지 제공해 아이들에게 인기 만점이다.

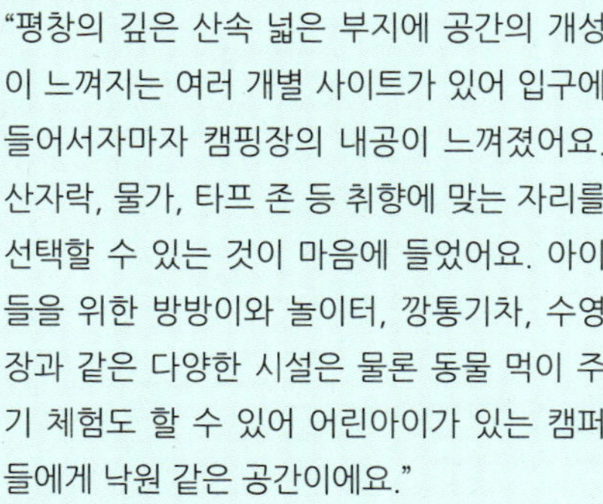

"평창의 깊은 산속 넓은 부지에 공간의 개성이 느껴지는 여러 개별 사이트가 있어 입구에 들어서자마자 캠핑장의 내공이 느껴졌어요. 산자락, 물가, 타프 존 등 취향에 맞는 자리를 선택할 수 있는 것이 마음에 들었어요. 아이들을 위한 방방이와 놀이터, 깡통기차, 수영장과 같은 다양한 시설은 물론 동물 먹이 주기 체험도 할 수 있어 어린아이가 있는 캠퍼들에게 낙원 같은 공간이에요."

캠핑, 계곡, 체험, 힐링

info 주소 강원도 평창군 봉평면 수림대길 57-5 **문의** 0507-1345-1657 **가격** 6만5000원 **영업시간** 입실 13:30, 퇴실 12:00

편의 시설 주차장 O, 편의점/마트 O, 화장실 O, 샤워 O, 취사 O, 전기 O, 덱 O(사이트별 상이), 사이드 주차 O, 반려동물 O

체크 사항 · 캠핑장에서 제공하는 체험이나 이벤트가 많으므로 입실 전 사이트에서 미리 확인한 후 방문하면 좀 더 알찬 캠핑을 즐길 수 있다.

다양한 재미의
드라이브
명소

강 따라 펼쳐진 시원한 자전거길

이포보, 여주보, 강천보의 3보를 지나 맑고 푸르게 넘실대는 강을 따라 상쾌한 강바람, 물바람을 만끽하며 달린다. 자전거 여행을 원 없이 즐겼다면 역사 여행도 떠나보자. 문화와 역사적인 면에서 수많은 이야기가 공존하는 여주는 인문학적 감성과 상상력을 키우기에 부족함이 없다.

Drive Course ·이동 거리 **31.1km** ·소요 시간 **51분** ·전체 코스 **8시간**

 **01** **남한강 자전거길**
짧은 구간이라도
하이킹 도전해보기

18km
20분

 **02** **세종대왕릉**
과학 기구와 역사문화관도
꼭 관람하기

5.4km
14분

 **03** **신륵사**
가장 오래된 건물인
조사당 돌아보기

4km
11분

 **04** **황학산수목원**
황학산 전망대까지 올라
수목원 전경 감상해보기

3.7km
6분

 **05** **명성황후 생가**
명성황후기념관 돌아보기

코스 01 남한강 자전거길

고요한 강변 따라 펼쳐지는 길

한강 살리기 사업을 통해 남한강에 세운 3개의 보인 이포보, 여주보, 강천보를 따라 자전거길이 이어진다. 백로를 상징하는 형상의 이포보에서 시작해 세종대왕의 발명품인 자격루를 닮은 여주보로 향한다. 여주보부터는 세종대왕릉, 신륵사에 들러 역사와 함께하는 자전거 여행을 즐길 수 있다. 바람과 교감하며 뻥 뚫린 강변을 달리면 가슴속까지 탁 트이는 시원함에 매료된다.

info **주소** 경기도 여주시 금사면 금사로40(이포보) **문의** 031-887-2749(여주시 문화관광과) **입장료** 없음 **운영 시간** 24시간 (연중무휴)

◎ 이렇게 여행하자

☑ 이포보 → ☑ 이포보 전망대 → ☑ 당남리섬 → ☑ 이포보 캠핑장 → ☑ 여주 저류지 → ☑ 후포교 → ☑ 천남공원

코스 02 세종대왕릉

솔향기 가득한 왕릉 산책

노란 물감을 뿌려놓은 것같이 활짝 핀 개나리들이 능으로 향하는 길을 밝혀준다. 조선시대 최고의 임금으로 평가받는 세종대왕과 소헌왕후의 합장 능이 소나무들로 둘러싸인 볕 좋은 곳에 자리한다. 세종대왕릉은 하나의 봉분 아래 왕과 왕비를 함께 모셔 두 분의 애틋한 마음이 느껴지는 것만 같다. 우리 역사상 가장 위대한 성군, 세종대왕릉을 향해 가벼운 목례 하는 것도 잊지 말자.

info **주소** 경기도 여주시 능서면 영릉로 269-10 **문의** 031-885-3123 **입장료** 만 24세 이하·만 65세 이상 무료, 개인 500원(마지막 주 수요일 무료 개방) **운영 시간** 2~5·9~10월 09:00~18:00, 6~8월 09:00~18:30, 11~1월 09:00~17:30(1시간 전 입장 마감, 월요일 휴무)

◎ 이렇게 여행하자

☑ 세종대왕역사문화관 둘러보기 → ☑ 세종대왕릉 과학 기구 돌아보기 → ☑ 효종대왕릉으로 이어진 산책로 걸으며 힐링하기

코스 03 신록사

물안개 가득한 천 년 고찰

신라시대에 건립된 유서 깊은 고찰인 신록사는 우리나라에서 보기 드물게 강가에 자리한 사찰이다. 덕분에 매일 남한강의 절경과 마주할 수 있는데, 특히 강을 바라보고 있는 정자, 강월헌에서의 일출이 장관이다. 신록사는 '영릉'을 여주로 옮긴 후 영릉의 원찰이 되면서부터 번창했다. 석가탄신일이 있는 5월에 방문하면 경내를 가득 채운 화려한 연등의 모습을 볼 수 있다.

info 주소 경기도 여주시 신록사길 73 **문의** 031-885-2505 **입장료** 없음 **운영 시간** 09:00~17:00 (일출~일몰까지)

⊙ 이렇게 여행하자

☑ 신록사 경내 돌아보며 유형문화재 및 보물 찾아보기 → ☑ 다층전탑의 화려한 자태 감상하기 → ☑ 강월헌 정자에서 남한강의 시원한 풍광 바라보기

코스 04 황학산수목원

자연과 인간이 교감 할 수 있는 공간

여주를 대표하는 공립 수목원인 황학산수목원은 입구에서부터 꽃과 나무 향기가 그윽하다. 자생식물의 향기가 풍기는 풀향기정원, 남한강의 멸종 위기 식물인 단양쑥부쟁이 군락을 복원한 강돌정원, 고산 지역과 암석 지대의 식물을 전시한 석정원 등 14개의 테마 정원으로 이루어져 있다. 특히 서양측백나무를 기하학적 모양으로 식재한 미로원은 연인, 가족이 즐기기에 좋다.

info **주소** 경기도 여주시 황학산수목원길 73 **문의** 031-877-2744 **입장료** 없음 **운영 시간** 3~10월 09:00~18:00, 11~2월 09:00~17:00 (월요일, 1월 1일, 설·추석 연휴 휴무)

⊙ **이렇게 여행하자**

☑ 연못과 매룡지 돌아보기 → ☑ 풀향기정원을 지나 산림박물관 구경하기 → ☑ 전망대에 올라 수목원 전경 감상하기

코스 05 명성황후 생가

조선의 영원한 국모

조선 제26대 고종황제의 비로 개화기에 개방과 개혁을 추진하다 일본인에게 시해당한 명성황후가 8세까지 살던 집이다. 안채로 들어서면 강직한 인상이 돋보이는 명성황후의 진영이 보인다. 명성황후 생가와 나란히 서 있는 감고당은 인현황후의 사저이며 명성황후가 여덟 살에 이사해 왕비로 간택되기 전까지 살았던 곳이다. 파란만장하게 일생을 마친 명성황후의 넋을 기려보자.

info **주소** 경기도 여주시 명성로71 **문의** 031-881-9730 **입장료** 없음(주차료 1000원) **운영 시간** 3~10월 09:00~18:00, 11~2월 09:00~17:00(월요일 휴관)

⊙ **이렇게 여행하자**

☑ 명성황후 생가 둘러보기 → ☑ 감고당 둘러보기 → ☑ 명성황후기념관에서 고종과 명성황후와 관련된 자료들 자세히 돌아보기

시원하고 감칠맛이 좋은
천서리막국수 본점

천서리막국수의 본가가 여주에 있다. 메밀을 주원료로 하는 막국수는 매운 양념을 가미해 새콤달콤하고 맛있다. 가슴속까지 시원해지고 싶다면 동치미막국수를, 달콤하면서도 짜릿한 매운맛을 원한다면 비빔막국수를 시키면 된다. 쫄깃쫄깃한 편육을 곁들이면 금상첨화다.

주소 경기도 여주시 대신면 여양로 1974 **문의** 031-883-9799 **가격** 한우 양지를 삶은 국물에 오랫동안 숙성된 동치미 국물이 시원한 동치미·비빔막국수 각 1만 원, 편육 2만 원 **영업시간** 10:30~20:30(수요일 휴무) **주차장** 있음

사계절 풍경이 펼쳐지는
카페 우즈

SNS에서 포토 존으로 유명한 아치형 원목 문을 열고 들어가면 깔끔한 화이트 색조와 따뜻한 원목 가구가 반겨준다. 코너에 창을 내서 바깥 풍경이 파노라마처럼 펼쳐지는 카페 안쪽 공간과 벽 전면을 창문으로 만들어 그림 같은 모습을 연출하는 카페의 포토존이 인기 좋다.

주소 경기도 여주시 점봉길 66 **문의** 0507-1348-2889(카페 내부 8세 이상 입장 가능) **가격** 플랫 화이트 5000원, 딸기 생크림 케이크 7000원 **영업시간** 평일 12:00~18:00(주말, 공휴일 12:00~20:00, 수요일 휴무) **주차장** 있음

문화가 공존하는 북 카페
무이숲

무이숲은 비영리 기업에서 직접 재배한 재료로 메뉴를 개발하고 상생하는 문화를 지향하는 개념 있는 카페다. 드넓은 잔디밭을 걸어 입구로 들어서면 향긋한 빵 냄새와 고소한 커피 향이 코를 간지럽힌다. 책장에는 다양한 책이 꽂혀 있어 여유로운 시간을 보내기 좋다.

주소 경기도 여주시 도예로 247 **문의** 031-8051-2900(야외 및 실내 일부 공간 반려견 동반 가능) **가격** 수제 바닐라 빈 크림을 올린 크림 라테 8000원, 아메리카노 6500원 **영업시간** 10:00~19:00(라스트 오더 19:00) **주차장** 있음

금은모래캠핑장

남한강을 끼고 있는 여주에는 강변을 따라 많은 캠핑장과 차박 스폿이 자리한다. 특히 금은모래캠핑장은 시민들의 휴식과 여가 활동을 위해 만든 가족형 캠핑장으로 인기가 좋다. 유유히 흐르는 남한강이 빚어낸 탁 트인 시야, 아이들이 뛰어놀 수 있는 드넓은 잔디밭과 물놀이장, 안전한 자전거도로가 있어 온 가족이 즐거운 캠핑을 즐길 수 있다. 여주시에서 운영하는 덕분에 착한 이용료까지, 모든 것을 갖춘 5성급 캠핑 공간이다.

"시에서 운영하는 캠핑장의 경우 사설 캠핑장에 비해 덱 사이 간격이 넓고 관리가 잘되기 때문에 높은 경쟁률만 빼면 만족도가 높은 편이에요. 금은모래캠핑장은 특히 자유롭게 뛰어놀 수 있는 넓은 잔디밭을 갖추어 아이가 있는 가족에게 특히 훌륭한 공간이에요. 게다가 대부분의 사이트에서 남한강을 볼 수 있기 때문에 뷰 맛집이기도 해요. 단, 모든 이에게 오픈된 장소이기 때문에 관광이나 휴식을 하러 온 일반인도 언제든 드나들 수 있어 프라이빗하게 쉬는 것은 조금 어려울 수도 있어요. 하지만 장점이 훨씬 많아 꼭 한번 방문해볼 만한 훌륭한 캠핑장이에요."

휴양, 힐링, 관광

info 주소 경기도 여주시 강변유원지길 105 **문의** 031-880-4095 **가격** 덱 존 4만5000원, 하천부지 3만5000원 **영업시간** 24시간, 체크인 14:00, 체크아웃 12:00(연중무휴)
편의 시설 주차장 O, 편의점/마트 O, 화장실 O, 샤워 O, 취사 O, 전기 O, 덱 O, 사이드 주차X, 반려동물 O
체크 사항 황포돛배 타기, 남한강변에서 즐기는 수상 스포츠, 캠핑장 내 자전거 타기 등 다양한 액티비티 가능(미리 확인하고 방문)

가평

물살을 가르는 짜릿한 기분

수상 레포츠의 천국인 청평호반은 여름이면 북한강 물살을 가르며 각종 수상 레포츠와 피크닉을 즐기는 사람들로 북적인다. 청평호를 내려다보며 우뚝 서 있는 호명산에서 불어오는 청량한 바람을 맞으며 호숫가의 일렁이는 물빛을 마주하면 가슴이 시원해진다.

Drive Course

· 이동 거리 65.3km · 소요 시간 1시간 33분 · 전체 코스 8시간

01 청평호

수상스키나 웨이크보드에 도전해보기

9.3km
16분

02 더스테이 힐링파크

알파카와 토끼 등 다양한 동물 만나보기

32km
48분

03 아침고요수목원

겨울맞이 '오색별빛정원' 축제 즐기기

24km
29분

04 남이섬

남이섬의 로맨틱한 야경 감상하기

코스 01 청평호 수상 레포츠 

호수를 가르고 하늘을 나는 짜릿함

한여름의 청평호는 한시도 잔잔할 틈이 없다. 모터보트에 몸을 의지한 채 물살을 가르는 수상스키와 웨이크보드, 그리고 호수 위를 통통 팅기며 좌우로 휘청거리는 땅콩 보트가 여름의 절정임을 알린다. 북한강 줄기를 따라 레저 타운이 즐비하게 들어서 열정과 약간의 체력만 있으면 누구든 멋지게 물보라를 일으키며 청평호를 누빌 수 있으니 도전해보자.

info 주소 경기도 가평군 설악면 회곡리 **문의** 031-584-8809(청평역 관광안내소) **입장료** 없음 **운영 시간** 24시간(연중무휴)

> **◉ 이렇게 여행하자**
>
> ☑ 청평호를 끼고 환상의 드라이브 즐기기 → ☑ 북한강을 따라 늘어서 있는 레저 타운에서 수상 레포츠 즐기기 → ☑ 호수 뷰 카페에서 커피 즐기기

 ## 코스 02 더스테이힐링파크

유럽풍 정원과 숲속 산책로가 어우러진 곳

더스테이힐링파크는 광활한 자연 속에서 문화, 테라피, 미식을 모두 즐길 수 있는 새로운 콘셉트의 힐링 공간이다. 이국적인 분위기의 테마 정원과 숲속 힐링 산책로는 천천히 걷기만 해도 마음이 편안해진다. 다양한 음식을 맛볼 수 있는 키친과 베이커리 카페에서 미식을 즐기고, 갤러리와 앤티크 가구 전시 판매장에서 평소에는 자주 접할 수 없는 작품과 소품을 만나볼 수 있다.

> **◉ 이렇게 여행하자**
>
> ☑ 이국적인 와일드가든과 플라워가든 산책하기 → ☑ 다양한 테마의 힐링 산책로 천천히 걷기 → ☑ 맛있는 식사와 커피를 마시며 갤러리의 전시품 감상하기

info 주소 경기도 가평군 설악면 한서로268번길 157 **문의** 031-580-3800 **입장료** 8000원(36개월 미만 제외) **운영 시간** 하절기 09:00~19:00, 동절기 09:00~18:00(추석 당일 휴무)

코스 03 아침고요수목원

염소를 키우는 돌밭이었던 축령산 한 자락의 돌을 골라내는 것을 시작으로 수목원의 틀을 잡았고, 수년간 노력을 기울여 전 국민의 사랑을 받는 '국민' 수목원이 되었다. 푸근한 고향 느낌을 주는 고향집, 야생화, 허브정원 등 각각의 주제가 있는 정원과 산책길이 잘 어우러져 있으며, 지속적으로 정원을 디자인해 특색 있는 공간을 조성했다. 따뜻한 햇살이 비추는 싱그러운 자연을 느껴보자.

info **주소** 경기도 가평군 상면 수목원로 432 **문의** 1544-6703 **입장료** 어른 1만1000원, 청소년 8500원, 어린이 7500원 **운영 시간** 08:30~19:00(연중무휴)

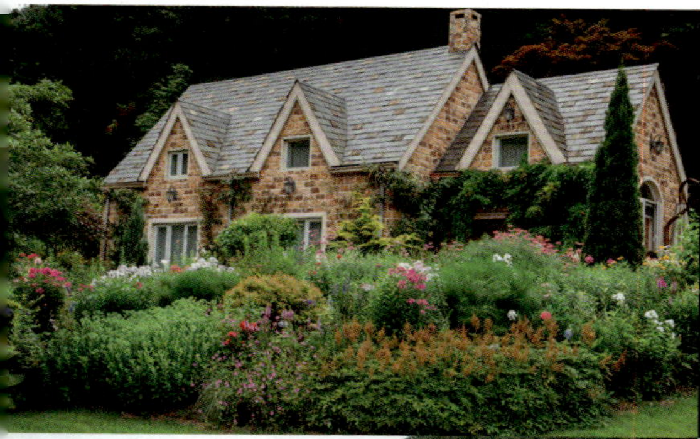

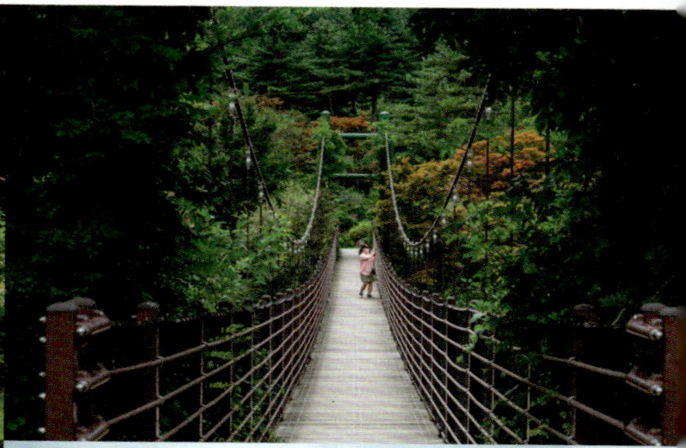

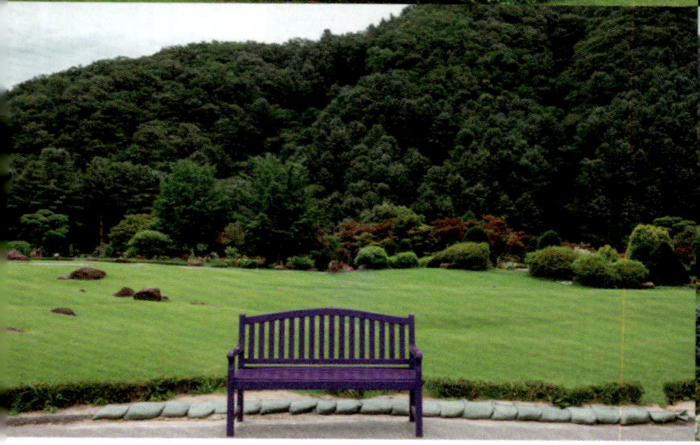

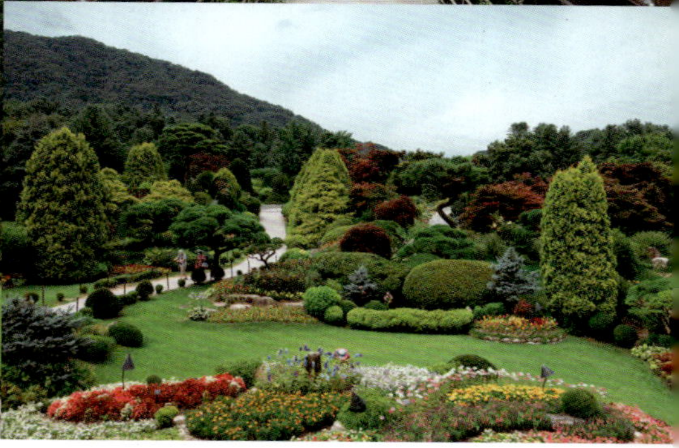

> **이렇게 여행하자**
>
> ☑ 수목원 곳곳의 특색 있는 정원 돌아보기 → ☑ 마음에 드는 곳이 있다면 잠시 앉아 자연을 느껴보기 → ☑ 수목원 뷰 카페에 앉아 커피 즐기기

코스 04 남이섬

남이섬까지는 배로 5분 남짓밖에 걸리지 않지만 내리는 순간 배를 타기 전 풍경과는 전혀 다른 세상이 펼쳐진다. '동화의 섬, 노래의 섬'을 콘셉트로 노래박물관, 세계민족악기전시관, 국제어린이도서관 등 문화 공간을 조성해 온종일 머물러도 지루할 틈이 없다. 해 질 녘이 되면 동화 속 한 장면처럼 섬 곳곳에 하나둘 불이 켜진다. 사랑에 빠지기 좋은 낭만적인 공간이다.

info 주소 경기도 가평군 가평읍 북한강변로 1024(남이섬선착장) **문의** 031-580-8114 **입장료** 어른 1만9000원, 청소년 1만6000원, 어린이 1만3000원(왕복 선박 탑승료 포함) **운영 시간** 08:00~09:00(30분 간격 운항), 09:00~18:00(10~20분 간격 운항), 18:00~21:00(30분 간격 운항) / 연중무휴

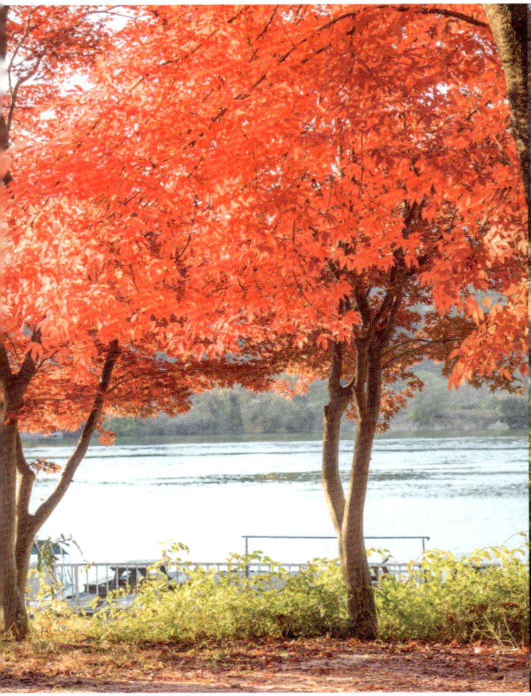

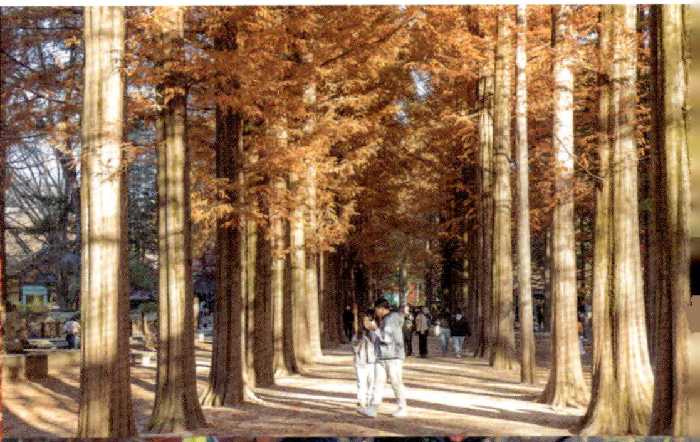

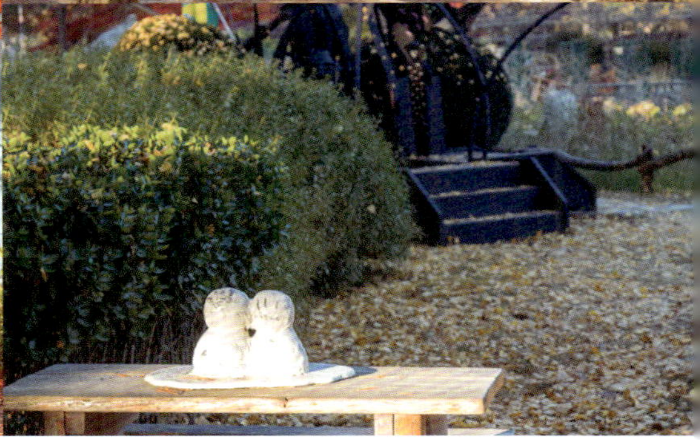

♡ 이렇게 여행하자

☑ 나눔열차 또는 스토리투어버스를 타고 남이섬 한 바퀴 돌아보기 → ☑ 마음에 드는 공간 찾아 거닐기 → ☑ 카페에서 차 마시며 여유로운 시간 보내기

남녘의 떡갈비&북녘의 냉면
도선재

도선재는 '산책 왔던 신선이 풍경에 취해 머물던 자리'라는 뜻으로 이름에 걸맞게 잘 가꾼 너른 마당에서 보이는 청평호의 모습이 무척 아름답다. 육즙이 흐를 듯 먹음직스럽게 구운 떡갈비를 돌판에 얹어 내오는데 방울토마토, 구운 감자, 양파를 곁들여 입안 가득 풍성해지는 맛이다.

주소 경기도 가평군 청평면 양진길 7 **문의** 031-584-5755 **가격** 돌판에 구워 육즙이 살아 있는 두툼한 한우떡갈비 3만3000원, 평양냉면 1만3000원 **영업시간** 10:30~20:30, 라스트 오더 19:30(수요일 휴무) **주차장** 있음

미식가들에게 선사하는 힐링
더스테이힐링파크 키친

나인블럭 키친은 신선한 자연 식재료를 사용해 건강한 음식을 선보이는 곳으로 더스테이힐링파크 내에 위치한다. 메뉴가 다양하지는 않지만 맛부터 플레이팅까지 세심히 준비한 흔적이 엿보인다. 감각적인 인테리어의 실내와 야외 테이블이 있고 식사 후 숲길을 산책할 수 있어 좋다.

주소 경기도 가평군 설악면 한서로268번길 134 **문의** 0507-1318-3905 **가격** 올리브 오일에 새우를 듬뿍 넣은 새우 오일 파스타 2만3000원, 라자냐 2만9500원 **영업시간** 11:30~20:30, 라스트 오더 19:30, 브레이크 타임 14:30~17:00(연중무휴) **주차장** 있음

정통 유럽 스타일 맥주
크래머리

크래머리는 독일 양조 기술을 바탕으로 유럽 스타일의 맥주를 만드는 시그너처 브루어리 펍이다. 신선한 드래프트 맥주는 물론 맥주와 궁합이 좋은 바비큐 플래터, 수제 피자 등의 식사 메뉴가 준비되어 있다. 특히 풍부한 거품과 함께 입안 가득 향이 퍼지는 맥주의 맛이 기가 막히다.

주소 경기도 가평군 상면 청군로 429 **문의** 0507-1309-5977, 야외석 반려견 동반 가능 **가격** 오리지널 밀 맥주, 크래머리 바이젠 7000원, 클래식 플래터 8만원 **영업시간** 11:00~22:00, 브레이크 타임 15:00~17:00(맥주 및 음료 주문 가능) / 연중무휴 **주차장** 있음

아침이면 물안개가 자욱이 피어나는

자라섬캠핑장

남이섬 가는 길, 자라섬캠핑장은 캠퍼라면 한 번쯤 거쳐 가봤거나 가보고 싶은 캠핑장이다. 섬 전체를 캠핑장으로 만들어 자전거를 타고 하이킹을 즐길 수 있고, 인라인스케이트장에서 인라인을 타도 좋다. 넓은 잔디광장은 방해 없이 뛰어놀 수 있는 아이들 세상이다. 오토 캠핑, 캐러밴 사이트까지 갖추어 원하는 형태로 캠핑을 즐길 수 있다. 무엇보다 매년 10월이면 자라섬 국제재즈페스티벌이 열려, 아름다운 재즈 선율을 들으며 캠핑을 하는 낭만적인 경험을 할 수 있다.

"캠핑을 처음 시작한 10여 년 전쯤엔 캠핑장이 지금처럼 많지 않았어요. 자라섬은 그 당시 아침이면 강가에 물안개가 자욱이 피어나는 운치 있는 곳이자 자전거, 인라인스케이트 같은 스포츠를 안전하게 즐길 수 있는 곳으로 캠퍼들 사이에 입소문이 자자했던 곳이에요. 지금은 좋은 캠핑장이 많이 생겨 인기가 조금 시들해지긴 했지만, 가격과 함께 전체적으로 고려했을 때 여전히 매력적인 공간이에요."

힐링, 산책

info 주소 경기도 가평군 가평읍 자라섬로 60 **문의** 031-8078-8029 **가격** 성수기 기준 오토캠핑장 4만5000원, 캐러밴 사이트 3만5000원, 캐러밴(4인용) 16만 원 **영업시간** 24시간(연중무휴)
편의 시설 주차장 O, 편의점/마트 O, 식당 X, 화장실 O, 샤워 O, 취사 O, 전기 O, 덱 O, 사이드 주차 O, 반려동물 X
체크 사항 · 수영장 운영 시기에 이용한다면 용품을 미리 챙겨 가자. · 캠핑장 내에서 섬을 돌아볼 수 있는 전동 관람차, 자전거를 대여할 수 있으니 이용해보자.

단양

보석 상자 같은 여행지

구석구석에 보석을 많이 숨겨놓은 곳, 다양한 매력이 공존하는 곳, 단양. 백두대간에서 태어난 오대산 줄기와 소백산 줄기가 남한강을 사이에 두고 만나 도담삼봉, 단양강 잔도 같은 소문난 절경을 간직한 단양은 아직 꺼내지 않은 숨겨진 매력이 가득한 곳이다.

Drive Course ·이동 거리 **17.2km** ·소요 시간 **36분** ·전체 코스 **6시간**

01

단양 패러글라이딩

체험 비행을 하면서 하늘을 나는 짜릿한 기분 느껴보기

9.6km
15분

02

도담삼봉

유람선을 타고 도담삼봉 가까이 느껴보기

7.6km
16분

03

만천하스카이워크

액티비티에 도전해보기

도보
5분

04

단양강 잔도

남한강을 가장 가까이에서 즐길 수 있는 산책로 걷기

코스 01 단양 패러글라이딩

하늘을 걷는 산책

단순히 하늘을 나는 것이 아니다. 단양 시가지를 굽이쳐 흐르는 남한강을 바라보며 소백산과 월악산에서 불어오는 바람에 몸을 맡기고 적당한 속도로 하늘을 걷는 것이 바로 패러글라이딩이다. 패러글라이딩은 주어진 교육 내용만 잘 숙지한다면 누구나 비행 가능하다. 하늘에 떠다니는 구름을 느끼며 유람하듯 하늘을 둘러보고 싶다면 일단 하늘에 두둥실 떠올라보자.

info 주소 충청북도 단양군 가곡면 두산길 196-52(단양패러마을) **문의** 043-421-3326 **입장료** 패러글라이딩 기본 코스(이동+준비+비행) 11만 원 **운영 시간** 09:30~18:30(연중무휴, 당일 기상 여건에 따라 비행이 취소될 수 있음)

◎ 이렇게 여행하자

☑ 장비를 갖추고 활공장에서 단양 시내를 배경으로 인증숏 찍기 → ☑ 이륙부터 착륙까지 생생한 체험 현장 촬영하기 → ☑ 바람에 몸을 맡기며 하늘에서의 자유를 만끽하기

코스 02 도담삼봉

강 위로 솟아오른 3개의 봉우리

단양 하면 가장 먼저 떠오르는 도담삼봉은 강 한가운데 봉우리 3개가 섬처럼 떠 있다는 의미에서 '삼봉', 섬이 있는 호수 같다는 의미에서 '도담'이라는 이름을 얻었다. 정도전, 이황을 비롯해 김홍도, 김정희, 정선, 정철 등 조선을 대표하는 전설적인 인물들이 찾아와 글과 그림을 남길 정도로 예부터 도담삼봉의 절경은 굉장했던 것 같다. 도담삼봉과 어우러진 일출과 일몰의 모습이 장관이다.

◎ 이렇게 여행하자

☑ 광장의 꽃밭과 포토존에서 도담삼봉을 배경으로 사진 찍기 → ☑ 광장을 걸으며 여러 각도에서 도담삼봉 감상하기 → ☑ 유람선 또는 모터보트 타고 남한강 즐기기

info 주소 충청북도 단양군 매포읍 삼봉로 644 **문의** 043-422-3037 **입장료** 없음 (주차료 3000원) **운영 시간** 09:00~18:00(연중무휴)

코스 03 만천하스카이워크

가슴 뻥 뚫리는 경치를 만나는 방법

산봉우리에 우뚝 선 만천하스카이워크는 나선형으로 독특하게 지은 것이 특징이다. 빙글빙글 이어진 길을 따라 전망대 꼭대기에 올라서면 남한강과 단양 시내 풍경이 360도로 펼쳐지면서 가슴이 뻥 뚫린 듯 시원하다. 전망 덱은 바닥을 유리로 마감해 발아래로 남한강이 구불구불 흘러가는 모습이 아찔하면서 하늘을 걷는 듯한 기분까지 든다. 맑은 날이면 소백산까지 조망할 수 있다.

---

info 주소 충청북도 단양군 적성면 옷바위길 10 **문의** 043-421-0014 **입장료** 스카이워크 어른 4000원, 청소년·어린이 3000원 **운영 시간** 하절기 09:00~18:00, 동절기 09:00~17:00(폐장 1시간 전 매표 마감, 당일 기상 여건에 따라 관람 제한이 있을 수 있음) / 월요일 휴무

☑ 나선형 전망대에 오르며 층마다 혹은 위치마다 다르게 보이는 풍경 감상하기 → ☑ 전망대 꼭대기에 올라 유리 바닥 덱에서 인생 사진 남기기

코스 04 단양강 잔도 

**남한강
물길 따라
'아슬아슬'
트레킹**

잔도는 '험한 벼랑 같은 곳에 선반을 매달아놓은 듯이 만든 길'이라는 뜻으로 그동안은 접근하기 어려웠던 남한강 암벽을 따라 약 1.2km의 단양강 잔도가 조성되었다. 흐드러지게 핀 꽃나무와 호젓한 강물이 어우러진 남한강 풍경을 감상하며 천천히 걷다 보면 모든 스트레스가 날아가고 마음에 평화가 찾아온다. 야간 조명을 설치해 저녁이면 운치 있는 잔도를 감상할 수 있다.

info 주소 충청북도 단양군 적성면 애곡리 산18-15 **문의** 043-422-1146 **입장료** 없음 **운영 시간** 24시간(연중무휴)

☑ 천천히 걸으며 자연의 아름다움 즐기기 → ☑ 산책로 곳곳에 설치된 식물 소개 자료 읽어보기 → ☑ 잔도길과 어우러진 남한강의 풍경을 배경 삼아 사진 찍기

건강한 음식을 만드는
가마골쉼터

단양의 중심가에서 조금 벗어난 산 아래, 향토 음식 경연 대회에서 수상한 향토 음식 지정 업소라는 팻말을 단 가마골쉼터가 있다. 가마골에서 자란 쑥을 넣어 반죽한 쫄깃한 면발에 단양에서 재배한 감자, 들깨로 만든 들깨감자옹심이와 감자 100%로 만든 겉바속촉 감자전이 일품이다.

주소 충청북도 단양군 가곡면 새밭로 547-8 **문의** 043-422-8289 **가격** 들깨 국물에 감자옹심이와 쑥칼국수가 어우러진 들깨감자옹심이 1만1000원, 감자전 1만1000원 **영업시간** 11:30~19:00 **주차장** 있음

마늘 향이 듬뿍 밴 통닭
단양구경시장

단양구경시장은 시골의 향스가 느껴지는 단양에서 규모가 가장 큰 전통시장이다. 단양은 마늘 산지로도 유명해서 어디를 가도 크고 작은 마늘이 널려 있고, 마늘을 넣은 마늘만두와 마늘순대 등 다양한 먹거리가 즐비하다. 식을수록 더 바삭하고 맛있다는 마늘닭강정이 대표 먹거리다.

주소 충청북도 단양군 단양읍 도전5길 31 **문의** 043-422-1706 **가격** 식을수록 더 바삭하고 맛있는 통마늘 닭강정 2만 원, 통마늘 프라이드치킨 1만8000원 **영업시간** 08:00~20:00(연중무휴) **주차장** 있음(공영 주차장)

구름 위 크로플 맛집
구름위의산책

단양패러마을에서 꼬불꼬불한 산길을 달리다 보면 구름위의산책을 만날 수 있다. 야외 테이블에 앉아 커피를 즐기며 하늘을 올려다보면 무지개빛 파라슈트에 몸을 의지한 채 하늘 위 산책을 즐기는 사람들의 모습을 볼 수 있다. 카페 대표 메뉴인 인생 크로플도 놓치지 말자.

주소 충청북도 단양군 가곡면 두산길 179-18 **문의** 0507-1343-9708, 야외 반려견 동반 가능 **가격** 프리미엄급 크루아상 생지로 만든 인생 크로플 2만 원, 아메리카노 5000원 **영업시간** 하절기 10:00~19:00, 동절기 10:00~18:00(화요일 휴무) **주차장** 있음

자연에 파묻혀 차박 하기 좋은 곳

단양생태체육공원

단양생태체육공원은 무료로 운영하는 노지 차박지 가운데 관리가 잘되어 있기로 유명한 곳이다. 노지 차박지에서는 보기 힘든 개수대와 오수대, 분리수거장, 수세식 화장실이 있고, 잔디 축구장과 생태 습지까지 갖추었다. 공간 또한 넓어 성수기 주말만 아니라면 편하게 이용할 수 있다. 앞으로는 남한강과 그 위에 놓인 삼봉대교, 그리고 산 뷰, 강 뷰, 잔디 뷰가 동시에 가능한 뷰 맛집이다. 아름다운 일몰로도 유명한데 해가 진 후에는 삼봉대교에 조명을 밝혀 더욱 운치 있다.

"단양에는 다리안관광지와 소선암오토캠핑장 등 경관이 좋은 캠핑장이 많지만 단양생태체육공원은 샤워 시설을 제외하고는 규모나 시설 면에서 일반 캠핑장과 비교해도 손색없는 멋진 노지 차박지였어요. 아이와 반려견이 있어서 넓은 잔디밭이 가장 인상적이었고, 아름다운 일몰 풍경이 너무 예뻤어요."

자연, 힐링, 캠핑, 일몰, 야경

info 주소 충청북도 단양군 단양읍 별곡리 92 **문의** 043-420-3114(단양군청) **가격** 없음 **영업시간** 24시간(연중무휴)

편의 시설 주차장 O, 편의점/마트 X, 식당 X, 화장실 O, 샤워 X, 취사 O, 전기 X, 덱 X, 사이드 주차 O, 반려동물 O

체크 사항 · 경비행기 활주로로도 활용하는 곳이기 때문에 땅이 단단해 팩을 박기 어려우니 망치나 여분의 팩을 준비하면 좋다. · 넓은 공간에 비해 화장실이 매우 작으니 휴대용 화장실이 있다면 가져가는 것이 편하다. · 풀숲이 가까워 유난히 날벌레가 많으니 피부에 바르는 해충 기피제와 살충제를 꼭 챙기자.

양양

한국 서핑의 진정한 메카

서울에서 차로 2시간이면 닿을 수 있는 양양의 바다는 서핑의 메카다. 서핑 전용 프라이빗 비치인 서피비치와 새로운 서핑의 성지인 젊은 인구해변이 동해의 서핑 트렌드를 이끌고 있다. 감각적인 음식점이 하나둘 들어서 더욱더 재미 넘치는 양양의 매력에 빠져보자.

01 낙산사

해수관음상 앞 절벽에서 시원한 동해 바다 감상하기

18km
21분

02 서피비치

국내 최고의 서프 스쿨에서 다양한 액티비티 즐기기

1.4km
3분

03 하조대해수욕장

투명한 바닥 아래로 보이는 아찔한 풍경 감상하기

7.9km
9분

04 인구해수욕장

개성 넘치는 식당과 카페에서 시간 보내기

도보
10분

05 죽도정

죽도 전망대에 올라 양양의 청정 바다 감상하기

코스 01 낙산사 

꿈이 이루어지는 길

동해 바다 앞 오봉산 자락에 자리한 낙산사는 신라 문무왕 때 창건된 절이다. 바닷가 절벽 위 소나무와 어우러져 해돋이로 유명한 의상대를 비롯해 홍련암, 해수관음보살상 등 볼거리가 많아 연중 관광객들의 발길이 이어진다. 바다와 산을 함께 품었기에 숲의 따뜻함과 바다의 청량함을 동시에 느낄 수 있다. 은은하게 들려오는 종소리는 마음을 평온하게 해준다.

info 주소 강원도 양양군 강현면 낙산사로 100 **문의** 033-672-2447 **입장료** 없음(주차비 4000원) **운영 시간** 06:00~17:30(연중무휴)

☑ 일출 명소이자 아름다운 절경을 자랑하는 의상대 올라가기 → ☑ 홍련암과 모든 관음상이 봉안된 보타전 둘러보기 → ☑ 낙산사의 랜드마크인 해수관음보살상 돌아보기

코스 02 서피비치

연간 수십만 명이 찾는 '강원도 대표 어트랙션', '강원도 여행을 계획하는 이들이 가장 가고 싶어 하는 곳 1위'는 서피비치를 따라다니는 수식어다. 일반인에게는 공개되지 않았던 프라이빗 비치였던 곳이 40년 만에 서피비치로 문을 열었다. 서핑 전용 해변과 스위밍 존, 빈백 존, 해먹 존 등 바다의 향기를 가득 느낄 수 있는 공간으로 구성되었다. 머무는 것 자체로 짜릿한 자유가 느껴진다.

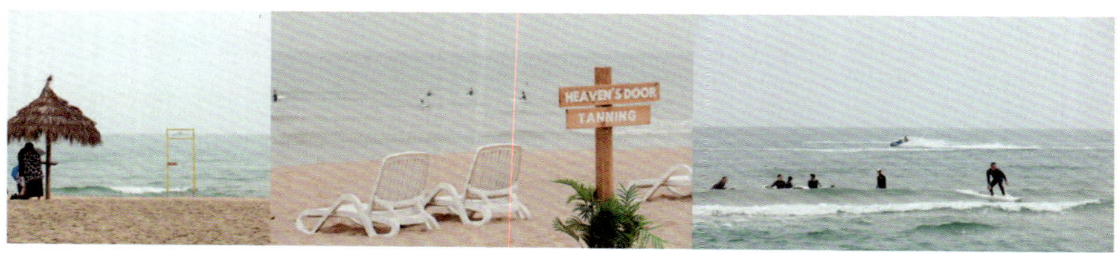

info 주소 강원도 양양군 현북면 하조대해안길 119 **문의** 033-672-0695 **입장료** 없음 **운영 시간** 일~목요일 10:00~24:00, 금~토요일 10:00~02:00(절기별 일몰 시간에 따라 유동적)

 **이렇게 여행하자**

☑ 빈백 존에서 빈백에 누워 서퍼들의 모습 구경하기 → ☑ 라운지에서 시원한 칵테일 한잔에 하와이안 피자 즐기기 → ☑ 해변 내 상점에서 이국적인 소품 구경하기

코스 03 하조대해수욕장

고운 모래사장 위를 걸을 때마다 발자국이 푹푹 새겨진다. 한눈에 담기도 어려운 넓은 해변, 유난히 파란 바다 빛깔이 바다 앞 기암절벽과 어우러져 아름다운 절경을 자랑한다. 백사장 규모가 크고 수심이 깊지 않아 아이를 동반한 가족관광객이 눈에 많이 띈다. 해변 오른쪽에는 바위섬과 방파제가 있어 낚시를 즐기기 좋으며, 해변 뒤쪽에는 시원한 그늘이 되어주는 솔숲이 있다.

info 주소 강원드 양양군 현북면 하광정리 **문의** 033-670-2398(양양군 종합관광안내소) **입장료** 없음 **운영 시간** 24시간(연중무휴)

이렇게 여행하자

☑ 광활한 해변에 텐트 하나 펼쳐놓고 나른히 시간 보내기 → ☑ 고운 모래에 물을 섞어 모래 놀이 해보기 → ☑ 하조대스카이워크과 해안 산책로 걸으며 멋진 바다 감상하기

코스 04 인구해수욕장

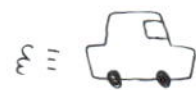

서핑을 즐기는 가장 트렌디한 방법

대나무가 울창한 죽도를 중심으로 북쪽이 죽도해수욕장, 남쪽이 인구해수욕장이다. 바다로 거침없이 뛰어드는 서퍼들과 감각적인 인테리어의 카페 혹은 펍에서 자유롭게 시간을 보내는 히피들의 모습이 어우러진, 새로운 서핑 성지다. 해수욕장 앞에는 커피와 술을 즐길 수 있는 카페와 펍이 즐비하고, 아기자기한 소품 숍이 있어 거리에 활력이 넘친다.

info 주소 강원도 양양군 현남면 **문의** 033-670-2397(양양군 종합관광안내소) **입장료** 없음 **운영 시간** 06:00~24:00

☑ 시원한 소나무 아래 캠핑 체어 펴놓고 서핑하는 모습 구경하기 → ☑ 20~30분이면 돌아볼 수 있는 아기자기한 동네 구경하기

코스 05 죽도정

작은 섬이 보여주는 크나큰 존재감

사시사철 송죽이 울창한 작은 섬, 우아해 보이는 정자에 오르면 오직 파도 소리만 들려온다. 가만히 눈을 감고 소리를 감상하자면 진한 솔 향과 죽 향이 코를 간지럽힌다. 죽도는 원래 완벽하게 독립된 섬이었다고 전해지나 현재는 육지와 접해 더 이상 섬은 아니다. 사계절 송죽이 울창해 죽도라는 이름이 붙었으며 송죽 향이 솔솔 풍기는 산책로와 둘레길이 유명하다.

info 주소 강원도 양양군 현남면 인구항길 24 **문의** 033-670-2397(양양군 종합관광안내소) **입장료** 없음 **운영 시간** 24시간 (연중무휴)

☑ 한 걸음 한 걸음 솔 향 맡으며 죽도정 오르기 → ☑ 죽도정 전망대 올라 동해의 청정 바다 감상하기

양양송이의 향기를 담은
송이골

대표 송이 산지인 양양에 위치한 송이골은 양양송이를 메인으로 제철 산나물과 무침, 전통 장아찌와 생선구이를 돌솥밥과 함께 정갈하게 차려낸다. 특히 소나무와 공생하며 자란 자연산 송이는 향이 짙고 육질이 단단해 깊은 풍미를 더한다.

주소 강원도 양양군 손양면 동명로 4 송현리 234-1 **문의** 0507-1309-8040 **가격** 송이돌솥밥과 정갈한 반찬들이 차려 나오는 송이돌솥정식 2만 원, 송이전골 3만 원 **영업시간** 09:00~20:00, 브레이크 타임 14:00~17:00, 화요일 휴무 **주차장** 있음

정원이 있는 바다 카페
에센시아

에센시아는 바로 앞으로는 청량한 소나무 숲이, 그 너머에는 찰랑이는 바다가 보이는 바다 앞 카페다. 안쪽에는 아기자기한 정원이 있어 햇살이 내리쬘 때면 싱그러움을 더한다. 트로피컬, 시그너처, 다크 로스트 블렌드 중 원하는 원두 타입을 골라 취향에 맞는 커피를 마실 수 있다.

주소 강원도 양양군 양양읍 해맞이길 95-21 **문의** 010-4346-9521 **가격** 아메리카노 6500원 **영업시간** 월·수~목요일 10:00~18:00, 금~토요일 09:00~19:00, 일요일 09:00~18:00, 화요일 휴무 **주차장** 있음

서핑 후 마시는 맥주 한잔
싱글핀 에일웍스

싱글핀 에일웍스는 국내 소규모 양조장에서 생산하는 수제 맥주를 판매하는 크래프트 비어 전문점으로 서핑과 자연을 사랑하는 브루어와 요리사가 만나 2015년에 오픈한 곳이다. 낮에 먹기 좋은 도수 낮은 맥주부터 대동강, IPA 등 다양한 맥주와 피자가 맛있기로도 유명하다.

주소 강원도 양양군 현북면 하조대2길 48-42 **문의** 0507-1465-1175 **가격** 시카고에 온 듯한 느낌을 주는 페퍼로니 시카고 피자 2만8500원, 선샤인 골든 에일 6500원 **영업시간** 11:00~22:00, 라스트 오더 21:00, 브레이크 타임 15:00~17:00 **주차장** 있음

이토록 고요한 새벽 바다

낙산해변야영장

양양 낙산해변야영장은 눈앞에 펼쳐지는 동해 바다와 해송 숲이 어우러진 풍경 속에 자리 잡고 있다. 낙산해수욕장 백사장 바로 앞에 있으며 소나무 그늘 아래 펼쳐진 송림 사이트는 한여름에도 시원하고 평화로워 자연 속 쉼표 같은 시간을 선물한다. 또한 파쇄석 사이트도 있어 자동차로 캠핑하는 캠퍼들에게도 안성맞춤이다. 낮에는 시원한 바람이 솔솔 불어오고 밤이 되면 별빛이 머무는 바다와 조용한 솔숲이 어우러져, 하루 종일 낭만으로 채워진다.

"소나무 숲속에 텐트를 펼치고 바다를 바라보며 파도 소리를 듣고 있자면 잠이 솔솔 와요. 성수기에는 사람이 많아 자리 경쟁을 해야겠지만, 바다 캠핑을 즐기기에 좋은 캠핑장입니다. 편의 시설이 가까이 있는 것도 최고의 장점이에요."

휴양, 힐링, 바다, 송림

info 주소 강원도 양양군 양양읍 해맞이길 125 **문의** 010-5379-4461(낙산해변운영위원회) **가격** 오토캠핑 5만 원, 송림캠핑사이트 3만5000원(전기 사용시 5000원 추가) **영업시간** 입실 14:00, 퇴실 11:00
편의 시설 주차장 O, 편의점/마트 X, 화장실 O, 샤워 O, 취사 O, 전기 O, 데크 X, 사이드주차 O, 반려동물 X
체크 사항 해수욕을 즐기기 좋으니 수영 용품을 준비해 가면 좋다.

정선

다이내믹한 체험의 도시

아리랑으로 대표됐던 정선이 다이내믹한 도시로 변모했다. 더없이 평화로워 보이는 풍경 뒤에 레일바이크, 스카이워크와 짚와이어, 그리고 짜릿한 스피드를 즐길 수 있는 카트 체험까지 다양한 액티비티가 숨어 있다. 스트레스를 날려줄 스릴 있는 체험과 조용한 힐링, 정선에 다 있다.

정선 레일바이크

철로 위 포토 타임에 찍은 사진 꼭 확인해보기

29km
35분

병방치 스카이워크

스카이워크 걸으며 동강을 제대로 느끼기

20km
26분

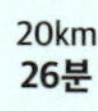

화암카트체험장

바람을 가르며 즐기는 짜릿한 자동차 경주 체험해보기

34km
41분

삼탄아트마인

옛날 광부들의 옷과 도구 체험해보기

코스 01 정선 레일바이크

바람을 가르며 달리는 경험

정선 레일바이크는 정선을 대표하는 낭만적인 액티비티 중 하나다. 출발역은 구절리 역으로 종착역인 아우라지역까지 실제로 석탄을 나르는 기차가 다녔던 옛 철길을 시속 약 15~20km로 달린다. 레일바이크에 올라 네발자전거를 타고 철길 위로 높게 뻗은 나무 사이와 강물 위로 난 철교를 지나며 아름다운 정선의 숲과 계곡, 평온한 농촌 풍경을 감상하기 좋다.

info 주소 강원도 정선군 여량면 노추산로 745 **문의** 033-563-8787 **입장료** 레일바이크 2인승 3만 원, 4인승 4만 원 **운영 시간** 3~10월 1회 차 10:30 / 2회 차 13:00 / 3회 차 14:50 / 4회 차 16:40, 11~2월 3회 차까지만 운영(수요일 휴무)

⊙ 이렇게 여행하자

☑ 구절리역에서 옛 역사와 독특한 디자인의 카페 구경하기 → ☑ 레일바이크에 올라 정선의 물, 계곡, 마을 풍경 즐기기

코스 02 병방치스카이워크와 짚와이어

하늘에서의 자유

정선 스카이워크는 병방치 절벽 위에 U자형으로 설치된 정선의 명물이다. 스카이워크의 끝에 서면 한반도 모양의 밤섬을 동강 물줄기가 감싸안고 흐르는 비경을 만날 수 있다. 짚와이어는 최대 120km/h 속도로 바람을 타고 활강하며 스릴을 즐길 수 있는 액티비티다. 정선의 아름다운 풍경 속에서 즐기는 짜릿한 쾌감은 잊지 못할 추억을 선사할 것이다.

⊙ 이렇게 여행하자

☑ 스카이워크 체험하며 밤섬의 한반도 지형 감상하기 → ☑ 전망대에서도 다른 각도의 풍경 감상하기 → ☑ 짚와이어 타고 하늘을 나는 스릴 있는 체험 해보기

info 주소 강원도 정선군 정선읍 병방치길 225 **문의** 033-563-4100 **입장료** 스카이워크 어른 2000원, 청소년, 어린이 1000원, 짚와이어 3만5000원 **운영 시간** 하절기 09:00~18:00, 동절기 09:00~17:00 / 연중무휴(당일 기상 여건에 따라 관람 제한이 있을 수 있음)

코스 03 화암카트체험장 

자동차 경주의 스릴 체험

화암카트체험장은 화암동굴 관광지에 조성된 레포츠 시설이다. 카트는 자동차를 축소한 미니 자동차로 언뜻 보기에 차체도 작고 장난감같이 보이지만, 지축을 흔드는 굉음을 내면서 시속 100km 속도로 달릴 수 있고, 특히 지면과 가까워 속도감이 엄청나다. 카트를 타고 아스팔트로 포장된 카트 경기장을 달리며 쌓인 피로와 스트레스를 훌훌 털어버리자.

info 주소 강원도 정선군 화암면 소금강로 973 **문의** 033-560-3410 **입장료** 1인승 1만2000원, 2인승 1만7000원 **운영 시간** 09:30~16:30, 브레이크 타임 11:30~12:30(연중무휴)

이렇게 여행하자

☑ 카트 체험 관련 안전 교육 받기 → ☑ 속도감을 느끼며 신나게 카트 체험하기 → ☑ 바로 옆 화암동굴 관광하기

코스 04 삼탄아트마인

**폐광에
불어넣은
예술의 바람**

삼탄아트마인은 1964년 운영을 시작한 삼척탄좌 정암광업소가 다시 태어난 곳이다. 삼척탄좌의 줄임말인 '삼탄'과 예술을 뜻하는 '아트', 광산을 의미하는 '마인', 이 세 단어를 합쳐 삼탄아트마인이라는 이름을 만들었고, 폐광에서 문화 예술 공간으로 거듭났다. 함백산의 아름다운 풍광을 조망할 수 있는 라운지 카페와 박물관, 미술관, 그리고 아트레지던스 룸으로 구성되어 있다.

info **주소** 강원도 정선군 고한읍 함백산로 1445-44 **문의** 033-591-3001 **입장료** 어른 1만 3000원, 중고등학생 1만1000원, 어린이 1만 원 **운영 시간** 4~7월, 9~11월 09:00~17:30, 8월 09:00~19:00, 12~3월 09:30~17:30 / 월·화요일, 1월 1일, 설날·추석 당일 휴관

⊙ 이렇게 여행하자

☑ 아트센터 구석구석 관람하기 → ☑ 삼탄아트마인 로고 앞에서 인생숏 찍기 → ☑ 삼탄아트마인이 한눈에 내려다보이는 라운지 카페에서 잠시 여운을 느끼기

정선의 한정식 명가
옥산장 돌과이야기

옥산장은 이름에서 느껴지는 것처럼 여관과 음식점을 같이 운영하는 토속 음식점이다. 정선의 주 특산품인 곤드레를 넣어 정성스레 지은 곤드레밥과 정선의 약초와 산나물로 만든 기본 반찬, 전, 감자붕생이, 감자송편, 도토리무침을 가득 차려 내오는 곤드레밥정식이 가장 유명하다.

주소 강원도 정선군 여량면 여량3길 79 **문의** 033-562-0739 **가격** 곤드레밥과 함께 정선의 토속 반찬을 차려 내오는 곤드레밥한정식 2만 원, 더덕구이 1만 원 **영업시간** 08:00~19:00, 브레이크 타임 15:00~16:30(첫째·셋째 주 월요일 휴무) **주차장** 있음

모둠전과 콧등치기로 유명
정선아리랑시장

정선5일장은 오랜 역사와 함께 옛 시골 장터의 모습을 그대로 간직하고 있어 의미가 깊다. 정선 5일장에서는 녹두전, 수수부꾸미, 메밀전 등이 함께 나오는 모둠전과 김치, 오이를 얹은 콧등치기가 가장 인기가 좋아 어디서든 전을 굽는 아주머니들의 모습을 볼 수 있다.

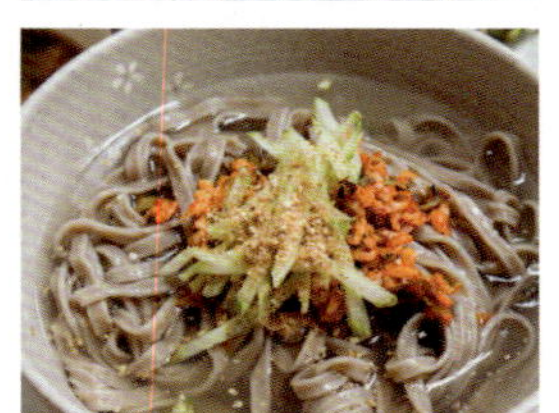

주소 강원도 정선읍 5일장길 40 **문의** 1544-9053(정선군 관광안내소) **가격** 다양한 전을 한 번에 즐길 수 있는 모둠전 1만 원, 콧등치기 7000원 **영업시간** 토요일, 2·7일로 끝나는 날 09:00~18:00 **주차장** 있음(정선공설운동장 주차장 이용)

다육이 카페
뒤뜰

정선에는 앙증맞은 다육식물이 가득한 카페이자 한옥 카페 '뒤뜰'이 있다. 인테리어 또한 한옥의 미를 담아 정갈하게 꾸며놓았고 마당의 유리정원에는 형형색색 예쁜 화분에 담긴 다육식물이 따스한 햇볕을 받으며 건강하게 자라고 있다.

주소 강원도 정선군 북평면 북평4길 43-1 **문의** 0507-1446-2032 **가격** 고소한 맛의 부드러운 아메리카노 3500원, 쌍화차 7000원 **영업시간** 월~토요일 10:30~18:00, 일요일 10:30~14:00 **주차장** 없음(인근 골목 및 대로 주차 가능)

하늘 위에서 즐기는 차박

육백마지기

육백마지기는 '볍씨 육백 말을 뿌릴 수 있을 정도로 넓은 평원'을 뜻하는 말로 축구장 6개를 합친 넓이의 청옥산 정산 평원을 가리킨다. 거친 땅을 개간해 한국 최초의 고랭지 채소밭을 만든 것이 시초이며, 자동차로 산 정상까지 쉽게 오를 수 있는데, 정상에 오르면 발아래 펼쳐지는 탁 트인 경관이 하늘 위에 둥실 떠 있는 듯한 기분이 들게 한다. 곳곳에 포토 존이 있어 주말이면 차크닉을 즐기는 캠퍼뿐 아니라 많은 관광객이 찾는다.

"워낙 유명한 곳이라 잔뜩 기대하고 갔는데, 차에서 내리기도 전에 차창 밖 풍경을 보며 그 이유를 알겠더라고요. 데이지가 만개한 봄이어서 더욱 하얗게 빛나기도 했지만 풍력발전기를 배경으로 눈앞에 펼쳐진 광경이 비현실적으로 웅장해서 잠시 말을 잇지 못할 정도였어요. 현재 차박은 어렵지만 피크닉, 차크닉은 언제라도 가능하니 절대 놓쳐서는 안 될 육백마지기의 일몰을 즐겨보세요."

 **자연, 힐링, 캠핑, 일몰, 야경**

info 주소 강원도 평창군 미탄면 회동리 1-18 **문의** 033-330-2771(평창군 종합관광안내소) **가격** 없음 **영업시간** 24시간(연중무휴)

편의 시설 주차장 O, 편의점/마트 X, 식당 O, 화장실 O, 샤워 X, 취사 X, 전기 X, 덱 X, 사이드 주차 O, 반려동물 O

체크 사항 · 공식 주차장 외에 육백마지기를 오르는 길에 있는 공터에서는 차박이 가능하다. 하지만 고도가 높은 지대이기 때문에 어두운 밤이라면 주차할 공간을 세심히 확인한 후 진입해야 한다. · 비포장도로를 올라가야 하기 때문에 차가 심하게 흔들리고 승용차라면 차체 하부가 손상될 수 있다는 점은 감수해야 한다.

훌쩍 떠나는
식도락
드라이브

강화

오랜 역사와 문화가 살아 숨 쉬는 곳

서울에서 1시간이면 닿는 강화도에는 한국 최초의 한옥 성당인 대한성공회 강화성당과 아픈 역사를 간직한 강화 고려궁지, 신비로움을 간직한 보문사까지 도시 곳곳에 의미 있는 건축물이 가득하다. 오랜 역사와 문화의 깊이만큼 음식 또한 특별한 강화에서의 하루는 더욱 알차다.

Drive Course · 이동 거리 **32km** · 소요 시간 **53분** · 전체 코스 **8시간**

01 강화고려궁지

외규장각에 들러 희귀한 의궤 및 서적 둘러보기

도보 6분

02 대한성공회 강화성당

성당 입구 돌계단 앞에서 사진 찍기

도보 4분

03 용흥궁

내부까지 구석구석 둘러보기

8km 11분

04 강화고인돌유적

강화역사박물관, 자연사박물관 함께 둘러보기

24km 32분

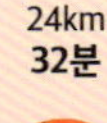

05 보문사

눈썹바위에 새겨진 마애관음좌상 보러 가기

코스 01 강화고려궁지

강화고려궁지는 몽골의 침략에 대항하기 위해 강화도로 옮겨진 도읍 터로 개성으로 환도 할 때까지 38년간 사용되었다. 지금은 조선시대 관아 건물 역할을 했던 강화유수부인 동헌과 병인양요 때 소실되었다가 복원된 왕실 관련 서적을 보관했던 외규장각 등이 남아 있으며 왕실이나 국가 주요 행사의 내용을 정리한 의궤가 매우 인상 깊다. 고즈넉한 풍경 속을 거닐며 산책하기에 좋다.

info 주소 인천시 강화군 강화읍 북문길42 **문의** 032-930-7078 **입장료** 어른 1200원, 청년·어린이 900원 **운영 시간** 09:00~18:00(연중무휴)

⊘ 이렇게 여행하자

☑ 강화유수부 동헌 내에 재현되어 있는 모습 관람하기 → ☑ 동헌 뒤쪽 궁궐 터 거닐기 → ☑ 외규장각에서 의궤 관람하기 → ☑ 강화동종과 강화유수부 이방청 둘러보기

코스 02 대한성공회 강화성당

서구 기독교와 강화도의 문화가 잘 어우러진 대한성공회 강화성당은 한옥 교회 건물로는 가장 오래된 것이다. 성당 외부는 동양의 불교 사찰 양식으로 지어 영락없는 전통 조선 집이고 내부는 서유럽의 바실리카 양식으로 꾸민 기독교의 전통 예배 공간으로, 유럽식이지만 동서양의 미를 조화롭게 섞어 매력적이다. 예배당 안에 들어서면 켜켜이 쌓인 시간의 흐름이 느껴져 숙연해진다.

info 주소 인천시 강화군 강화읍 관청길 22 **문의** 032-934-6171 **입장료** 없음 **운영 시간** 10:00~18:00(연중무휴)

⊘ 이렇게 여행하자

☑ 성당 입구 계단 난간에서 기념사진 찍기 → ☑ 성당 내부 둘러보기 → ☑ 우리나라 범종의 모습과 흡사하게 생긴 강화성당의 종 관람하기 → ☑ 성당 주변 돌담길 걷기

코스 03 용흥궁

철종이 어린 시절 살았던 곳

용흥궁은 조선 제25대 왕인 철종이 왕위에 오르기 전 19세까지 살던 집으로, 원래 초가집이었으나 철종이 보위에 오른 후 지금과 같은 기와집으로 단장하고 용흥궁이라 불렀다. 공간은 내전과 별전이 있으며 마당을 걸으면 어린 시절 이곳에서 뛰놀았을 철종의 어린 시절이 그려지는 듯하다. 용흥궁은 창덕궁의 연경당, 낙선재와 같이 살림집의 유형을 따라 지어 소박하고 순수한 느낌이 든다.

info 주소 인천시 강화군 강화읍 관청리 **문의** 032-930-3515 (강화군 관광안내소) **입장료** 없음 **운영 시간** 09:00~18:00(연중무휴)

✓ 이렇게 여행하자

☑ 용흥궁 내전과 별전 찬찬히 돌아보기 → ☑ 성공회 강화성당과 함께 한 코스로 돌아보기

코스 04 강화고인돌유적

강화를 대표하는 세계문화 유산

우리나라는 고인돌 왕국이라고 할 만큼 세계에서 고인돌이 가장 많이 남아 있다고 한다. 특히 강화고인돌유적은 밀집도가 높고 다양한 형식이 함께 존재한다는 점이 높이 평가되어 2000년 세계문화유산으로 등재된 곳이다. 넓고 평탄한 언덕 위에 우뚝 솟아 있는 거대한 바위가 멀리서 봐도 위용을 자랑한다. 여러 형태의 고인돌을 구경하며 산책하기에도 좋다.

info 주소 인천시 강화군 하점면 강화대로 994-12 **문의** 032-933-3624 **입장료** 없음(강화역사/자연사박물관 통합 입장권 어른 3000원, 어린이 2000원) **운영 시간** 24시간(연중무휴)

✓ 이렇게 여행하자

☑ 공원 중앙의 지석묘 돌아보며 자세한 설명 꼭 읽어보기 → ☑ 고인돌 코스를 따라 놓인 고인돌 찾아보기 → ☑ 강화역사박물관과 강화자연사박물관 관람하기

코스 05 보문사

석모도에는 볼거리가 많아 언제나 여행자들로 붐비는 보문사가 있다. 일주문을 지나 절에 오르면 부처님의 진신사리가 봉안되어 있는 사리탑과 백옥으로 만들어 화려한 오백나한, 열반하는 부처가 누워 있는 모습이 독특한 와불전이 있다. 보문사의 하이라이트는 가파른 계단을 올라야 볼 수 있는 눈썹바위 아래 새겨진 마애관음좌상이다. 특히 눈썹바위에서 감상하는 서해의 경치와 석양이 장관이다.

info 주소 인천시 강화군 삼산면 삼산남로828번길 44 **문의** 032-933-8271 **입장료** 어른 2000원, 청소년 1500원, 어린이 1000원, 주차료 2000원 **운영 시간** 09:00~18:00(연중무휴)

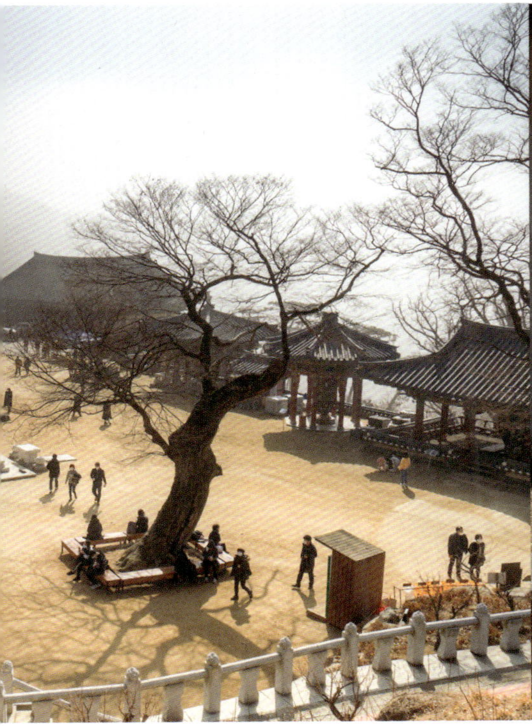

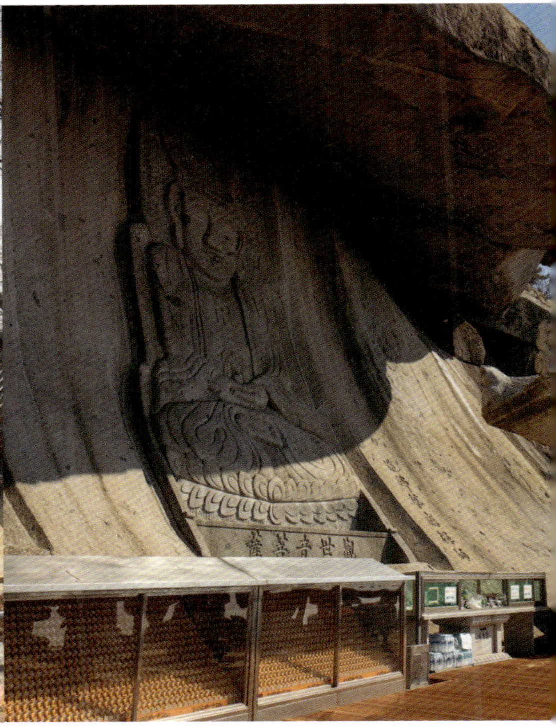

☑ **이렇게 여행하자**

☑ 사리탑 및 오백나한 돌아보기 → ☑ 누워 있는 부처인 와불이 자리한 와불전 돌아보기 → ☑ 가파른 계단을 올라 눈썹바위에 새겨진 마애관음좌상 관람하기 → ☑ 서해 낙조 감상하기

살이 꽉 찬 꽃게가 일품
충남서산집

외포리꽃게마을에는 여러 꽃게 전문점이 있는데, 그중에서도 충남서산집은 강화 사람들에게 잘 알려져 있는 강화도 대표 꽃게 맛집이다. 꽃게가 우러난 시원한 국물과 칼칼한 양념의 조합도 일품이지만 단호박을 넣어 달달한 국물이 매력적이다.

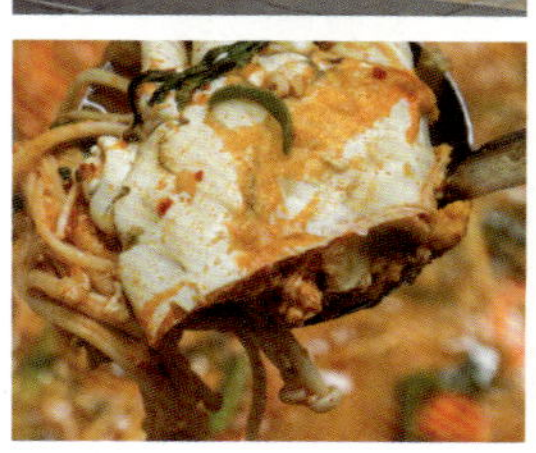

주소 인천시 강화군 내가면 중앙로 1200 **문의** 032-933-8403 **가격** 부드럽고 고소한 게살이 가득 찬 꽃게탕 소 6만 원, 간장게장 3만5000원 **운영 시간** 10:00~19:00, 브레이크 타임 15:00~15:30(둘째 주 월요일 휴무) **주차장** 있음

방직공장의 재탄생
조양방직

조양방직은 오래도록 방치된 방직공장 건물을 카페로 리모델링한 곳이다. 빛바랜 시멘트 건물 외관은 그대로 살렸고, 방직기계가 놓여 있던 기다란 작업대는 커피를 마시는 테이블이 되었다. 커피 한 잔 값으로 1930년 당시 건축물과 레트로 느낌의 인테리어를 자유로이 관람할 수 있다.

주소 인천시 강화군 강화읍 향나무길5번길 12 **문의** 032-933-2192 **가격** 커피 한 잔 값으로 즐기는 미술관 관람, 아메리카노 7000원 **영업시간** 평일 11:00~20:00, 라스트 오더 19:20, 주말·공휴일 11:00~21:00(연중무휴) **주차장** 있음

석양이 아름다운 카페
신송당

석모도에서 가장 큰 해수욕장인 민머루해수욕장 바로 앞에 베이커리 카페인 신송당이 있다. 카페 1층 외부에는 이국적인 분위기의 밀짚 파라솔과 코지한 소파가 놓여 있고, 테라스 존인 2층으로 올라가면 바다를 향해 탁 트인 전면 창이 맞아준다. 베이커리가 다양하고 커피 맛이 좋다.

주소 인천시 강화군 삼산면 어류정길212번길 7-4 **문의** 032-932-0882 **가격** 직접 농사지어 만든 착즙 사과주스 7500원, 아메리카노 6000원 **영업시간** 월~금요일 10:00~22:00, 토·일요일 09:30~22:00(연중무휴) **주차장** 있음

나만 알고 싶은 아담한 포구

미루지항

사람들로 복작대는 동막해수욕장을 지나서 해안을 따라 달리면 바닷바람과 갯벌 풍경이 어우러진 아담한 포구 미루지항을 만나게 된다. 방파제 옆으로는 작은 해변이 있고, 해변을 따라 드러난 다양한 모양의 기암괴석이 웅장하다. 항구를 따라 걷다 보면 강화나들길 20코스 구간이 이어져 천천히 걷기만 해도 힐링이 된다. 눈앞에 펼쳐진 넓은 갯벌, 마지막까지 뜨겁게 불사르는 석양, 그리고 하늘 위에 비행기가 어우러진 풍경이 하루의 피로를 날려주는 정겨운 공간이다.

"강화도는 섬이기 때문에 뷰가 좋은 차박지가 많을 것이라는 예상과 달리 적당한 곳을 찾기 어려웠어요. 석양을 보기 위해 5시부터 장소를 물색하고 다녔지만 찾지 못하고 헤매던 중 우연히 발견한 곳이에요. 화장실, 식수대 등 편의 시설이 아무것도 없어 사람도 없었어요. 너무 외진 곳에 있어 차박은 추천하지 않아요. 하지만 방파제 끝에 차를 세우고 즐겼던 풍경은 눈을 뗄 수 없었고, 조용히 차크닉을 즐기기 좋아요. 그 짧았던 순간이 오래 기억될 것 같아요."

 **휴양, 힐링**

info 주소 인천시 강화군 화도면 여차리 **문의** 032-930-3114(강화군 관광문화과) **가격** 없음(노지 캠핑) **영업시간** 24시간(연중무휴)

편의 시설 주차장 O, 편의점/마트 X, 화장실 X, 샤워 X, 취사 O, 전기 X, 덱 X, 사이드 주차 O, 반려동물 O

체크 사항 · 화장실 등 편의 시설이 없기 때문에 차박보다 해 질 녘까지 머무르며 노을을 보면서 차크닉을 즐기기에 좋다. 마을 안쪽에 있어 밤길이 어두울 수 있으니 낮에 도착할 것을 추천한다.

미식과 문화가 공존하는 곳

파주 여행은 임진각의 자유의 다리로 이어지는 자유로를 질주하며 시작된다. 파주출판도시, 헤이리를 거쳐 통일을 염원하며 통일로를 따라 달린다. 허기는 원기 회복에 좋은 장어로 채워보자. 제주에서 출발해 파주에서 점심을 먹고 백두산에서 잠들 날을 꿈꾸며 통일로를 질주해보자.

Drive Course · 이동 거리 **36.9km** · 소요 시간 **46분** · 전체 코스 **8시간**

01 파주출판도시

책 만드는 과정을 보여주는 체험 프로그램에 참여해보기

14km
16분

02 프로방스마을

곳곳에 만들어놓은 포토 존에서 추억 사진 찍기

1.2km
2분

03 헤이리예술마을

'죽기 전에 꼭 봐야 할 세계 건축 101'에 선정된 갤러리 MOA 방문하기

17km
18분

04 황희선생유적지

반구정에 올라 임진강의 절경 감상하기

4.7km
10분

05 임진각 관광지

임진각 평화 곤돌라 타고 민간인 출입 통제구역 감상하기

코스 01 파주출판도시

책과 문화 예술의 도시로 변모한 파주출판도시는 유명 출판사와 출판사에서 운영하는 책방, 가치 있는 책을 한데 모아 보존하고 관리하며 함께 보는 공동 서재인 지혜의 숲 등이 들어서 있다. 4층 이하의 무채색 건물들 사이로 샛강이 유유히 흘러 평화롭다. 한 권의 크고 아름다운 책처럼 구성된 북 시티에서는 오늘도 참다운 책 문화가 꽃피는 중이다.

info **주소** 경기도 파주시 회동길 145(지혜의 숲) **문의** 0507-1335-0144 **입장료** 없음, 주차료 시간당 2000원 **운영 시간** 10:00-20:00(연중무휴)

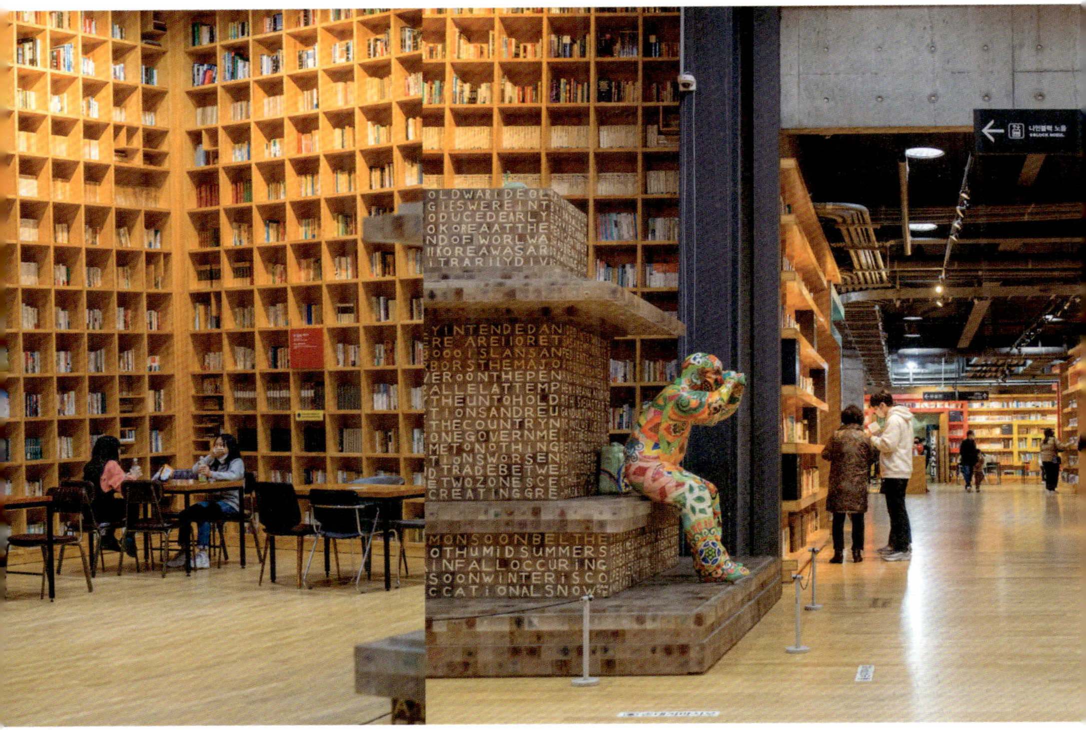

☑ 지혜의 숲에서 공간별 다른 매력 파헤쳐보기 → ☑ 북 카페에 들러 따뜻한 커피 한잔 하기 → ☑ 활판인쇄박물관에서 활판의 역사에 대해 알아보기 → ☑ 헌책방 투어하기

코스 02 프로방스마을

감성 넘치는
상점과
레스토랑이
즐비한 마을

프랑스 남부의 프로방스 마을을 닮은 이곳은 프랑스 레스토랑이 여럿 들어서면서 생긴 테마형 마을이다. 공간은 아기자기한 홈 & 리빙 관련 소품과 트렌디한 패션 잡화를 파는 상점, 프랑스 음식을 맛볼 수 있는 음식점과 카페가 곳곳에 들어서 있어 눈과 입이 즐겁다. 개성 있고 사랑스러운 포토 존에서 즐겁게 사진을 찍다 보면 시간이 어느새 훌쩍 지나버린다.

info **주소** 경기도 파주시 탄현면 새오리로 69 **문의** 0507-1363-6353 **입장료** 없음, 주차료 평일 2000원·주말 1시간 2000원(초과 1시간당 1000원) **운영 시간** 10:00~22:00(연중무휴)

◉ 이렇게 여행하자

☑ 길거리 상점 돌아보며 소품 구경하기 → ☑ 마음에 드는 포토 존에서 콘셉트 사진 찍기 → ☑ 정통 프랑스식 빵 먹어보기 → ☑ 고백터널에서 다섯 가지 사랑의 언어 따라 하기

코스 03 헤이리예술마을

예술과
문화의 숲

헤이리예술마을은 건축가, 음악인, 미술인 등 예술인들이 박물관과 공연장을 꾸미면서 탄생했다. 산과 구릉, 늪과 개천 등 자연 그대로의 모습을 유지하며 우리 꽃과 나무로 꾸민 마을에는 예술인들만의 톡톡 튀는 개성을 반영한 특색 있는 건물이 가득하다. 마을 길을 산책하다 보면 거리마다 예쁜 것들이 가득해 유혹을 뿌리치기 어렵다. 헤이리마을에서 '여유'라는 호사를 누려보자.

info **주소** 경기드 파주시 탄현면 헤이리마을길 70-21 **문의** 031-946-8551(헤이리 커뮤니티하우스) **입장료** 없음(갤러리, 박물관 입장료, 체험 드로그램 이용 요금 별도) **운영 시간** 24시간(휴무일 상점이나 공간마다 상이)

◉ 이렇게 여행하자

☑ 커뮤니티하우스에서 안내 책자 챙기기 → ☑ 마음에 드는 카페나 레스토랑에서 미식 즐기기 → ☑ 다양한 예술 공간 즐기기 → ☑ 마을 공원에서 풍경 감상하기

코스 04 황희선생유적지(반구정) 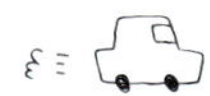

청백리의 표상

고려 말에서 조선 세종 시대까지 장기간 임금을 보필하고 정승까지 지낸 황희 선생이 관직에서 물러난 후 여생을 보낸 곳이다. 유적지에 들어서면 황희 선생의 삶과 사상을 한눈에 볼 수 있는 방촌기념관과 황희 선생상이 보인다. 오른쪽 나지막한 언덕 위에는 황희 선생이 갈매기를 벗 삼아 호젓한 시간을 보내던 반구정이 있다. 반구정에 올라 바라보는 임진강의 풍경은 한가롭고 평화롭다.

info 주소 경기도 파주시 문산읍 반구정로85번길 3 **문의** 031-954-2170 **입장료** 어른 1000원, 어린이 500원 **운영 시간** 3~10월 09:00~18:00, 11~2월 09:00~17:00(월요일 휴무, 월요일이 공휴일인 경우 다음 날 휴무)

⊙ 이렇게 여행하자

☑ 신삼문을 지나 황희 선생 영정이 있는 방촌영당과 월헌사 둘러보기 → ☑ 반구정에 올라 임진강 풍경 감상하기 → ☑ 방촌기념관에서 황희 선생의 업적 살펴보기

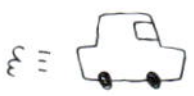 # 코스 05 임진각관광지

평화의 바람이 머무는 곳

휴전선이 불과 7km 전방에 있어 북한과 가장 가까운 곳인 임진각은 본래 북한에서 내려온 실향민들을 위해 세워졌으며, 통일의 염원을 담은 통일로의 종점이다. 자유의 다리, 독개다리, 경의선 증기기관차 등 당시의 아픔을 뼈저리게 느낄 수 있는 남북 분단의 상징물을 가까이에서 볼 수 있다. 언젠가 우리 국민 모두가 자유의 다리를 마음 놓고 건너갈 수 있는 날이 오기를 염원해본다.

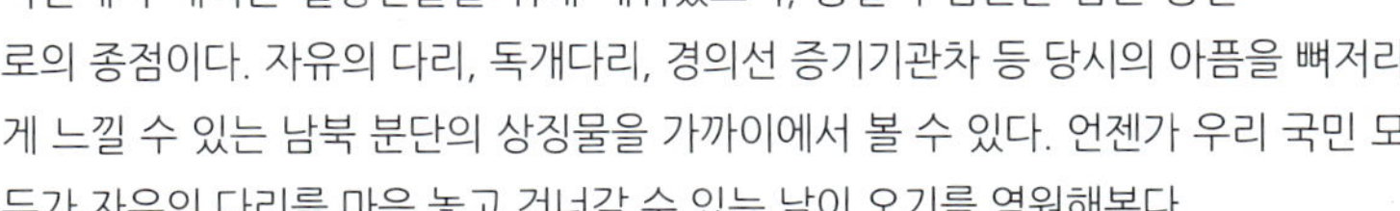

info 주소 경기도 파주시 임진각로164 **문의** 031-953-4744 **입장료** 없음(주차료 2000원), 평화 곤돌라 1만1000원 **운영 시간** 임진각 1층 09:00~18:00, 2층 전망대 09:00~22:00(연중무휴)

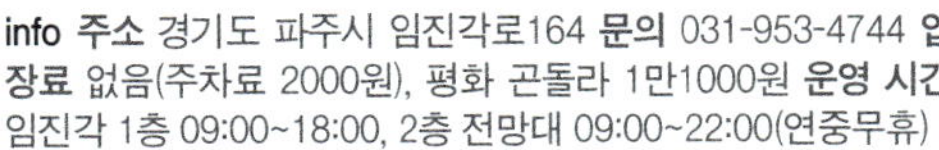

⊙ 이렇게 여행하자

☑ 관광안내소에 들러 임진각과 DMZ 관련 자료 훑어보기 → ☑ 임진각 전망대까지 오르며 주요 스폿 돌아보기 → ☑ 임진각 평화 곤돌라 타고 민간인 출입 통제선 둘러보기

장어의 명가
갈릴리농원

갈릴리농원은 1급수로 정수한 물을 사용해 뱀장어를 양식해서 공급한다. 이 장어를 '신천장어'라 부르는데 '신천'이라는 뜻은 친환경, 무소독, 무항생제로 직접 키운 국내산 장어를 일컫는 갈릴리농원의 브랜드명이다. 담백하면서도 깔끔한 맛으로 파주 맛집으로 꾸준히 사랑받고 있다.

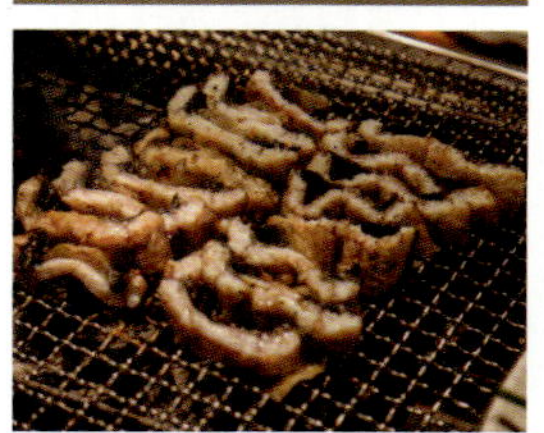

주소 경기도 파주시 탄현면 방촌로 1196 **문의** 031-942-8400 **가격** 무항생제로 직접 키운 국내산 장어 1kg 6만2000원(시세 변동) **운영 시간** 월~금요일 11:00~21:00, 라스트 오더 20:00 / 토·일요일 10:30~22:00, 라스트 오더 21:00(연중무휴) **주차장** 있음

자연의 깊고 구수한 맛
통일촌장단콩식당

통일촌장단콩식당은 파주 통일촌장단콩마을 내에 있는 장단콩 전문 식당이다. 영양기 풍부하고 맛이 좋아 임금님께 진상되기도 했던 유래 깊은 콩이다. 장단콩정식을 주문하면 콩을 금방 갈아 끓여낸 콩비지찌개, 된장, 청국장이 나와 한 번에 맛볼 수 있고, 밑반찬 또한 정갈하다.

주소 경기도 파주시 군내면 통일촌길 64 **문의** 031-954-3443 **가격** 장단콩의 다양한 맛을 즐길 수 있는 장단콩정식 2만6000원, 두부전골 4만8000원 **운영 시간** 11:00~16:30(명절 연휴 휴무) **주차장** 있음 ※ 민간인 통제구역에 위치해 신분증 필수

싱그러운 그리너리 카페
앤드테라스

앤드테라스는 압도적인 외관을 자랑하는 그리너리 카페다. 싱그러운 초록 나무들이 공간을 가득 채우고 있고 통창으로 들어오는 자연광이 카페만을 환하게 해준다. 2층은 벽면 책장에 책들이 꽂혀 있고 좀 더 코지한 의자가 놓여 있다. 다양한 음료와 브런치를 즐길 수 있다.

주소 경기도 파주시 오도로 91 **문의** 031-937-8612 **가격** 대표 메뉴 처음 한입부터 마지막까지 부드러운 카페라테 6500원, 가리비 관자 오일 파스타 2만 원 **영업 시간** 10:00~21:30, 라스트 오더 21:00(브런치 라스트 오더 19:00), 연중무휴 **주차장** 있음

임진각이 선물하는 아주 특별한 캠핑

임진각 평화누리캠핑장

바람과 철새가 남북을 자유롭게 오가는 곳, 임진각에는 평화누리와 수풀누리 사이에 저 멀리 DMZ를 바라보며 캠핑을 즐길 수 있는 평화누리캠핑장이 있다. 평화누리캠핑장의 가장 큰 장점은 캠핑장 자체의 드넓은 부지는 물론 평화누리공원과 인접해 공원 산책로, 놀이터 등을 오롯이 이용할 수 있다는 점이다. 잔디광장에서는 푸른 잔디 위에서 힘껏 뛰노는 아이들의 신이 난 모습이, 텐트 안에는 즐거운 대화와 웃음소리가 가득하다. 저녁이 되면 붉어지는 석양과 함께 늦은 밤까지 아름다운 추억이 소리 없이 쌓인다.

"파주 지역은 지형적 특성상 통제구역이 많다 보니 차박보다 안전한 캠핑을 추천하고 싶어요. 그런 면에서 임진각과 도라전망대 등을 돌아보기 편한 평화누리캠핑장은 여러모로 위치가 훌륭해요. 공간이 워낙 넓어서 그런지 옆 텐트의 소음도 잘 들리지 않았고, 전반적으로 조용한 편이어서 편히 쉴 수 있었어요. 특히 개수대, 샤워실, 화장실은 언제 가도 깨끗이 관리되어 있고, 온수 및 난방이 잘 들어와 겨울 캠핑도 전혀 문제가 없었어요."

 **휴양, 힐링, 관광**

info 주소 경기 파주시 문산읍 임진각로 148-40 **문의** 031-956-8350 **가격** 힐링캠핑 존 기준 1박 주중 4만 원, 주말·공휴일 5만 원 **영업시간** 입실 13:00, 퇴실 11:00
편의 시설 주차장 O, 편의점/마트 O, 화장실 O, 샤워 O, 취사 O, 전기 O, 덱 O, 사이드 주차 O(사이트별 상이), 반려동물 X
체크 사항 · 차량 진입이 가능한 곳과 아닌 곳이 구분되어 있으니 예약 전 이용 안내 등을 꼭 확인하자.

춘천

물의 도시 춘천에서 즐기는 식도락 여행

호반의 도시 춘천은 특히 7080 세대에게는 낭만 가득한 추억이 가득한 도시다. 춘천은 많은 문화인의 예술적 감수성을 깨워준 곳으로, 젊은 나이에 요절했지만 수많은 작품을 쓴 김유정 선생이 대표적이다. 호수와 강물을 따라 펼쳐지는 낭만 여행을 시작해보자.

01 김유정문학촌

레일바이크를 타고 옛 강촌 역까지 시원하게 달려보기

10km
16분

02 소양강 스카이워크

조명이 화려한 스카이워크 야경도 놓치지 말기

9.2km
17분

03 애니메이션 박물관& 토이로봇관

댄스 로봇 공연 즐기기

17km
19분

04 해피초원 목장

BTS가 시식한 패티가 두툼한 한우 버거 맛보기

코스 01 김유정문학촌

문학에 취해보자

'한국의 영원한 청년 작가' 김유정 선생의 고향이자 작품의 배경인 춘천 실레마을에는 김유정 생가와 기념관, 소설 속 배경을 담은 실레 이야기길이 조성되어 있다. 스물아홉이라는 젊은 나이에 가난과 병에 시달리다 결국 폐결핵과 영양실조로 생을 마감한 김유정 선생. 그럼에도 80여 년이 지난 이곳 실레마을에는 김유정역, 김유정우체국 등 마을 이곳저곳에 그의 흔적이 가득하다.

info 주소 강원도 춘천시 신동면 김유정로 1430-14 **문의** 033-261-4650 **입장료** 김유정 생가+김유정기념전시관+김유정이야기집 통합 입장권 어른 2000원(김유정폐역 및 문학촌 내부는 무료 입장) **운영 시간** 3~10월 09:30~18:00, 11~2월 09:30~17:00 (월요일, 1월 1일, 명절 당일 휴관)

✓ 이렇게 여행하자

☑ 김유정문학촌에서 김유정 생가, 김유정기념전시관, 김유정이야기집 등 돌아보기 → ☑ 실레 이야기길 산책하기 → ☑ 알록달록 예쁜 벽화와 포토 존으로 가득한 김유정역에서 사진 찍기 → ☑ 레일바이크 타고 북한강 절경 즐기기

코스 02 소양강 스카이워크

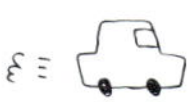

잔잔한 호수 위를 스릴 있게 걷는 시간

소양강 스카이워크는 소양강과 북한강의 물줄기가 만나 합쳐진 의암호 위로 시원하게 뻗은, 전체 길이 174m의 스카이워크다. 투명한 유리 바닥을 조심조심 지나 스카이워크 끄트머리에 도착하면 원형 광장과 날개처럼 뻗은 전망대가 있어 풍경을 감상하기 좋다. 또 원형 광장 맞은편에는 정해진 시간에 분수가 나오는 쏘가리 조각상이 있어 기념사진을 찍기 좋다.

info 주소 강원도 춘천시 영서로 2663 **문의** 033-240-1695 **입장료** 2000원(춘천사랑상품권 2000원 제공), 공영 주차장 1시간 1500원 **운영 시간** 3~10월 10:00~20:30, 11~2월 10:00~18:00, 연중무휴(기상에 따라 휴장 가능)

✓ 이렇게 여행하자

☑ 우뚝 서 있는 소양강처녀상 돌아보기 → ☑ 소양강 스카이워크 걸으며 낭만 만끽하기 → ☑ 스카이워크 끄트머리에 있는 쏘가리 조각상 앞에서 기념사진 찍기

코스 03 애니메이션박물관 & 토이로봇관

감성과
상상력을
자극하는
박물관

애니메이션박물관은 애니메이션에 관한 자료를 발굴해 보관 및 전시하고 연구함으로써 애니메이션이라는 장르에 대한 올바른 인식과 소중함을 일깨우고자 2003년 개관했다. 1층에는 애니메이션의 기원과 탄생 깇 발전, 제작 기법과 과정을 소개하는 코너가 있고, 2층에는 나라별 애니메이션 역사와 함께 핀 스크린 체험, 폴리 아티스트 체험 등 다양한 체험을 하는 공간이 마련되어 있다. 특히 방음벽이 설치된 실제 녹음실에 들어가서 원하는 애니메이션을 선택해 직접 더빙해보는 체험이 가장 인기가 좋다. 애니메이션 박물관 개관 이후에 생긴 토이로봇관은 아이들의 상상력을 더욱 자극한다. 로봇을 조작해 직접 움직여볼 수 있고 로봇 아바타가 내 움직임을 따라 하기도 한다. 드론 체험, 직접 조종이 가능한 카레이싱 체험 공간인 RC 자동차 랠리 등 IT 기술을 체험해볼 수도 있다. 토이로봇관의 하이라이트는 신나는 로봇 댄스 공연으로 DJ와 댄스 로봇 친구들이 어울려 춤추고 함께 즐길 수 있어 어른, 아이 모두에게 인기가 좋다. 박물관을 나오는 길에는 잠재되어 있던 우리의 상상력이 더 커져 있는 것을 확인하게 된다.

info **주소** 강원도 춘천시 서면 박사로 854 **문의** 033-245-6470 **입장료** 애니메이션박물관 + 토이로봇관 7000원 **운영 시간** 10:00~17:50(사전 예약제, 온라인 예약 잔여분에 한해 현장 발권 가능), 월요일 휴관(월요일이 공휴일인 경우 다음 날 휴관), 1월 1일, 명절 당일 휴관

이렇게 여행하자

☑ 애니메이션의 역사 및 제작 기법 등을 관람한 후 2층에서 관심 있는 체험 해보기 → ☑ 토이로봇관으로 이동해 다양한 체험 해보기 → ☑ 로봇 댄스 공연 놓치지 갈기

코스 04 해피초원목장

한국의 알프스

해피초원목장은 그림 같은 풍경 덕분에 '한국의 알프스'라 불리며 많은 사랑을 받고 있다. 강원한우를 방목하는 한우 체험 목장으로 강원한우와 양과 염소, 토끼, 닭 등의 동물을 가까이에서 보면서 먹이 주기, 당나귀 타기, 숲 놀이터 체험도 할 수 있다. 목장의 포토 존인 전망대에 오르면 드넓은 초원에서 동물들이 자유롭게 풀을 뜯는 광경과 그 너머 강물이 어우러진 아름다운 모습을 볼 수 있다.

info 주소 강원도 춘천시 사북면 춘화로 330-48 **문의** 033-244-2122 **입장료** 어른 8000원, 어린이 7000원 **운영 시간** 10:00~18:00(연중무휴)

☑ 동물 먹이 주기 체험해보기 → ☑ 산책로에 있는 방목 중인 양 떼에게 다가가보기 → ☑ 전망대에 올라 '한국의 알프스'를 전망으로 인생숏 찍고, 전망 감상하기 → ☑ 매점에서 한우버거 즐기기

춘천의 철판닭갈비 명가
우성닭갈비

1988년에 문을 연 우성닭갈비는 2대에 걸쳐 운영 중인 춘천 닭갈비원조집이다. 메뉴는 오로지 고추장 철판닭갈비와 막국수로 순수 100% 국내산 닭 다리살만 사용한다. 철판에 고추장 양념을 입힌 야들야들한 닭고기와 양배추, 고구마를 넣고 볶으니 맛이 없을 수가 없다.

주소 강원도 춘천시 동면 만천양지길 87 **문의** 033-242-3833 **가격** 원조 철판 닭갈비 1만5000원, 막국수 8000원 **운영 시간** 11:00~21:50, 브레이크 타임 15:00~17:00(주말, 공휴일 없음), 화요일, 명절 당일 휴무 **주차장** 있음

전통을 지킨 새로운 맛
토담숯불닭갈비

토담숯불닭갈비는 한국인에게 익숙한 전통적인 고추장 양념을 기반으로, 매운 음식을 잘 먹지 못하는 사람을 위한 간장닭갈비, 닭갈비 본연의 담백한 맛을 즐기고자 하는 사람을 위한 소금닭갈비를 개발했다. 알맞게 구워 밥 위에 올려 먹으면 고소한 닭갈비 본연의 맛을 즐길 수 있다.

주소 강원도 춘천시 신북읍 신샘밭로 662 **문의** 033-241-5392 **가격** 취향 따라 골라 먹을 수 있는 고추장, 간장, 소금숯불닭갈비 1인분 1만5000원, 막국수 7000원 **운영 시간** 10:30~21:30, 라스트 오더 20:30(연중무휴) **주차장** 있음

진짜 감자 같은 감자빵
감자밭

감자밭은 감자와 똑같이 생긴 감자빵으로 유명해진 곳이다. 카페 감자밭의 모든 빵은 당일 생산, 당일 판매를 원칙으로 해 신선한 빵을 맛볼 수 있다. 겉은 쫄깃하면서도 안은 촉촉한 감자빵과 감자라테를 함께 먹으면 건강해지는 듯한 기분이다. 햇빛이 내리쬐는 야외 꽃밭이 인기가 좋다.

주소 강원도 춘천시 신북읍 신샘밭로 674 **문의** 1566-3756 **가격** 강원도의 대표 특산품인 감자를 쏙 빼닮은 감자빵 3300원, 시그너처 감자라테 6000원 **영업 시간** 10:00~21:00, 라스트 오더 20:30(연중무휴) **주차장** 있음

전 사이트 리버뷰인 노지 캠핑장

한덕교

무지개 다리라고도 불리는 한덕교를 지나면 양쪽으로 길이 갈라지는데, 뷰가 마음에 드는 쪽으로 내려가면 된다. 사이트가 정해져 있지 않지만 공간이 워낙 넓기 때문에 모두 적당한 간격을 두고 차를 세워놓고 차크닉, 캠핑, 차박을 즐긴다. 아이들은 깨끗한 홍천강물에서 재미나게 물놀이를 즐기고, 낚시를 즐기는 강태공들의 모습도 보인다. 초록이 가득한 산과 파란 하늘, 그리고 잔잔하게 흐르는 강물을 바라보며 여유롭게 노지 캠핑을 즐길 수 있다.

"노지 캠핑으로 이미 춘천에서 많이 알려진 곳이라 사람들이 많았지만 공간이 넓어 언택트 여행을 즐길 수 있었어요. 수심이 깊지 않아 안전한 물놀이가 가능한 곳이기 때문에 가족 단위 여행객이 많아요. 차량 운행에 문제가 없다면 야영장 입구인 다리 인근보다 조금 더 깊숙이 들어가면 성수기에도 조용한 캠핑을 즐길 수 있어요. 공용 화장실은 있지만 열악하기 때문에 휴대용 변기를 가져가는 것이 좋아요. 하룻밤이 부담스럽다면 당일 차크닉을 즐겨도 좋아요."

휴양, 물놀이, 캠핑, 힐링

info **주소** 강원도 춘천시 남면 한덕리 한덕교 **문의** 033-250-3089(춘천시청 관광안내소) **가격** 없음(노지 캠핑)
영업시간 24시간(연중무휴)
편의 시설 주차장 O, 편의점/마트 O, 화장실 O, 샤워 X, 취사 O, 전기 X, 덱 X, 사이드 주차 O, 반려동물 O
체크 사항 · 자갈밭이라 SUV 차량급 이상이 되어야 이동이 편하고, 그렇지 않다면 입구 쪽 돌이 없는 평평한 구간에서 캠핑하는 것을 추천한다.

천안

아우내 장터에서 시작된 맛 여행

천안 식도락 여행은 '아우내'라는 순우리말 이름을 간직한 병천 순대 거리에서 시작된다. 서민들의 한 끼 식사를 책임져온 순댓국밥이 여행자들의 입맛을 사로잡았다. 든든하게 배를 채운 후 꼭 가봐야 할 독립기념관과 유관순 열사 유적지로 향하자. 가슴이 뜨거워지는 알찬 여행이다.

Drive Course ·이동 거리 **24.2km** ·소요 시간 **41분** ·전체 코스 **8시간**

01 천안삼거리공원
도시락 싸 들고
피크닉 가기

9.7km
17분

↓

02 독립기념관
상설 전시관에서 독립운동
관련 여러 체험 해보기

11km
17분

↓

**03 유관순 열사
생가와 유적지**
유관순 열사
기념관도 꼭 들르기

3.5km
7분

↓

04 홍대용과학관
야간 천체관측
체험해보기

코스 01 천안삼거리공원 

능수버들이 운치 있는 공원

민요 '흥타령'으로 유명한 천안삼거리를 기념해 만든 공원이다. 공원에 들어서면 확 트인 잔디밭이 펼쳐지고 중앙에 연못과 연못 주변으로 능수버들이 빽빽하게 늘어서 싱그러운 느낌을 준다. 특히 연못에는 조선시대 누각이자 충청도문화재인 영남루가 있어 나무와 물, 누각이 어우러진 모습이 운치 있고, 흥타령과 관련된 이야기와 조형물이 곳곳에 설치되어 산책길에 재미를 더해준다.

info 주소 충청남도 천안시 동남구 충절로 410 **문의** 041-521-6342 **입장료** 없음 **운영 시간** 24시간(연중무휴)

> **⊙ 이렇게 여행하자**
>
> ☑ 공원의 고목과 꽃 감상하며 산책하기 → ☑ 영남루 근처 벤치에 앉아 아름다운 연못 뷰 감상하기 → ☑ 낭만적인 버드나무 길 걷기

 코스 02 독립기념관

겨레의 얼이 살아 있는 뜨거운 역사의 현장

독립기념관은 독립운동의 역사를 기억하고 이를 기념하기 위해 국민들이 모은 돈으로 건립한 곳이다. 그 의미와 어울리게 웅장한 부지에 위엄 있는 건물과 하늘을 찌를 듯한 위용을 자랑하는 겨레의 탑 모습에 압도된다. 총 7개의 상설 전시관에는 독립운동 과정이 자세히 소개되어 있다. '계란으로 바위 치기' 같던 독립을 주체적으로 이루어낸 선조들이 존경스러워지는 순간이다.

info 주소 충청남도 천안시 동남구 목천읍 독립기념관로 1 **문의** 041-560-0114 **입장료** 없음(주차료 1일 2000원) **운영 시간** 3~10월 09:30~18:00, 11~2월 09:30~17:00(월요일 휴관, 월요일이 공휴일인 경우 정상 운영)

> **⊙ 이렇게 여행하자**
>
> ☑ 겨레의 탑을 지나 전시관까지 이어지는 산책로 걷기 → ☑ 1전시관부터 7전시관까지 역사의 흐름을 생각하며 관람하기 → ☑ 체험 존과 독립운동 체험관 즐기기

코스 03 유관순 열사 생가와 유적지

1919년 3·1운동에 참가하게 된 유관순 열사는 고향인 천안으로 내려와 만세 운동을 주도한다. 이것이 독립 만세 운동이 전국으로 번지는 도화선이 된 '아우내 장터 만세 운동'이다. 당시 일본 관헌이 열사의 가옥과 헛간을 불태워 빈터만 남은 것을 1991년에 복원했으며 독립운동을 준비하던 모습이 멈춰버린 시계처럼 재현되어 당시 상황을 과장 없이 진솔하게 전한다.

info **주소** 충청남도 천안시 동남구 병천면 유관순길 38(유관순 열사 기념관) **문의** 041-564-1223(유관순 열사 사적관리팀) **입장료** 없음 **운영 시간** 3~10월 09:00~18:00, 11~2월 09:00~17:00(연중무휴)

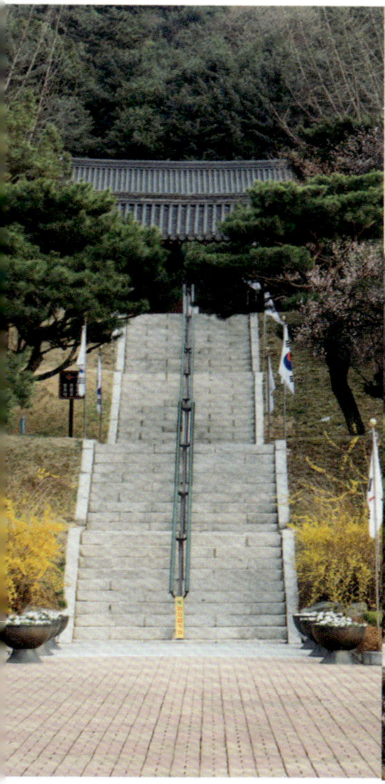

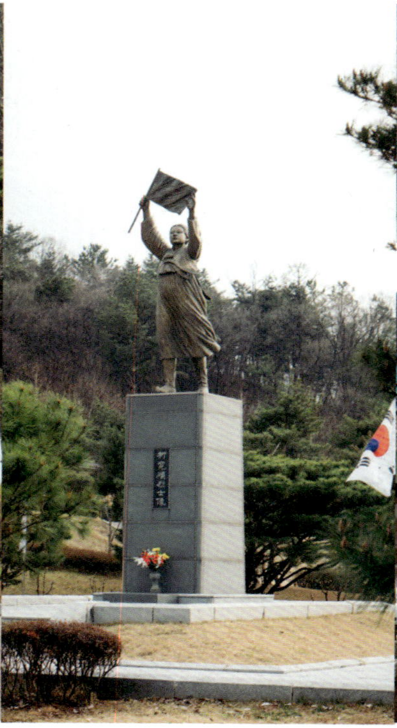

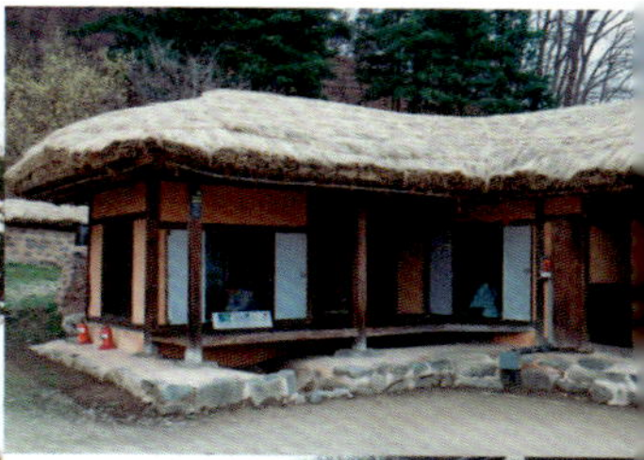

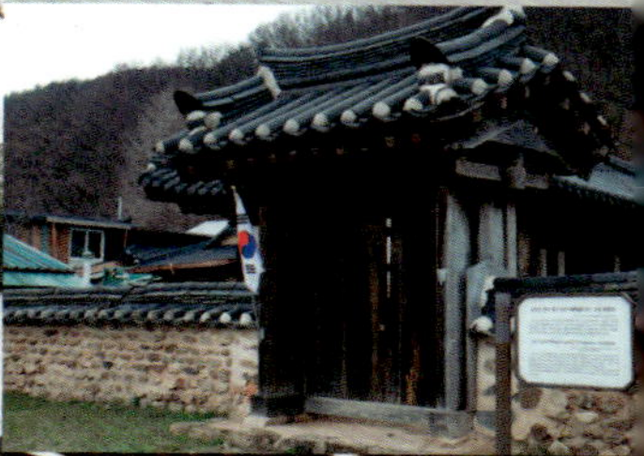

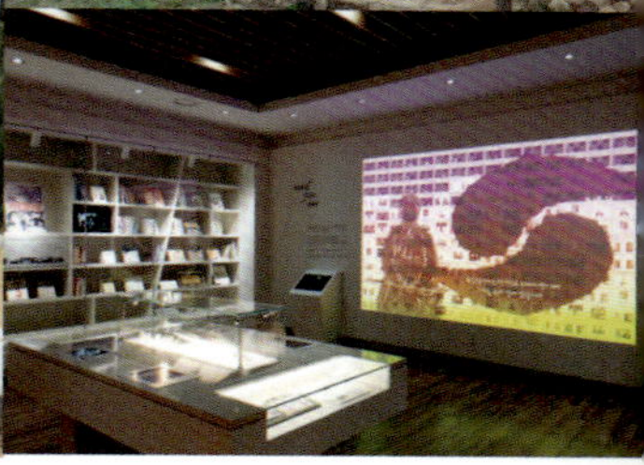

▼ **이렇게 여행하자**

☑ 유관순 열사 생가와 열사가 다닌 매봉교회 돌아보기 → ☑ 유관순 열사 사적지도 함께 돌아보기 → ☑ 영정 앞 향로에 향을 올리고 열사의 혼을 위로하며 묵념하기

코스 04 홍대용과학관 

별이 되어 세상을 비추다

조선시대의 과학자이자 실학자 담헌 홍대용 선생의 업적을 기리고자 2014년 홍대용 선생의 생가 근처에 개관한 과학관이다. 홍대용 선생은 혼천의, 혼상 등 다양한 천문 관측기구를 제작하고, 조선 최초 사설 천문대인 농수각을 만들어 천체를 관측해 과학의 발전에 많은 기여를 했다. 직접 천문 과학을 체험하며 무한 상상력과 창의력의 나래를 활짝 펼칠 수 있다.

info 주소 충청남도 천안시 동남구 수신면 장산서길 113 **문의** 041-564-0113 **입장료** 어른 3000원, 청소년 2000원, 어린이 1500원 / 천체투영관 어른 2000원, 청소년 1500원, 어린이 1000원 **운영 시간** 10:00~18:00(월요일, 공휴일과 겹치는 경우 정상 운영 후 다음 날 휴관, 1월 1일, 명절 전날·당일 휴관)

> **이렇게 여행하자**
> ☑ 야외 전시관인 달빛마당에서 혼천의, 앙부일구, 측우기 관찰하기 → ☑ 3층 전시실 둘러보며 홍대용 선생에 대해 알아보기 → ☑ 천문학 관련 여러 체험 해보기

서민 마음 달래는 한 그릇
신은수 병천순대집

천안삼거리의 병천은 한양으로 향하는 길목이었던 지리적 위치로 항상 사람들로 북적였고 그들의 주린 배를 책임져온 순대 가게가 모여들어 생겨났다. 병천순대는 작은창자를 써서 특유의 돼지 누린내가 적고 배추, 양배추, 당면 등 10여 가지 채소를 넣어 담백하고 쫄깃하다.

주소 충청남도 천안시 동남구 병천면 아우내순대길 9(신은수참병천순대집) **문의** 041-561-0151 **가격** 담백한 병천순대와 쫄깃한 고기가 함께 나오는 병천순대 모둠 1접시 1만8000원, 순댓국밥 1만 원 **운영시간** 05:00~17:00(주말은 20:00까지, 연중무휴) **주차장** 있음

칼국수와 수육에 승부를 건
정통옥수사

한눈에 봐도 오랜 역사와 내공이 느껴지는 정통옥수사는 20년이 넘도록 한길만 고스해온 수육과 칼국수 맛집이다. 윤기가 흐르는 야들야들한 수육을 새우젓에 살짝 찍어 올린 후 이곳에서만 제공하는 색다른 구성인 생대파를 초고추장에 찍어 쌈을 싸 먹으면 맛이 기가 막히다.

주소 충청남도 천안시 동남구 먹거리11길 17 **문의** 041-568-4433 **가격** 기름기를 쫙 뺀 야들야들하고 담백한 맛, 수육 3만5000원, 칼국수 9000원 **운영 시간** 11:00~20:40, 브레이크 타임 15:00~17:00(목요일 휴무) **주차장** 없음

동화 마을표 건강한 빵
뚜쥬르 빵돌가마마을

뚜쥬르는 '느리게, 더 느리게'를 슬로건으로 방부제, 색소, 광택제 등 화학 첨가물을 배제한 빵을 만드는 곳이다. 베이커리 매장, 케이크 매장, 카페와 더불어 천안 팥을 직접 끓이는 공간과 빵돌가마, 허브하우스와 체험관까지 있어 단순히 빵집이라고 하기엔 엄청난 규모를 자랑한다.

주소 충청남도 천안시 동남구 풍세로 706 **문의** 041-578-0036 **가격** 가장 인기 있는 돌가마만주 2500원, 거북이빵 2600원 **영업시간** 빵전문관/케이크하우스 08:00~22:00, 카페 10:00~20:00(연중무휴) **주차장** 있음

아이랑 놀기 좋은 숲속 놀이터

태학산자연휴양림 오토캠핑장

학이 춤추는 모습과 닮았다 해서 태학산이라 이름 붙인 이곳은 수많은 종류의 자생화와 수목이 자라고, 오래된 소나무가 우거진 아름다운 휴양림이다. 숙박할 수 있는 숲속의 집, 오토캠핑장과 유아 숲체험원, 어린이 숲 놀이터가 있어 아이들과 함께 여행하기에도 좋다. 오토캠핑장의 A 구역은 덱이 아닌 흙바닥이고 규모가 커서 가족 단위 캠퍼에게 적합하고, B와 C 구역은 작은 규모라 조촐하게 캠핑을 즐기는 사람에게 적당할 듯하다. 아이들은 숲 놀이터에서 신나게 뛰어놀고, 어른들은 청량한 공기를 마시며 힐링할 수 있는 자연 친화적인 곳이다.

"휴양림이라 예상은 했지만 공기가 정말 좋았어요. 아침에 일어나 숨을 들이켜는 것만으로도 힐링되는 기분이에요. 새소리를 들으며 기분 좋게 모닝커피를 마시고, 캠핑장 내 산책로를 걷거나 등산을 좋아한다면 운동 삼아 짧은 등산로를 걸어도 좋아요. 오후에는 솔솔 부는 바람을 느끼며 낮잠도 즐기고요. 가성비도 좋아 2박 이상을 추천해요."

캠핑, 숲, 힐링

info 주소 충청남도 천안시 동남구 풍세면 휴양림길 105-2 **문의** 041-529-5108 **가격** 성수기(7월 15일~8월 24일) 3만 원, 비수기 주중 2만5000원, 주말 및 공휴일 전날 3만 원 **영업시간** 입실 14:00, 퇴실 11:00

편의 시설 주차장 O, 편의점/마트 O, 화장실 O, 샤워 O, 취사 O, 전기 O, 덱 O, 사이드 주차 O, 반려동물 X

체크 사항 · 덱과 사이드 주차의 경우 구역별로 상이하니 예약 전 사이트 번호까지 확인해야 한다. · 이른 봄, 늦가을에도 쌀쌀하니 겨울용 침낭을 챙겨 가는 것이 좋다.

전주

미식 여행을 위한 최고의 선택

최고의 미식 여행지. 맛집이 아닌 음식점을 찾기 어렵고 어떤 음식을 주문해도 별미다. 대한민국 대표 음식인 전주비빔밥과 전주 대표 음식인 콩나물국밥을 시작으로 다채로운 미식 여행이 시작된다. 전주를 더 특별하게 해주는 한옥마을에서 시간 여행을 즐겨보자.

Drive Course   · 이동 거리 **2.4km**   · 소요 시간 **31분**   · 전체 코스 **8시간**

01 전주한옥마을
다양한 문화
체험해보기

도보 6분

02 전주경기전
SNS에서 유명한 포토 존에서 인생 사진에 도전하기

도보 4분

03 전동성당
경건한 성당 내부에서
미사에 참여해보기

도보 3분

04 풍남문
풍남문의 화려한
야경 즐기기

도보 11분

05 오목대
한옥마을을 덮은
따스한 일몰 감상하기

도보 7분

06 전주향교
은행이 노랗게 물드는
가을날 방문해보기

코스 01 전주한옥마을

공존의 멋

전주한옥마을은 당시 일본인 상권의 확장을 막기 위해 뜻있는 전주 시민들이 일대에 한옥을 짓고 모여 살기 시작하면서 1930년경 조성됐다. 지금은 약 700채의 한옥이 여러 겹 여러 개의 골목을 따라 늘어서 있다. 한옥마을에서 시간 여행을 할 때는 구불구불 이어지는 골목길을 하염없이 걸어도 좋고, 마을 내에 있는 문화재나 유적지를 찾아다녀도 좋다. 발길 닿는 곳마다 매력이 넘친다.

info 주소 전라북도 전주시 완산구 기린대로 99(전주한옥마을 제1공영 주차장) **문의** 063-282-1330(한옥마을 관광안내소) **입장료** 없음, 주차 1시간 2000원 **운영 시간** 24시간, 연중무휴

⊙ 전주 이렇게 여행하자

☑ 한옥마을 주차장에서 여행 시작 → ☑ 경기전으로 가는 길에 시간이 된다면 전주소리문화관, 전주전통술박물관, 최명희문학관 등 방문하기 → ☑ 경기전 여유 있게 돌아보며 인생 사진 찍기 → ☑ 경건한 마음으로 전동성당 둘러보기 → ☑ 풍남문 돌아보기 → ☑ 오목대에 올라 전주한옥마을 전경 한눈에 담기 → ☑ 전주향교에서 옛 선비들의 기개 느껴보기

코스 02 전주경기전

전주는 조선을 건국한 태조 이성계 선조의 고향으로 태종이 1410년 경기전을 짓고 태조의 어진을 모셨다. 어진을 봉인한 정전과 《조선왕조실록》을 보관하던 전주사고, 조선시대 왕들의 초상을 볼 수 있는 어진박물관 등 볼거리가 많다. 특히 경기전은 사계절 내내 아름다워 어느 때 방문하든 단아한 전통 한복이나 개화기 의상을 입고 사진 촬영 중인 사람들을 마주칠 수 있다.

info 주소 전라북도 전주시 완산구 태조로 44 **문의** 0€3-281-2788 **입장료** 어른 3000원, 청소년 2000원, 어린이 1000원(마지막 주 수요일 무료) **운영 시간** 11~2월 09:00~18:00, 3~5월, 9~10월 09:00~19:00, 6~8월 09:00~20:00(연중무휴)

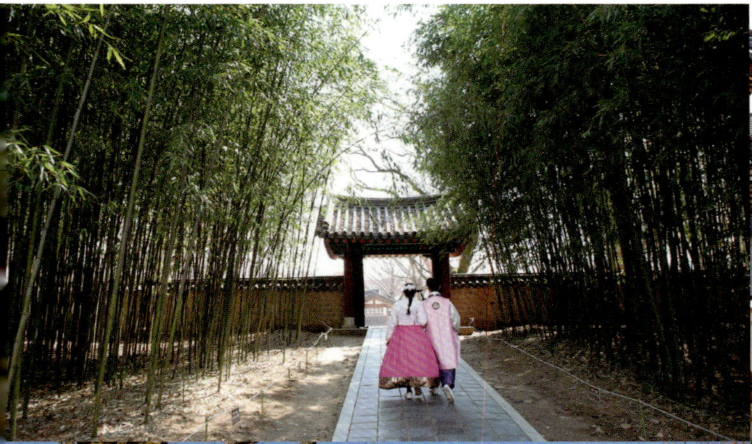

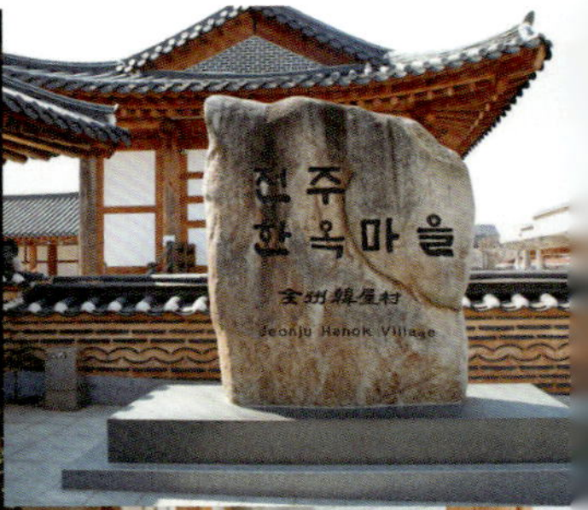

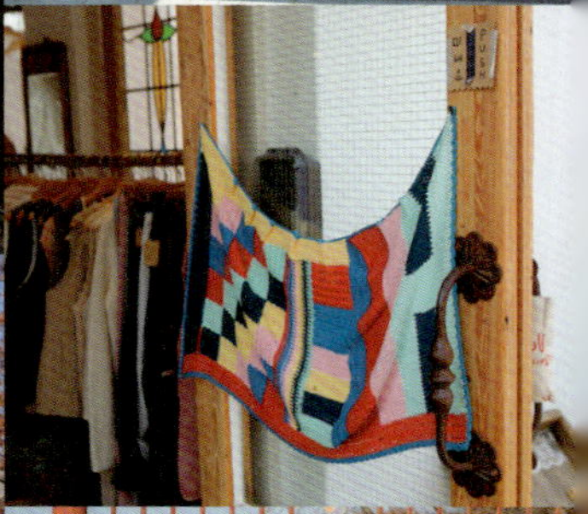

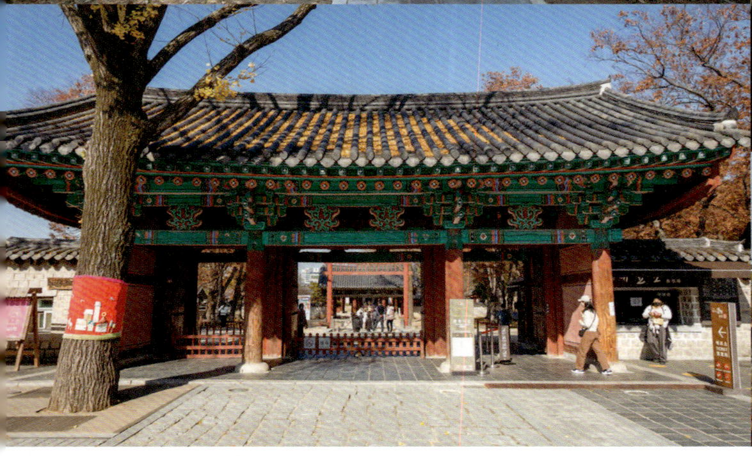

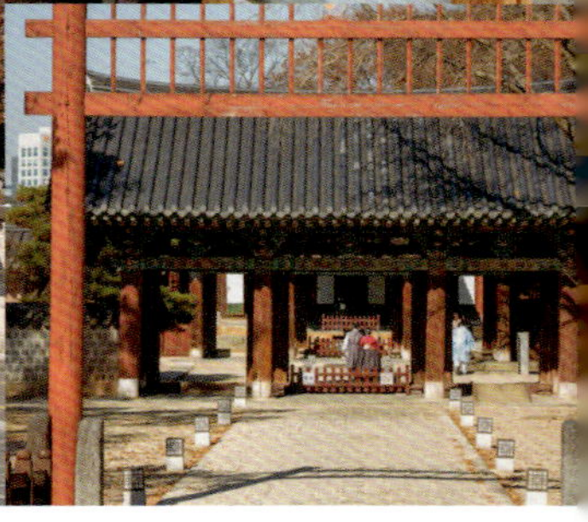

"

코스 03 전동성당

전주 한옥마을에는 서양식 건물이면서도 이질감이 전혀 느껴지지 않는 이국적인 성당이 우뚝 솟아 있다. 100년이 넘는 역사를 간직한 전동성당이다. 조선의 천주교 박해 정책에 따라 최초 순교자들이 처형당한 자리에 건립되어 한국 천주교의 아픈 역사를 오롯이 간직하고 있다. 서울 명동성당을 설계한 신부의 설계로 1914년 완공된 전동성당은 동서양이 융합된 모습을 잘 보여준다.

info **주소** 전라북도 전주시 완산구 태조로 51 **문의** 063-284-3222 **입장료** 없음 **운영 시간** 09:00~17:00(연중무휴)

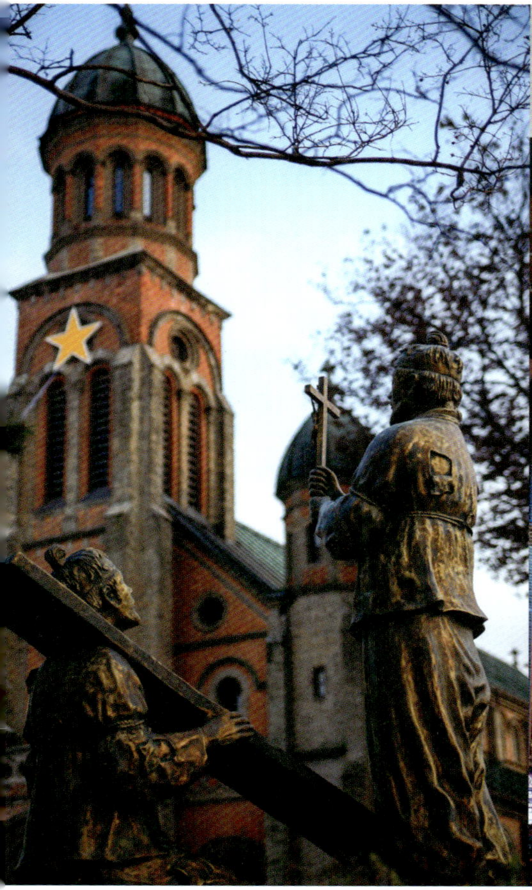

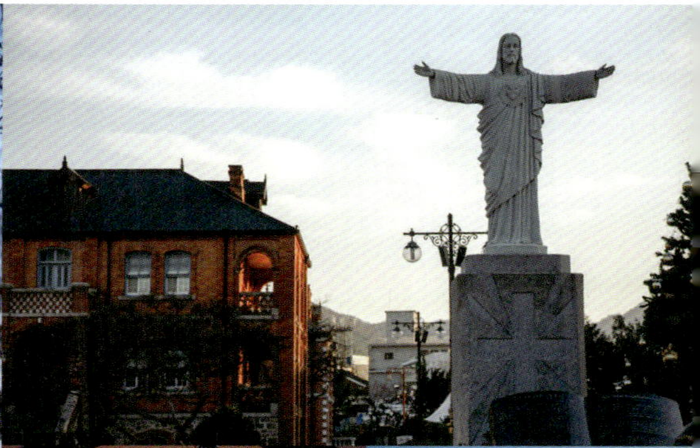

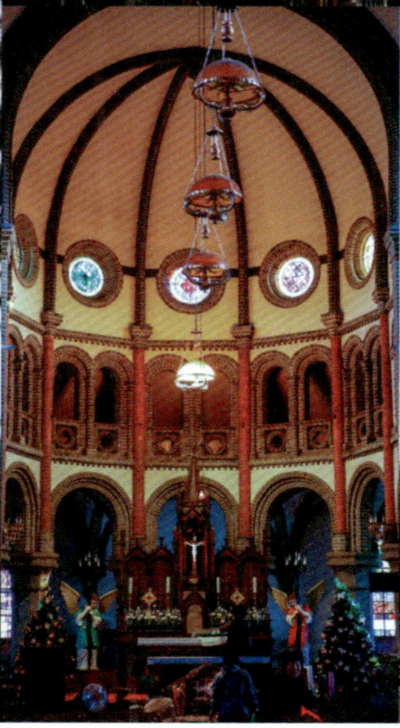

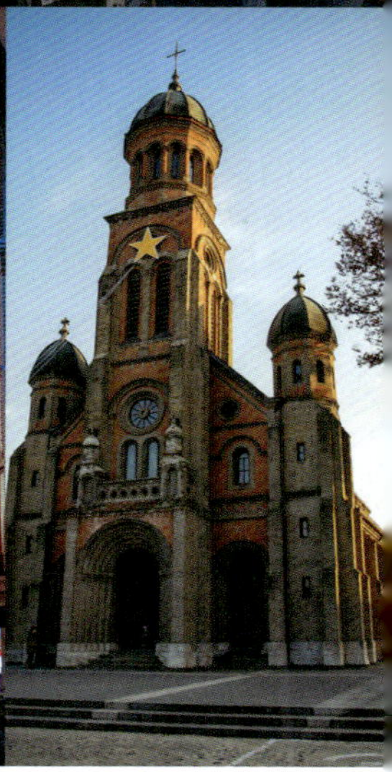

코스 04 풍남문

낮보다 더 아름다운 곳

고려 공양왕 때 창건된 풍남문은 600년이 넘도록 전주 남부를 지켜온 대표 문화재로 서울의 남대문과 같은 형태를 띤다. 동학농민혁명 당시 혁명군과 관군의 치열한 격전지였으며 풍남문과 가까이 있는 전동성당 역시 풍남문의 성벽을 헐어내면서 나온 돌로 성당의 주춧돌을 세웠다. 근근에는 전주 3대 전통시장으로 소문난 남부시장과 청년몰이 위치해 사계절, 남녀노소 발길이 끊이지 않는다.

info **주소** 전라북도 전주시 완산구 풍남문3길 1 **문의** 063-287-6008 **입장료** 없음 **운영 시간** 24시간(연중무휴)

코스 05 오목대

전주를 감상하는 가장 쉬운 방법

오목대는 이성계가 왜구를 크게 무찌른 후 돌아가는 길에 전주 이씨 종친을 불러 모아 크게 승전 잔치를 베푼 곳이다. 지금은 한옥마을 전망대로 더 잘 알려져 있다. 오목대 바로 아래 산책로가 조망 포인트로 경갈하고 평온한 분위기의 한옥마을 풍경이 한눈에 담겨 또 다른 감동을 안겨준다. 한겨울, 처마에 흰 눈이 소복이 내려앉은 한옥마을의 모습이 장관이다.

info **주소** 전라북도 전주시 완산구 기린대로 55 **문의** 063-281-2114 **입장료** 없음 **운영 시간** 24시간(연중무휴)

코스 06 전주향교

향교는 제례와 교육의 기능을 하는 곳으로, 조선시대 국가 교육기관 역할을 수행했다. 만화루를 지나면 성현들의 위패를 모신 대성전과 학생들을 가르치는 곳이었던 명륜당이 있다. 명륜당 앞에는 450년 된 은행나무가 있는데, 벌레를 타지 않는 은행나무처럼 유생들도 건전하게 자라 바른 사람이 되라는 의미라고 하니 옛 선조들의 생각이 참 멋스럽다.

info **주소** 전라북도 전주시 완산구 향교길 139 **문의** 063-288-4544 **입장료** 없음 **운영 시간** 3~10월 09:00~18:00, 11~2월 10:00~17:00(월요일 휴무, 월요일이 공휴일인 경우 다음 날 휴무)

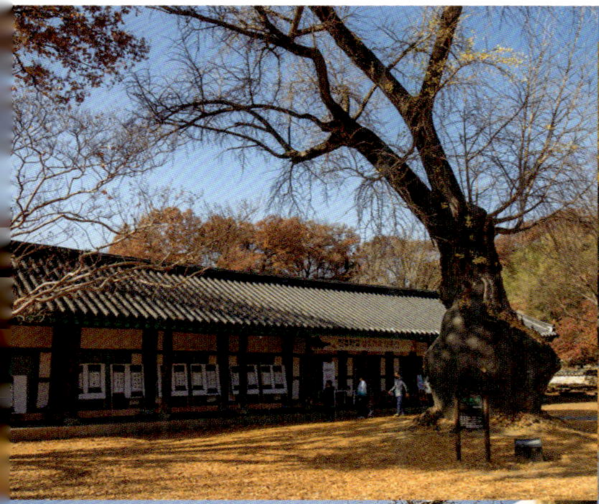

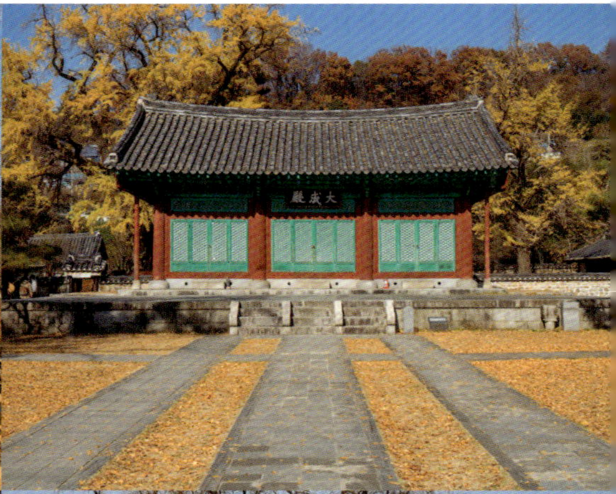

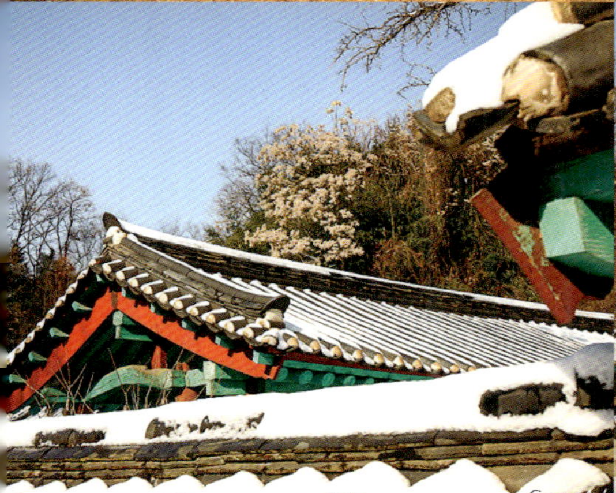

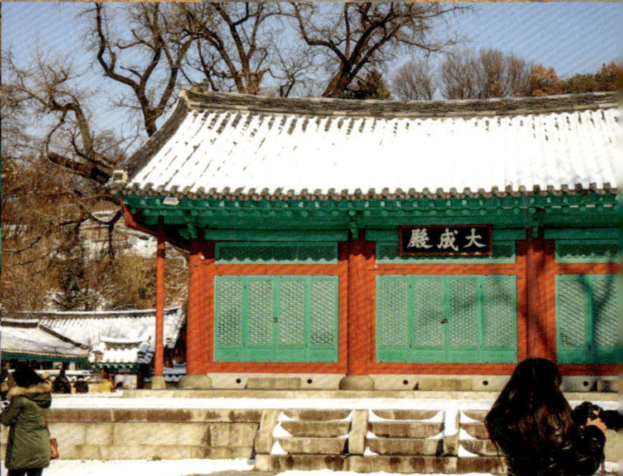

한국 대표 음식, 전주비빔밥
가족회관

외국인이 선호하는 최고의 한국 음식, 전주비빔밥. 콩나물과 달걀, 시금치, 도라지, 호박과 버섯, 소고기 등 서로 다른 식재료가 각기 뿜어내는 맛과 향, 색과 질감, 그리고 먹는 소리까지 온갖 감각을 한 그릇에 담아낸 음식이 바로 비빔밥이다. 명인의 손길이 느껴져 더욱 의미 있다.

주소 전라북도 전주시 완산구 전라감영5길 17 **문의** 063-284-0982 **가격** 명실공히 가족회관의 인기메뉴, 전주비빔밥 1만4000원, 육회비빔밥 1만7000원 **운영 시간** 10:30~20:00, 라스트 오더 19:50(연중무휴) **주차장** 있음

뜨끈한 국밥 한 그릇
현대옥

전주에서 콩나물국밥은 꼭 한 그릇 먹어야 한다면 현대옥으로 향하자. 미리 끓여놓은 콩나물국에 밥을 말아서 내오는 '남부시장식' 콩나물국밥이 대표 메뉴로 얼큰하고 시원하다. 취향에 따라 오징어 사리, 새우젓, 김, 수란을 넣어 먹어도 좋고, 따끈하게 데운 모주를 곁들여도 좋다.

주소 전라북도 전주시 완산구 화산천변2길 7-4 **문의** 063-228-0020 **가격** 맑고 산뜻한 국물에 청양고추를 넣어 맛있게 매운 전주남부식 콩나물국밥 8000원, 전통 직화식 콩나물국밥 8000원 **운영 시간** 24시간 영업(연중무휴) **주차장** 있음

전주 최고령 다방
삼양다방

전주한옥마을 중심에 있는 삼양다방은 1952년 한국전쟁 시 문을 연 전주 최고령 다방이다. 자줏빛 가죽 소파, LP판과 턴테이블, 다이얼 전화기 등 복고풍 인테리어에 옛날 다방의 음료와 현대의 음료를 함께 제공하며 신구 세대가 소통할 수 있는 지역의 문화 사랑방 역할을 한다.

주소 전라북도 전주시 완산구 동문길 94 **문의** 063-231-2238 **가격** 대추, 잣 위에 달걀노른자를 동동 띄운 진한 삼양쌍화차 9000원, 삼양커피 4000원 **운영 시간** 월~토요일 09:00~23:00, 일요일 09:00~18:00(연중무휴) **주차장** 있음

편백 숲과 계곡을 즐길 수 있는

완주소양캠핑장

한옥마을로 유명한 전주에는 한옥을 체험할 수 있는 한옥 호텔, 게스트 하우스, 펜션 등 다양한 숙박 시설이 있는 반면 캠핑이나 차박을 할 만한 곳은 많지 않다. 완주소양캠핑장은 전주 한옥마을에서 차로 20분 거리에 위치하며 50여 개의 사이트와 펜션이 있는 복합 캠핑장이다. 사이트는 A·B·C 구역으로 나뉘는데 A 구역은 캠핑 펜션, 캐러밴과 야영 사이트, B 구역은 야영 사이트, C 구역은 차량을 바로 옆에 댈 수 있는 오토 캠핑장으로 이루어져 있다. 사이트마다 특징이 뚜렷한데, A 구역은 넓은 잔디밭과 수영장, 그리고 편백 숲 산책길이 있어 아이가 있는 가족 단위 캠퍼가 사용하기 좋고, B 구역은 실개천을 끼고 있어 독립적인 캠핑이 가능하다. C 구역은 차량을 사이트 내에 댈 수 있어 가장 편리하며, 중앙이 아닌 좌우 가장자리에 사이트를 잡는다면 풍경을 즐기며 조용히 나만의 캠핑이 가능하다.

"전주에서 캠핑을 해본 건 처음이었어요. 캠핑장이 도심과 가까워서 '자연을 오롯이 느낄 수 있을까' 했던 걱정은 밤하늘을 가득 채운 별들과 상쾌한 공기와 함께 모두 사라졌어요. 때마침 내린 눈이 텐트 앞에 소복이 쌓여 한 발 한 발 내디딜 때마다 들리던 뽀드득 소리가 재미있었어요. 조용한 산속 캠핑을 즐기고 싶은 분들에게 추천해요."

휴양, 힐링

info 주소 전라북도 완주군 소양면 해월신왕길 144-19 **문의** 010-4546-2900(문의 시간 10:00~20:00) **가격** 주중 3만 원, 주말 3만 5000원~4만 원, 성수기 5만 원 **영업시간** 입실 14:00, 퇴실 11:00, 1~2월 금요일, 토요일만 운영
편의 시설 주차장 O, 편의점/마트 O, 화장실 O, 샤워 O, 취사 O, 전기 O, 덱 O, 사이드 주차 O, 반려동물 O
체크 사항 아이들을 위한 트램펄린이 있고 계절에 따라 수영장을 운영한다. B 구역 일부와 C 구역은 경사가 있는 계단식 사이트이니 참고하자. 루프톱 텐트, 트레일러 등 사이트마다 이용 방법이 다르니 예약 전 미리 확인하자.

야경이 예쁜 드라이브 명소

수원

과거와 현재가 공존하는 곳

유네스코 세계문화유산으로 등재된 '한국 성곽의 꽃' 수원화성. 낮에는 잔디와 돌담이 어우러져 청량하고, 밤에는 은은하게 비추는 조명과 함께 성곽의 아름다움이 더욱 빛을 발한다. 성벽과 주택, 빌딩과 자연, 과거와 현재가 공존하는 독특하면서도 아름다운 곳이다.

Drive Course	·이동 거리 13.6km · 소요 시간 31분 · 전체 코스 8시간

01 수원화성

화성어차 타고
화성 한 바퀴 돌아보기

1.9km
6분

02 화성행궁

화성행궁 야간 개장
관람하기

3km
7분

03 플라잉수원

수원화성의 아름다움을
제대로 느껴보기

3.9km
9분

04 효원공원 월화원

나혜석 거리에서 커피
사 들고 여유로이 산책하기

4.8km
9분

05 광교호수공원

호수를 오롯이 느낄 수 있는
가족 캠핑장에서 캠핑하기

코스 01 수원화성

수원화성은 역사적 가치가 높은 성곽일 뿐 아니라 건축학적으로도 귀중한 문화유산이다. 수원을 둘러싸고 있는 창룡문, 동북공심돈, 동암문, 동북포루를 지나 방화수류정으로 향하면 화홍문이 나온다. 7칸의 무지개다리 사이로 시원하게 쏟아져 내리는 일곱 물줄기를 보는 즐거움을 두고 '화홍관창'이라고 일컬었다. 성곽과 주택가가 한곳에 어우러진 모습이 현실과 동떨어진 느낌이다.

info **주소** 경기도 수원시 장안구 영화동 320-2 **문의** 031-290-3600(수원문화재단) **입장료** 없음 **운영 시간** 09:00~18:00, 연중무휴, 개방형 관광지로 관람 시간 이후 야간 관람 가능

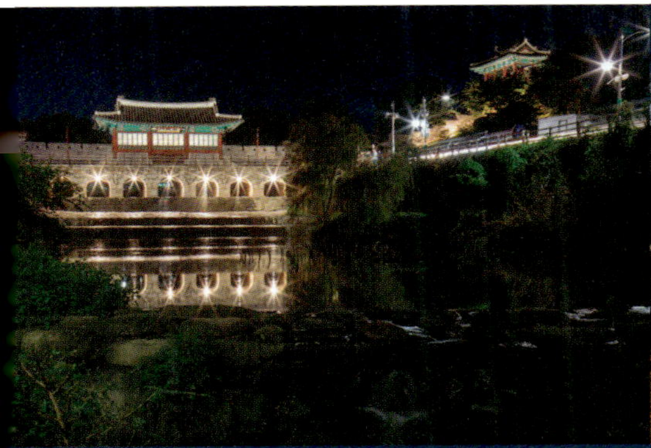

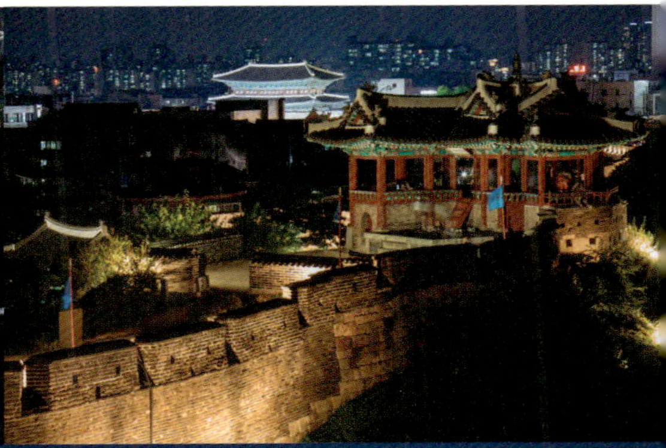

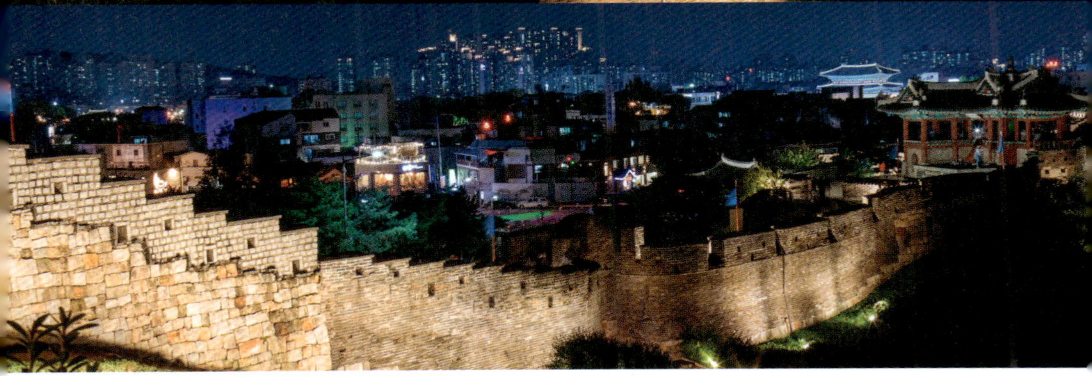

🖼 **이렇게 여행하자**

☑ 동포루, 동북공심돈, 동북포루, 동북각루, 서북공심돈 등 유명한 건축물 감상하며 성곽 산책하기 → ☑ 방화수류정 돌아보기

코스 02 화성행궁

정조의 효심이 느껴지는 행궁

행궁은 임금이 지방에 머물 때 임시로 사용한 궁궐로, 화성행궁은 정조가 뒤주에 갇혀 세상을 떠난 아버지 사도세자의 묘소를 옮긴 후 수원화성과 더불어 건립한 궁이다. 화성행궁은 조선시대의 대표적인 행궁이자 약 600칸 규모로 경복궁만큼 아름다운 궁궐로 손꼽힌다. 조선시대 건축의 백미로 불리는 수원화성과 함께 빼놓을 수 없는 수원의 관광 명소다.

info 주소 경기도 수원시 팔달구 정조로 825 **문의** 031-228-4480 **입장료** 어른 2000원, 청소년 1500원, 어린이 1000원 **운영 시간** 09:00~18:00(30분 전 입장 마감, 연중무휴)

⊙ 이렇게 여행하자

☑ 신풍루를 지나 가장 안쪽 장락당, 봉수당까지 이어지는 아름다운 궁의 모습 관람하기 → ☑ 화령전에 들러 정조의 초상화 감상하기

코스 03 플라잉수원

하늘에서 즐기는 수원화성

플라잉수원은 수원화성의 야경 하면 가장 먼저 떠올릴 정도로 수원의 랜드마크가 된 체험이다. 높이 32m, 폭 22m의 헬륨을 이용한 거대한 기구로 한 번에 최대 20명 정도 수용할 수 있으며, 기상 상황에 따라 70~150m까지 올라갈 수 있다. 해 질 무렵, 두둥실 하늘에 떠오른 기구와 하나 둘 조명이 켜지는 수원화성이 어우러진 풍경이 이국적이다.

info 주소 경기도 수원시 팔달구 지동 255-4 **문의** 031-247-1300 **입장료** 어른 2만 원, 청소년 1만8000원, 어린이 1만7000원, 25개월~유치원 1만4000원 **운영 시간** 월~금요일 13:00~22:00(주말 11시 오픈, 날씨에 따라 변동, 연중무휴)

⊙ 이렇게 여행하자

☑ 헬륨 기구에 몸을 싣고 아름다운 수원화성의 건축물 감상하기 → ☑ 기구 안에서 인증 사진 찍기 → ☑ 플라잉수원 옆 창룡문을 지나 수원화성 성곽 걷기

코스 04 효원공원 월화원

한중의 멋이 어우러진 도심 속 쉼터

월화원은 중국 광둥성이 효원공원 서편에 조성한 '중국식 정원'으로 광둥 지역 전통 정원의 특색을 살려 건물과 정원이 조화를 이룰 수 있도록 설계해 2006년 문을 열었다. 건물 창문으로 밖의 정원을 잘 볼 수 있게 했고, 인공 호수를 배치했다. 월화원의 규모는 그다지 넓지 않지만 가만히 사색에 빠지게 되는 신비롭고 매력적인 공원이다.

info 주소 경기도 수원시 팔달구 동수원로 399 **문의** 1899-3300 **입장료** 없음 **운영 시간** 09:00~22:00(연중무휴)

⊙ 이렇게 여행하자

☑ 효를 테마로 한 효원공원의 조형물 감상하기 → ☑ 월화원에서 중국 광둥성의 중국식 건축물 돌아보기 → ☑ 정자에 앉아 풍경 감상하기

코스 05 광교호수공원

빌딩 숲속 자연 친화 공간

수원에 광교신도시가 조성되면서 옛 원천호수와 신대호수 일원이 광교호수공원으로 새롭게 태어났다. 기존 호수의 자연환경을 그대로 살리면서 수십만 그루의 나무를 식재해 자연 친화적인 공원이 되었다. 공원의 핵심 공간인 '어번레비'를 중심으로 여섯 가지 테마 공간이 다양한 재미를 더한다. 산책로를 걸으며 빌딩 숲 풍경과 호수 풍경을 바라보고 있으면 마음이 평온해진다.

info 주소 수원시 영통구 광교호수공원로 165 **문의** 070-8800-2460 **입장료** 없음 **운영 시간** 24시간(연중무휴)

⊙ 이렇게 여행하자

☑ 수변 산책로를 걸으며 잔잔한 호수 즐기기 → ☑ 산책로와 이어지는 숲길 천천히 걷기 → ☑ 프라이부르크 전망대에 올라 원천호수와 신대호수의 경관 조망하기

다양한 국적의 요리를 맛볼
미식가의 주방

정감 있는 구옥을 개조한 미식가의 주방은 행궁동에 위치한 퓨전 레스토랑이다. 다양한 국적의 요리를 즐길 수 있고, '레시피랩'에서 끊임없이 연구해 베스트 메뉴만 골라 두 달에 한 번 메뉴를 변경하기 때문에 방문할 때마다 색다른 음식을 맛볼 수 있는 매력적인 곳이다.

주소 경기도 수원시 팔달구 **문의** 0507-1327-4049 **가격** 해산물과 채소에 팟타이 소스를 넣고 볶은 해산물 팟타이 1만6700원, 만조양 송이 크림파스타 2만3200원 **영업시간** 11:00~21:00, 브레이크 타임 15:00~17:00(연중무휴)

행궁동 중국 만두 전문점
연밀

연밀은 중국 본토 느낌을 물씬 풍기는 화성행궁 앞 중국 만두 전문점이다. 인테리어 덕분에 중국의 어느 골목 식당에 와 있는 듯한 기분이 든다. 탱글탱글한 새우와 육즙의 고소함이 합쳐진 새우육즙만두와 마지막에 전분을 뿌려 튀김처럼 구워낸 고기빙화만두가 가장 유명하다.

주소 경기도 수원시 팔달구 창룡대로8번길 10 **문의** 031-242-4990 **가격** 바삭하면서 부드러운 고기빙화만두 1만 원, 새우육즙만두 1만2000원 **영업시간** 11:30~21:00, 브레이크 타임 15:30~16:10(화·수요일 휴무)

커피의 명가
정지영 커피로스터즈

수원 화성 인근에만 여러 개의 매장을 운영 중인 정지영 커피로스터즈는 수원에 변화의 바람이 불던 초창기에 생긴 카페다. 특히 북문 장안동 지점은 루프톱에서 바라보는 성곽 길과 푸른 잔디가 어우러진 최고의 뷰를 자랑한다. 무엇보다 로스터리 카페답게 커피 맛이 좋기로 유명하다.

주소 경기도 수원시 팔달구 정조로905번길 13 **문의** 070-7537-0120 **가격** 커피의 명가다운 고소하고 부드러운 맛, 아메리카노·플랫 화이트 각 5500원, 코코넛커피 6800원 **영업시간** 12:00~22:00(연중무휴, 노키즈 존) **주차장** 없음

자연의 향기를 마음껏 즐길 수 있는 곳

용인자연휴양림 야영장

용인자연휴양림 야영장은 용인시에서 운영하는 휴양림 내에 위치해 울창한 숲속에서 캠핑을 즐길 수 있는 곳이다. 소나무 숲과 낙엽송 숲, 밤나무 숲 등 자연 그대로를 보존한 휴양림에서 일상에 지친 심신을 다독일 수 있을 뿐만 아니라 자연놀이터, 산책로, 에코어드벤처, 짚라인까지 휴양림의 다양한 액티비티도 즐길 수 있어 놀거리가 가득하다.

"수원은 대도시이기 때문에 캠핑장이나 차박을 할 수 있는 공간이 없지만 가까운 용인에는 다양한 캠핑장이 있어요. 그중에서도 특히 용인자연휴양림은 잔디와 나무, 숲 속 놀이터까지 캠퍼들이 원하는 시설을 완벽하게 갖추어 자연 그대로를 느끼며 조용히 캠핑을 즐기기에 좋아요. 꼭 캠핑을 하지 않더라도 당일 피크닉만 다녀와도 충분히 만족하실 거예요."

자연, 휴양, 힐링, 캠핑

info 주소 경기도 용인시 처인구 모현읍 초부로 220 **문의** 031-336-0040 **가격** 9~6월 2만~2만5000원, 7~8월 2만5000~3만 원(사이즈별 상이), 용인시민 할인 적용 **영업시간** 입실 14:00, 퇴실 11:00(연중무휴)
편의 시설 주차장 O, 편의점/마트 O, 화장실 O, 샤워 O, 취사 O, 전기 O, 데크 O, 사이드 주차 X, 반려동물 X
체크 사항 ·휴양림 내에서 운영 중인 다양한 액티비티를 즐길 수 있으니 관심이 있다면 예약하는 것이 좋다. ·사이드 주차가 되지 않아 짐을 수레에 실어 사이트까지 옮겨야 하기 때문에 미리 짐을 간소화하는 것이 좋다. ·자연휴양림의 특성상 장작 및 숯 사용은 금지된다.

광주

자박자박 걸어 화려한 야경 속으로

설레는 낮의 화사함보다 반짝이는 야경에 취하고 싶은 날이라면 남한산성으로 가보자. 산성 주변을 돌며 지형을 따라 병풍처럼 띠를 두른 성곽 둘레길이 해 질 무렵에는 황홀하게 서울을 아우른다. 자연 친화적인 모습이 가득한 경기도 광주에서는 시간마저 천천히 흐른다.

Drive Course　　　　· 이동 거리 **26.1km**　· 소요 시간 **54분**　· 전체 코스 **8시간**

01　남한산성

산성에서 내려와 만해기념관 등 주변 관광지 즐기기

1.1km
18분

02　남한산성 행궁

체험 프로그램 참여해보기

13km
20분

03　율봄식물원

도시락과 돗자리 챙겨 피크닉 즐기기

4.8km
5분

04　경안천습지 생태공원

다양한 습지에 대해 알아보며 천천히 산책하기

7.2km
11분

05　팔당호

봄이면 팔당호 주변 도로를 수놓는 27000여 그루의 벚꽃 구경하러 가기

코스 01 남한산성

서울을 화려하게 수놓는 몽환적인 밤의 향연

신라 문무왕 때 축성한 토성을 바탕으로 인조 때 지금의 모습을 갖춘 남한산성은 2014년 유네스코 세계문화유산으로 등재되어 세계적인 보물이 되었다. 남한산성의 매력은 해 질 무렵 두드러지는데, 하늘을 붉게 물들였던 태양이 사그라지면서 어둠을 뚫고 피어난 불빛들이 대한민국의 수도 서울을 화려하게 수놓는다. 몽환적인 밤에 취하고, 낭만에 취한다.

---

info 주소 경기도 광주시 남한산성면 남한산성로 731 **문의** 031-743-6610(남한산성 세계유산센터) **입장료** 없음(주차료 평일 3000원, 주말 5000원) **운영 시간** 24시간(연중무휴)

◉ 이렇게 여행하자

☑ 남한산성 성곽 둘레길 또는 탐방로 따라 가벼운 등산 즐기기 → ☑ 남한산성 서문 전망대 또는 조금 더 올라가면 있는 성곽에서 야경 보기

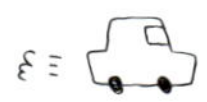

코스 02 남한산성 행궁

단아한 건축물이 돋보이는 행궁

행궁은 임금이 서울의 궁궐을 떠나 도성 밖으로 행차 시 이용하는 임시 거처로, 남한산성 행궁은 전쟁이나 내란 등 유사시 피난처로 사용하기 위해 1626년에 건립되었다. 실제로 병자호란이 발생하자 인조가 이곳으로 피해 47일간 항전했던 아픈 역사를 품고 있다. 행궁의 정문에 해당하는 한남루를 지나면 외행전, 내행전 등의 단아한 건축물을 하나하나 만나볼 수 있다.

info 주소 경기도 광주시 남한산성면 산성리 935-1 **문의** 031-743-6610 **입장료** 어른 2000원, 어린이 1000원 **운영 시간** 4~10월 10:00~18:00, 11~3월 10:00~17:00(월요일 휴관, 월요일이 공휴일인 경우 다음 날 휴관)

⊙ 이렇게 여행하자

☑ 한남루에 들어서서 왕이 집무한 외행전, 왕의 침실인 내행전 돌아보기 → ☑ 남한산성 행궁에서 진행하는 다양한 체험 즐기기 → ☑ 만해기념관 돌아보기

코스 03 율봄식물원

언제나 편안한 숲속 쉼터

율봄식물원은 농작물을 재배·생산하는 것에 더해 시각적 관점으로 아름답게 가꾸고 작품화해 볼거리와 쉼터를 제공하는 농촌 예술 테마파크다. 식물원은 율봄계곡을 끼고 산으로 둘러싸여 있으며 다육마을, 소나무정원, 토피어리정원 등과 동물농장까지 갖추어 볼거리가 풍성하다. 가족, 친구와 함께 피톤치드가 뿜어져 나오는 숲길을 걸으며 싱그러운 추억을 쌓기에 좋은 공간이다.

info 주소 경기도 광주시 퇴촌면 태허정로 267-54 **문의** 031-798-3119 **입장료** 5000원 **운영 시간** 4~10월 10:00~18:00(1시간 전 매표 마감), 11~3월 10:00~17:00(설 당일 휴무)

⊙ 이렇게 여행하자

☑ 식물원 내에 표시된 관람 경로를 따라 구석구석 알차게 둘러보기 → ☑ 초록잔디공원 포토 존에서 사진 찍기 → ☑ 먹이 교환권으로 동물농장에서 먹이 체험

코스 04 경안천습지생태공원 

조용히 산책하기 좋은 친환경 공원

경안천습지생태공원은 수변 식물을 통해 팔당호 상수원으로 유입되는 오염 물질을 정화하고 동식물에게 깨끗한 서식처를 제공하기 위해 조성한 친환경 생태 공원이다. 공원의 습지는 연꽃 밭으로 여름이 되면 백련, 수련, 홍련 등 색색의 연꽃으로 가득해진다. 또 철새들이 지나는 길목으로 새들의 쉼터 역할도 하며 사계절 시민들에게 친환경적인 휴식처를 제공한다.

info 주소 경기도 광주시 퇴촌면 정지리 525 **문의** 031-762-1039 **입장료** 없음 **운영 시간** 하절기 05:00~20:00, 동절기 07:00~18:00(연중무휴)

이렇게 여행하자

☑ 공원 내의 나무 덱과 숲속의 흙길, 습지 주변의 제방길을 따라 약 2km에 이르는 공원을 충분히 즐기기
→ ☑ 산책로 곳곳에 놓여 있는 팻말에 적힌 시 감상하기

 코스 05 팔당호

혼자서 훌쩍 떠나는 드라이브 길

서울시의 상수도원으로 보호받는 팔당호는 팔당댐이 만들어지면서 생겨난 호수다. 서울 시내를 벗어나 팔당호로 향하는 45번 국도는 계절마다 옷을 갈아입으며 보는 이의 눈을 즐겁게 한다. 길을 따라 시원하게 뻗은 강줄기, 하늘을 담은 잔잔한 물결과 그 뒤로 펼쳐진 둥글둥글 낮은 산이 마음을 편안하게 해주고, 비가 오는 날에는 물안개 낀 모습이 운치 있다.

info 주소 경기도 광주시 남종면 산수로 1692(경기수자원본부 팔당전망대) **문의** 031-8008-6915(경기수자원본부) **입장료** 없음 **운영 시간** 24시간(연중무휴)

이렇게 여행하자

☑ 경기도수자원본부 안에 위치한 팔당전망대 들르기
→ ☑ 호숫가를 산책하며 팔당댐과 호수, 산이 어우러진 아름다운 자연 감상하기

한옥에서 즐기는 한정식
낙선재

낙선재는 남한산성에서 소문난 맛집으로 한국의 정취가 물씬 느껴지는 한옥으로 조성한 한정식집이다. 불고기, 보리굴비, 간장게장 한정식과 한약재를 듬뿍 넣은 토종 닭백숙이 인기가 좋으며 밑반찬도 찬기에 예쁘게 정성 가득 담아내와 정갈하고 맛깔스럽다.

주소 경기도 광주시 남한산성면 불당길 101 **문의** 031-746-3800 **가격** 한우 참숯 불고기정식 3만9000원, 한방 토종 닭백숙 8만8000원 **영업시간** 11:00~21:00, 브레이크 타임 평일 15:00~16:00·주말 16:00~17:00(연중무휴) **주차장** 있음

40년 전통
수라간

남한산성 로터리 바로 앞 명당 자리에 위치한 수라간은 40년 전통을 이어가고 있는 남한산성의 터줏대감이다. 산채비빔밥과 두부전골 등 일반 식사부터 닭, 오리 백숙까지 다양한 메뉴를 갖추어 주문에 앞서 고민이 필요할 정도다. 함께 나오는 반찬은 소박하지만 깔끔하고 정갈하다.

주소 경기도 광주시 남한산성면 남한산성로 769 **문의** 031-743-6556 **가격** 담백한 나물이 밥보다 많이 들어 있어 건강한 맛, 산채비빔밥 1만 원, 누룽지백숙 7만5000원 **영업시간** 09:00~20:00(연중무휴) **주차장** 있음

깊은 산속 베이커리 카페
카페 산

남한산성으로 가는 길에서 벗어나 산길을 조금 오르면 카페 산이 보인다. 잘 지은 숲속 별장 느낌의 카페는 넓은 잔디가 깔린 야외 공간과 어느 테이블에 앉아도 시원한 마운틴 뷰를 감상할 수 있는 2층 공간을 갖추었다. 통창으로 햇살이 카페 깊숙한 곳까지 들어와 따스하고 밝다.

주소 경기도 광주시 남한산성면 검복길 82 **문의** 031-732-1630 **가격** 누구에게나 사랑받는 부드러운 아메리카노 7000원, 카페라테 8000원 **영업시간** 평일 11:00~19:00, 주말·공휴일 11:00~20:00(수요일 휴무) **주차장** 있음

꾸미지 않은 자연에서 즐기는 캠크닉

금원수목원

금원수목원은 캠핑장은 아니지만 캠핑장 분위기를 내면서 상시로 캠크닉이나 나들이를 할 수 있 는 곳이다. 오래된 수목원답게 아름드리 나무들이 하늘 높이 솟아 그늘을 만들어주어 그 아래 텐트를 펼치면 된다. 날이 좋다면 간단히 캠핑 의자와 테이블을 펼치고 낮잠을 자도 좋고, 버너를 이용한 취사도 가능해서 삼겹살 파티도 할 수 있다. 숙박을 제외하고 캠핑장에서 할 수 있는 모든 것을 즐기는 최고의 공간이다.

"한여름 대형 수영장과 가을철 단풍 맛집으로 유명한 금원수목원은 취사가 가능해서 당일치기 캠크닉을 즐기기에 좋아요. 수목원 입구에서부터 중앙쉼터, 단풍마당, 안마당, 바깥마당, 높은 마당 등 여러 개의 구역으로 나뉘어 있어요. 예약을 받지 않고 선착순으로 입장하기 때문에 부지런히 움직여야 마음에 드는 자리에 피칭을 할 수 있어요. 배부르게 바비큐 파티를 한 후 신나는 음악을 틀고, 배드민턴도 치고, 산책을 하면서 힐링하다 보니 어느새 퇴실해야 할 시간이 되어서 무척 아쉬웠어요."

힐링, 자연, 공원

info 주소 경기도 광주시 남종면 태허정로 389 **문의** 031-762-3702 **가격** 어른 1만2000원, 어린이 1만 원, 여름 수영장 오픈 시 가격 상이 **영업시간** 봄·여름·가을 09:00~18:00(개인은 토·일요일, 공휴일 이용 가능), 월요일 휴무(월요일이 공휴일인 경우 화요일 휴무), 동절기 휴장
편의 시설 주차장 O, 편의점/마트 O, 화장실 O, 샤워 X, 취사 O, 전기 X, 덱 O, 사이드 주차 O, 반려동물 X
체크 사항 · 취사는 버너만 이용 가능, 장작과 숯불은 금지된다. · 벌레가 많아 모기 관련 상비약을 준비하면 좋다.

송도

야경은 홍콩보다 송도

홍콩에서와 같은 로맨틱한 야경을 즐기고 싶다면 송도로 떠나보자. 초고층 빌딩에서 쏟아내는 불빛이 밤하늘을 수놓고, 센트럴파크의 호수에서는 초승달 모양의 문보트가 떠다녀 보는 이의 마음을 설레게 한다. 송도의 마천루와 호수가 불빛에 일렁이는 모습을 그냥 즐기면 된다.

Drive Course · 이동 거리 **34.9km** · 소요 시간 **1시간 5분** · 전체 코스 **10시간**

01 송도 센트럴파크
별이 반짝이는 밤에
호수 위 보트 타보기

12km
23분

02 소래습지 생태공원
이국적인 풍차를 배경으로
한 포토 존에서 사진 찍기

19km
30분

03 인천 차이나타운
차이나타운의 명물, 하얀
짜장과 길거리 간식 즐기기

3.9km
12분

04 월미테마파크
바다열차 타고
서해 바다의 낙조 감상하기

코스 01 송도 센트럴파크 

눈을 뗄 수 없는 매혹적인 야경

인천 송도는 국제도시와 경제특구로 지정되면서 국내 기업과 국제기구가 들어와 이국적인 느낌을 물씬 풍기는 대도시로 변모했다. 송도 센트럴파크는 거대한 규모의 녹지를 이뤄 시민들에게 산책과 휴식, 문화의 공간이 되어주고 있다. 송도 센트럴파크의 하이라이트는 휘황찬란한 마천루와 호수 위 초승달 모양의 조명을 켠 문보트가 어우러지는 매혹적인 야경이다. 도심 한가운데서 펼쳐지는 빛의 향연을 즐겨보자.

info 주소 인천시 연수구 컨벤시아대로 160 **문의** 032-456-2860(인천시 시설관리공단) **입장료** 없음(주차 1시간 1000원) **운영 시간** 24시간(연중무휴)

◎ **이렇게 여행하자**

☑ 센트럴파크의 특색 있는 정원 돌아보기 → ☑ 한옥마을에 들러 맛있는 점심 또는 호수 뷰 보며 커피 한잔하기 → ☑ 문보트 타고 송도의 아름다운 야경 즐기기

코스 02 소래습지생태공원

도심에서 만나는 생태계의 보고

습지생태공원은 원래 1930년대 중반에 조성되어 소금을 생산하던 소래염전으로 1996년에 문을 닫았다가 소래습지생태공원으로 다시 태어났다. 갯벌은 연안 습지 생물의 서식지이자 철새 도래지로 겨울이면 조류 관찰 덱에서 새들을 관찰할 수 있다. 노을이 질 때면 햇빛을 가득 머금은 갈대밭과 이국적인 풍차의 모습이 어우러져 아름답다. 중간중간 쉼터가 많아 쉬엄쉬엄 산책하기 좋다.

info **주소** 인천시 남동구 소래로154번길 77 **문의** 032-435-7076 **입장료** 없음(주차 1시간 600원) **운영 시간** 공원 04:00~23:00, 공원 내부 산책로 09:30~17:30(월요일, 1월 1일, 명절 연휴 휴관)

이렇게 여행하자

☑ 생태전시관 관람하기 → ☑ 염전 관찰 덱에서 바둑판 모양 염전 관찰하기 → ☑ 갈대 군락지 걸으며 풍차 앞 포토 존에서 사진 찍기 → ☑ 습지 구역 관찰하기

코스 03 인천 차이나타운

인천에서 만나는 또 하나의 중국

한국에서 가장 많은 화교가 살던 곳이 인천 차이나타운다. 차이나타운의 상징인 패루를 지나 위로 5분 정도 오르면 길 양옆으로 중식당이 즐비하고, 월병과 탕후루를 파는 상점이 즐비한 짜장면 거리가 나온다. 또 삼국지 벽화 거리, 맥아더 장군의 동상이 있는 자유공원과 한중문화관, 짜장면박물관도 골목 구석구석 숨어 있다. 데이트 코스로도, 역사 여행 코스로도 손색이 없다.

info 주소 인천시 중구 차이나타운로44번길 28-12(공영 주차장) **문의** 032-777-1330(인천역 관광안내소) **입장료** 없음(주차료 1시간 2000원) **운영 시간** 24시간(연중무휴)

☑ 붉은색으로 단장한 짜장면 거리의 맛집에서 중국요리 즐기기 → ☑ 한중문화관에 들러 중국차 시음해보기 → ☑ 차이나타운의 먹거리 즐기기

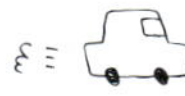 코스 04 월미테마파크

인천 앞바다를 한눈에 담는 테마파크

월미테마파크는 1992년에 마이랜드로 개장한 이래 2009년 현재의 모습을 갖춘 월미도의 놀이 체험 테마파크다. 월미도의 마스코트 타가다 디스코와 바이킹, 로맨틱한 대관람차 등 다양한 놀이 시설과 시원한 물놀이 존, VR 가상체험 존까지 있을 건 다 있는 복합 놀이 공간이다. 월미 문화의 거리에서 버스킹하는 사람들, 거리의 화가들, 음악 분수가 서해 바다와 어우러져 로맨틱하다.

info 주소 인천시 중구 월미문화로 81 **문의** 032-761-0997 **입장료** 없음(선택 할인권 2만2000원) **운영 시간** 월~금요일 12:00~22:00, 토요일 11:00~23:00, 일요일 11:00~22:00(연중무휴)

☑ 월미 문화의 거리를 걸으며 인천대교와 영종도 보기 → ☑ 월미 바다열차 타고 월미도 한 바퀴 돌아보기 → ☑ 월미 테마파크에서 대관람차, 바이킹 등 놀이기구 타기

하얀 짜장으로 유명한
연경

차이나타운의 백미는 짜장면 집이다. 중국 식당이 즐비한 거리에서 고급 중식당 느낌의 연경은 단연 돋보인다. 특히 2층 테라스에서 바라보는 차이나타운 거리의 느낌이 운치 있고 굉장히 이국적이다. 연경에서 직접 개발한 춘장으로 요리한 하얀 짜장과 멘보샤가 인기 메뉴다.

주소 인천시 중구 차이나타운로 41 **문의** 0507-1389-7894 **가격** 독특한 춘장으로 하얗게 만든 하얀 짜장 1만 원, 멘보샤 2만 원 **영업시간** 10:30~21:30, 라스트 오더 21:00(연중무휴) **주차장** 평일 발레파킹 가능, 주말 차량 진입 불가

싱싱한 활어가 가득
소래포구종합어시장

소래포구종합어시장은 365일 신선한 해산물로 손님을 유혹하는 인천의 대표적인 어시장이다. 골목마다 새우튀김과 오징어튀김이 눈길을 사로잡고, 시장으로 들어가면 싱싱한 활어회와 해산물이 가득하다. 어시장 위쪽으로는 소래철교와 장대포대지가 있어 식사 후 잠시 걷기에도 좋다.

주소 인천시 남동구 장도로 86-17 **문의** 031-446-7536 **가격** 여러 종류의 튀김을 맛볼 수 있는 모둠튀김 1만5000원, 해물칼국수 1만 원 **영업시간** 09:00~22:00(매장마다 상이), 연중무휴 **주차장** 있음

일본식 주택 카페
아키라커피

차이나타운을 걷다가 골목길로 들어가면 하얀 담벼락에 파란 새가 그려진 아키라커피 집이 보인다. 아키라커피는 정원이 있는 주택을 개조해 조성한 곳으로 다다미방과 정원, 그리고 카페에서 가장 인기 좋은 루프톱까지 갖추어 마음에 드는 공간에서 커피를 즐기면 된다.

주소 인천시 중구 차이나타운로 44번길 16-24 **문의** 0507-1343-4887 **가격** 아키라의 자체 블렌딩 우유와 리스트레토 샷의 기분 좋은 조화, 아키라 화이트 6500원, 아메리카노 4900원 **영업시간** 월~금요일 12:00~20:00(주말은 21:00까지 운영, 연중무휴) **주차장** 없음

빌딩 숲에서 즐기는 바다뷰 캠핑

송도국제캠핑장

송도국제캠핑장은 인천 바다를 바라보며 캠핑을 즐길 수 있는 도심 속 캠핑장이다. 도심에 시설을 잘 갖춘 캠핑장이 있다는 것도 쉽지 않은 일인데 바다 뷰라는 것이 더욱 놀랍다. 별도 주차 공간에 주차 후 이동해야 하는 덱 사이트 A와 사이트 바로 옆에 주차 가능하고 테이블에 의자까지 갖춘 오토 캠핑장 B가 있다. 어린이놀이터, 족구장, 물놀이터, 잔디밭까지 기본 시설이 훌륭하다. 야경의 도시답게 캠핑장 또한 저녁이면 산책로를 따라 조명이 켜지고 마천루가 밤하늘을 밝힌다.

"송도는 국제도시라 인근에 캠핑장이 있을까 고민하며 취재지를 찾았는데, 어렵지 않게 전망과 시설 두 마리 토끼를 모두 잡은 송도국제캠핑장을 발견해서 횡재한 기분이었어요. 넓은 공간 대비 사이트 간격이 넓지 않은 부분과 캠핑장 앞 산책길을 걷는 외부인 때문에 프라이빗한 캠핑이 어려웠던 부분이 아쉬웠지만 도심 속 캠핑이니 이 정도는 감내해야 할 것 같아요. 빌딩 숲 사이에서 즐기는 캠핑의 묘미를 느껴보세요."

야경, 바다 뷰, 힐링

info 주소 인천시 연수구 지식기반로 60 **문의** 1566-0156 **가격** 월~목요일 3만5000원, 주말 및 공휴일 5만원 **영업시간** 입실 14:00, 퇴실 11:00

편의 시설 주차장 O, 편의점/마트 O, 화장실 O, 샤워 O, 취사 O, 전기 O, 덱 O, 사이드 주차 O(B 사이트), 반려동물 X

체크 사항 사이트 간격이 넓지 않으니 프라이빗하게 즐기고 싶다면 가림막을 준비하면 좋다.

경주

왕들의 산책길

경주의 속살을 오롯이 느끼려면 낮과는 완전히 다른 매력의 밤을 즐겨야 한다. 경주 야경의 백미는 다양한 문화유산이 산재해 유네스코가 경주역사유적지구로 지정한 경주 대릉원 일원이다. 첨성대, 대릉원과 월정교 등 1000년을 이어온 인자하고 담백한 신라의 미소를 보러 떠나보자.

Drive Course ·이동 거리 **3km** ·소요 시간 **7분** ·전체 코스 **8시간**

01 대릉원
천마총은 내부를
공개 중이니 놓치지 말기

도보
1분

02 첨성대
첨성대의 낮과 밤을
모두 즐길 것

1.4km
2분

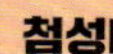

03 월정교
바이크로 최부자댁, 교촌한
옥마을, 경주향교 돌아보기

1.5km
2분

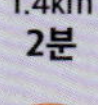

04 동궁과 월지
문화유산해설사의 해설과
함께 야경투어 즐기기

0.1km
2분

05 황리단길
황리단길 소품 숍에서
취향 저격 아이템 찾기

코스 01 대릉원

왕릉에서 즐기는 산책

대릉원은 경주를 대표하는 유적지로 규모가 가장 큰 황남대총을 비롯해 미추왕릉, 천마총 등 23여 기의 고분이 밀집해 있다. 특히 천마총에서는 자작나무 껍질로 만든 말다래에 그린 천마도와 함께 금관과 금관 허리띠 등 국보급 유물 수십 점이 발굴되었다. 대릉원은 야경 맛집으로도 유명한데, 거대한 황남대총이 마치 엄마의 품처럼 세 그루의 나무를 감싸고 있는 풍경이 압권이다.

info 주소 경상북도 경주시 황남동 31-1 일대 **문의** 054-771-8650 **입장료** 없음, 천마총 어른 3000원·청소년 2000원·어린이 1000원(주차료 2시간 2000원) **운영 시간** 09:00-22:00(30분 전 입장 마감, 연중무휴)

⊙ 이렇게 여행하자

☑ 천마총 방향으로 돌거나 SNS 포토 존 방향으로 대릉원 한 바퀴 돌아보기 → ☑ 천마총 꼭 들르기 → ☑ 황남대총을 배경으로 한 포토 존에서 사진 찍기

코스 02 첨성대

한국미의 결정체

첨성대는 국보 제31호로 신라 중기 선덕여왕 때 지은 석조 건축물이자 현존하는 동양 최고의 천문대다. 1년을 의미하는 365개의 화강암으로 이루어졌고 꼭대기에 우물 정(井) 자 모양의 사각형 돌을 짜 올렸다. 첨성대의 곡선은 미끄러져 내리듯 땅과 하늘을 이어주고 봉긋하게 돋아나 마치 서로 기대듯 서 있다. '한국의 곡선미'를 뽐내며 경주의 이정표처럼 도시 중심에 우뚝 선 모습이 인상적이다.

⊙ 이렇게 여행하자

☑ 해 질 무렵 도착해 첨성대 앞에 펼쳐진 야생화단지 돌아보기 → ☑ 계림과 내물왕릉으로 이어지는 산책로 걷기 → ☑ 은은한 조명이 켜진 첨성대 감상하기

info 주소 경상북도 경주시 인왕동 839-1 **문의** 054-771-1336(경주역 관광안내소) **입장료** 없음 **운영 시간** 24시간(연중무휴)

코스 03 월정교

달처럼 깨끗하고 해처럼 따뜻한 다리

낮보다 밤이 더 화려한 월정교는 남산과 왕궁을 잇는 교통로이자 화려한 왕궁의 다리였다. 고증을 거쳐 2013년 현재의 모습으로 복원되었으며, 고대 교량 건축 기술의 백미로 꼽힌다. 월정교의 문루를 지나면 길고 곧게 뻗은 회랑이 이어지는데, 굵은 기둥이 늘어서 독특한 풍경을 연출한다. 일몰 시간이 되면 불타오르는 하늘과 하천에 떠오른 또 하나의 월정교의 황홀한 야경이 매혹적이다.

info 주소 경상북도 경주시 교동 274 **문의** 054-771-1336(경주역 관광안내소) **입장료** 없음 **운영 시간** 09:00~22:00(연중무휴)

이렇게 여행하자

☑ 교촌한옥마을, 최부자댁, 경주향교 돌아보기 → ☑ 월정교를 건너며 회랑에서 사진 찍기 → ☑ 월정교 앞 징검다리 건너며 추억 되새기기 → ☑ 벤치에 앉아 야경 감상하기

코스 04 동궁과 월지 

**달이
비치는
연못**

우리에게 익숙한 옛 이름인 안압지에서 동궁과 월지라는 명칭으로 재탄생하면서 경주를 넘어 대한민국의 야경 명소로 자리 잡았다. 통일신라 시절 왕궁의 별궁 터인 이곳은 왕자가 거처하는 동궁으로 사용했으며, 나라에 경사가 있을 때나 귀빈을 맞을 때 연회를 열었다고 전해진다. 밤이 되면 연못에 궁과 달의 모습이 비춰 그 안에 하나의 작은 세계가 생긴 듯 신기루에 빠진다.

info 주소 경상북도 경주시 원화로 102 **문의** 054-750-8655 **입장료** 어른 3000원, 어린이 1000원 **운영 시간** 09:00~22:00(30분 전 입장 마감, 연중무휴)

⊙ 이렇게 여행하자

☑ 입구부터 시계 방향으로 신라 건축물 둘러보기 → ☑ 연못 주변 산책로를 따라 한 바퀴 돌아보거나 잠시 머무르며 야경 즐기기

코스 05 황리단길 

**경주에서
가장
젊은 길**

황리단길은 황남동 포석로 일대의 '황남 큰길'이라 불리던 골목길로 전통 한옥 스타일의 카페와 식당부터 아기자기하고 트렌디한 소품 숍, 퓨전 스타일 비스트로 등이 밀집해 있는 곳이다. '황리단길'이라는 이름도 황남동과 이태원의 핫 플레이스인 경리단길이 합쳐져 '황남동의 경리단길'이라는 뜻을 지니고 있다. 첨성대, 대릉원과 인접해 함께 들러보기 좋다.

info 주소 경상북도 경주시 포석로 1080 **문의** 054-771-1336(경주역 관광안내소) **입장료** 없음 **운영 시간** 24시간(연중무휴)

⊙ 이렇게 여행하자

☑ 골목길 안에 숨어 있는 핫 플레이스 찾아다니기 → ☑ 마음에 드는 맛집이나 카페에서 시간 보내기

건강한 삼색 비빔밥
황남비빔밥

황남비빔밥은 한옥으로 지은 깔끔한 외관과 넓은 마당이 눈길을 끄는 경주 황리단길 맛집이다. 황남비빔밥의 시그너처 메뉴인 황남 스페셜을 주문하면 신선하고 좋은 재료로 만든 육회, 갈비, 꼬막이 한 접시 가득 나온다. 식사 후 마당의 평상에 앉아 아름다운 노을을 즐겨도 좋다.

주소 경상북도 경주시 첨성로73번길 11 **문의** 0507-1426-7116 **가격** 육회와 갈비, 그리고 꼬막이 어우러져 맛과 영양이 가득 담긴 황남 스페셜 3만6000원, 육회물회 1만3000원 **영업시간** 10:00~21:00, 브레이크 타임 15:30~17:00(연중무휴) **주차장** 없음

소나무 솔
카페 솔(SOL)

황리단길에서 한옥의 미를 가장 잘 살린 카페를 꼽으라면 카페 솔을 빼놓을 수 없다. 본채와 별채, 마당과 돌담까지 제대로 갖추어 놓았다. 특히 본채의 대청마루는 볕이 좋은 날 걸터앉아 음료를 즐기기 좋다. 밤에는 마당의 분수와 돌다리에 은은하게 조명이 비춰 운치를 더한다.

주소 경상북도 경주시 포석로1092번길 62-8 **문의** 0507-1428-9449 **가격** 라테와 아이스크림의 조화, 솔라테 7500원, 리프레시 애플 블랙티 5500원 **영업시간** 10:30~22:00 **주차장** 없음

시원한 폭포를 보며 즐기는 노지 캠핑

동창천 청룡폭포

동창천은 산내면에서 발원해 경상북도 청도군까지 이어지는 하천으로, 폭포를 감상하며 물놀이를 하기 좋은 곳이다. 절벽에서 시원스레 물줄기가 쏟아지는 인공 폭포인 '청룡폭포'가 있는 동창천 둔치 일대는 노지 야영이 가능하며 강변 둔치 쪽으로 차량 진입이 가능해 차박도 할 수 있다. 여름철에는 안전요원과 주차요원이 상주해 물놀이를 즐기기에도 좋다. 주변에 마트, 카페, 식당, 편의점 등 상가가 형성되어 있고 화장실도 관리가 잘되어 있어 경주 차박지로 추천할 만하다.

"경주는 일반 캠핑장뿐 아니라 노지 캠핑을 할 수 있는 스폿이 많고, 시설이 잘 갖춰져 있어서 캠퍼들에게 파라다이스 같은 곳이 아닐까 싶어요. 특히 동창천 일원은 시원한 폭포를 바라보며 물놀이를 하기 좋고, 한여름에 방문해서 사람은 많았지만 공간이 넓어 여유롭게 캠핑을 할 수 있었어요."

 **물놀이**

info 주소 경상북도 산내면 내일리 1782-1 **문의** 054-772-9289(경주역 관광안내소) **가격** 없음 **영업시간** 24시간

편의 시설 주차장 O, 편의점/마트 O, 화장실 O, 샤워 X, 취사 O, 전기 X, 덱 X, 사이드 주차 O, 반려동물 O

체크 사항 · 자갈이 깔려 있어 걷기 불편하므로 운동화를 챙겨 가면 좋을 것 같아요. · 인근에 마트와 편의점이 있으니 짐을 바리바리 싸지 않아도 돼요.

부산

1년 내내 낭만이 넘치는 도시

다대포부터 청사포까지 이어지는 드라이브 길은 다양한 모습을 선사한다. 부산의 랜드마크가 된 광안대교 일대의 밤은 화려하게 빛나고, 대한민국을 대표하는 이국적인 해운대해수욕장과 흰여울문화마을은 활기가 넘친다. 화려함과 낭만이 잘 어우러진, 진짜 부산을 만날 시간이다.

Drive Course · 이동 거리 35.9km · 소요 시간 53분 · 전체 코스 9시간

 **01 다대포해수욕장**
다대포의 일몰은 절대 놓치지 말 것

15km 19분

 **02 흰여울문화마을**
전망대에서 바다 전망 감상 후 절영해안산책로 걷기

13km 18분

 **03 광안리해수욕장**
해 질 녘 해변에 앉아 광안대교 바다 보기

3.8km 8분

 **04 해운대해수욕장**
봄에 동백꽃이 만개하는 동백섬은 절대 놓치지 말기

4.1km 8분

 **05 청사포**
해운대 해변열차 타고 부산 바다 돌아보기

코스 01 다대포해수욕장

낙동강과 남해안이 만나 고운 모래밭을 만든 곳이자 아름다운 일출과 일몰을 조망할 수 있는 다대포해수욕장은 자연이 준 선물과도 같은 곳이다. 모래사장을 거닐 때면 발가락 사이로 흘러내리는 모래알의 감촉이 좋다. 나무 덱으로 이어진 생태 탐방로의 산책로를 걸으면 마치 하늘과 바다 사이를 가로지르는 듯 묘한 기분이 든다. 부산에서 가장 아름다운 낙조를 감상할 수 있는 곳이기도 하다.

이렇게 여행하자

☑ 다대포해수욕장에서 해수욕 즐기기 → ☑ 송림에 앉아 바다 감상하기 → ☑ 해 질 녘쯤 갈대밭 위 나무 덱 걸으며 일몰 감상하기 → ☑ 꿈의 낙조분수의 공연 보기

info **주소** 부산시 사하구 다대동 **문의** 051-220-5895 **입장료** 없음(다대포해변공원 공영 주차장 주차료 10분 200원) **운영 시간** 24시간(연중무휴)

코스 02 흰여울문화마을

바닷가를 따라 기암괴석이 끊임없이 이어지는 절영해안산책로의 가파른 담 위로 독특한 마을 풍경이 보인다. 한국전쟁 이후 피란민들의 애잔한 삶이 시작된 곳이지만, 현재는 마을 주민과 함께하는 문화 마을 공동체로 변신했다. 골목마다 빼곡하게 들어선 집들이 빚어내는 풍경도 이색적이다. 골목골목 감각적인 카페와 공방, 독립 서점이 들어서 마을을 돌아보는 재미가 있다.

info **주소** 부산시 영도구 영선동4가 605-3 **문의** 051-419-4067 **입장료** 없음 **운영 시간** 24시간(연중무휴)

이렇게 여행하자

☑ 해안가 쪽 골목을 걸으며 특색 있는 상점 구경하기 → ☑ 마음에 드는 카페를 만나면 커피와 함께 바다 뷰 즐기기 → ☑ 흰여울전망대와 절영해안산책로까지 돌아보기

코스 03 광안리해수욕장 

이보다 더 아름다울 수 없다

광안리해수욕장의 밤은 광안대교와 어우러져 더욱 빛을 발한다. 광안리 해변을 따라 조성된 거리에는 반려견과 함께 바닷가 산책을 즐기는 사람들과 하이킹을 하는 사람들로 언제나 붐빈다. 해가 지면 광안대교는 10만 가지 이상의 색상으로 매초 색을 바꾸며 밤바다를 수놓는다. 낮의 바다가 청량감이 넘쳤다면 밤의 바다는 매혹적이다. 낮과 밤 모두 광안리가 품은 매력은 무궁구진하다.

---

info 주소 부산시 수영구 광안해변로 219 **문의** 051-622-4251 **입장료** 없음(수영구 광안 공영 주차장 1시간 3000원) **운영 시간** 24시간(연중무휴)

⊙ 이렇게 여행하자

☑ 청량감 넘치는 낮의 광안리 맘껏 즐기기 → ☑ 해가 질 때쯤 원하는 뷰포인트를 찾아 광안대교를 배경으로 멋진 야경 사진 찍기 → ☑ 인근 횟집에서 싱싱한 회 즐기기

코스 04 해운대해수욕장 

부산 바다의 정석

부산 하면 가장 먼저 떠오르는 것은 드넓게 펼쳐진 백사장에 파도가 넘실대는 해운대해수욕장이다. 해변을 따라 크고 작은 빌딩과 고급 호텔, 노천카페와 음식점이 즐비해 하와이의 와이키키 해변에 온 듯한 기분이 든다. 다이내믹한 부산의 분위기가 물씬 느껴지는 해운대해수욕장은 여름이면 1000만 명이 넘는 피서객이 해수욕을 즐기기 위해 모여드는 명실공히 핫 플레이스다.

info 주소 부산시 해운대구 우동 620-25 **문의** 051-749-5700(해운대 관광안내소) **입장료** 없음(해운대해수욕장 광장 공영 주차장, 6~9월 10분 500원) **운영 시간** 24시간(연중무휴)

☑ 파라솔 아래에서 해수욕 즐기기 → ☑ 동백섬의 해안 산책로를 걸으며 바다 감상하기 → ☑ 해운대 주변 맛집 즐기기 → ☑ 더베이101에서 마린시티의 황홀한 야경 감상하기

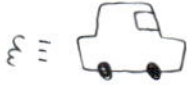 코스 05 청사포

도심 속 작은 어촌

청사포의 '청사'는 '푸른 모래'라는 뜻으로 이름만 들어도 왠지 설레고 청량한 느낌이 든다. 청사포의 명물은 해운대 미포에서 청사포를 거쳐서 송정까지 아름다운 해변을 달리는 해운대 해변열차다. 해변열차가 청사포 정거장으로 들어서기 위해 일반 도로 위를 지나는 모습이 마치 유럽의 트램을 닮아 무척 이국적이다. 바닷가 쪽에는 예쁜 카페가 여럿 늘어서 있어 커피 한잔하기 좋다.

info 주소 부산시 해운대구 중1동 **문의** 051-749-4000 **입장료** 없음 **운영 시간** 24시간(연중무휴)

☑ 빨간 등대, 하얀 등대 돌아보기 → ☑ 바다 정류장 전망대에 올라보기 → ☑ 청사포 정류장으로 들어서는 해변열차의 이국적인 모습 담기

맛과 멋 모든 것을 갖춘
넘버원 화로구이 한우다이닝

송정해수욕장 끄트머리의 전망 좋은 위치에 자리 잡은 넘버원 화로구이는 통유리창을 통해 송정 바다를 보며 식사를 즐길 수 있는 맛집이다. 신선한 한우와 해물 바비큐를 즐길 수 있다. 세련된 맛과 비주얼, 깔끔한 공간과 바다 뷰, 친절한 서비스까지, 모든 것을 갖추었다.

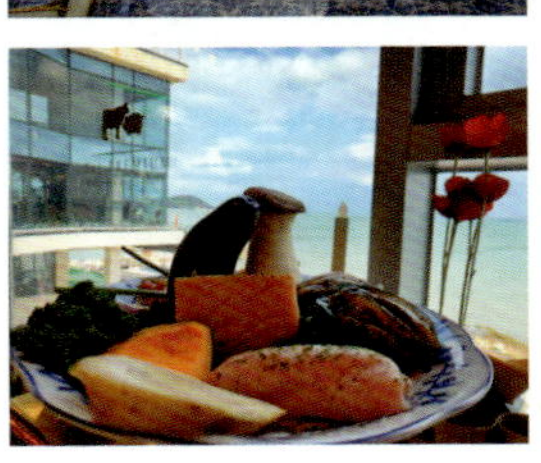

주소 부산시 해운대구 송정구덕포길 170 **문의** 051-703-7335 **가격** 최고급 한우 1⁺⁺⁺ 등급의 소고기를 숙성한 안창살·등심·새우살 5만 7000원 **영업시간** 11:00~22:00, 브레이크 타임 없음 **주차장** 있음

이국적인 야경 속 맥주 한잔
더베이101 핑거스앤챗

초고층 아파트들이 화려한 불빛을 뿜어내는 해운대의 야경을 가장 잘 즐길 수 있는 프인트는 바로 동백섬 밑에 자리한 더베이101 노천 테라스다. 핑거스앤챗의 테라스에는 이국적인 야경을 보며 피시&칩스에 시원하게 생맥주를 즐기려는 사람들로 매일 밤 북적인다.

주소 부산시 해운대구 동백로52 **문의** 051-726-8822 **가격** 바삭바삭하고 고소한 피시&칩스, 대구와 감자튀김 2만8000원, 순살치킨 2만7000원 **영업시간** 평일 14:00~24:00, 주말 12:00~24:00(연중무휴) **주차장** 있음

발리 감성 가득한 카페
흰여울비치

흰여울문화마을 골목을 걷다 보면 핑크색 카페가 눈에 띈다. 실내는 라탄 소재의 파라솔과 소품으로 러스틱한 발리 분위기이고, 야외 테라스는 비치 소품으로 가득 채워 해변에 놀러 온 듯한 느낌을 준다. 탁 트인 영도 바다를 감상하며 커피와 디저트를 즐기기에 좋다.

주소 부산시 영도 절영로 236 **문의** 0507-1348-9635 **가격** 시그너처 크림라테 7200원, 아메리카노 5500원 **영업시간** 월·목~금요일 12:00~18:00, 토·일요일 11:00~20:00(마감 1시간 전 라스트 오더, 화·수요일 휴무) **주차장** 없음(공영 주차장 이용 가능)

노을 뷰가 아름다운

삼락오토캠핑장

이곳은 삼락생태공원에 자리한 부산의 첫 오토 캠핑장으로 접근성이 좋아 캠퍼들이 많이 찾는 곳이다. 캠핑장 입구를 들어서면 넓은 잔디밭이 펼쳐져 있고 왼쪽은 오토캠핑장, 오른쪽은 일반 야영장으로 구분되어 있다. 각종 수상 레저, 자전거도로 등 삼락생태공원의 편의 시설을 온전히 누리면서 앞으로는 낙동강이 시원하게 펼쳐져 있어 산책하기에 좋다. 무엇보다 석양이 아름답기로 유명한데, 붉게 물든 하늘과 상공을 오가는 비행기의 모습에 괜히 마음이 설렌다.

"삼락오토캠핑장의 가장 큰 장점은 낭만적인 노을 뷰도 있지만 무엇보다 삼락생태공원의 시설을 오롯이 이용할 수 있다는 점인 것 같아요. 물론 1박 2일의 단기 캠핑에서는 큰 의미가 없겠지만 그 이상 되는 캠핑이라면 놀거리가 중요하거든요. 그리고 넓은 잔디밭에 나무 그늘이 없고, 문화재 지정 구역으로 방역을 하지 않아 모기가 많아서 여름 캠핑보다는 선선한 봄과 가을 캠핑을 추천해요."

캠핑, 휴양, 힐링, 자연

info 주소 부산시 사상구 삼락동 29-59(삼락생태공원 내) **문의** 051-313-6015 **가격** 오토캠핑장 평일 3만 원, 주말 3만5000원, 오물처리비 2000원 **영업시간** 입실 13:00, 퇴실 12:00, 연중무휴

편의 시설 주차장 O, 편의점/마트 O, 화장실 O, 샤워 O, 취사 O, 전기 O, 덱 O, 사이드 주차 O, 반려동물 O(A 사이트 가능)

체크 사항 나무 그늘이 없어 타프는 필수이고, 생태공원은 문화재 구역으로 방역이 불가해 여름에는 모기와 날파리가 많다. 모기장, 모기향 등 준비를 철저히 하는 것이 좋다.

훌쩍 떠나는
제주도
드라이브 명소

제주시 동부

투명한 바다와 울창한 숲속

제주의 바다와 청정 숲의 매력을 모두 느낄 수 있는 제주 동부 지역은 함덕을 시작으로 해안을 따라 에메랄드빛 해변을 만끽할 수 있는 최적의 코스다. 제주에서 오래도록 사랑받고 있는 비자림과 감성 가득한 안돌오름 비밀의 숲 등 초록의 숲과 눈부신 바다가 잘 어우러진다.

Drive Course   · 이동 거리 **22.6km**   · 소요 시간 **29분**   · 전체 코스 **6시간**

01 김녕해수욕장

요트
체험해보기

3.9km
5분

02 월정리해수욕장

해변가에 놓인 포토 존에서
사진 찍기

11.2km
14분

03 비자림

비 오는 날
방문해보기

7.5km
10분

**04 안돌오름
비밀의 숲**

숲 입구의 포토 존에서
인생 사진 찍기

코스 01 김녕해수욕장 

매혹적인 코발트 빛 바다

제주 바다 중에서도 푸른빛과 하얀 풍력발전기가 조화를 이루는 풍경이 아름답기로 유명한 김녕해수욕장. 백사장은 결이 고운 모래로 이루어져 있어 맨발로 걸어도 기분이 좋고, 아이들에겐 최고의 모래 놀이터가 되어준다. 해수욕장에서 안쪽으로 조금 더 들어가면 한산한 해변과 잔디밭에 조성된 야영장이 자리해 바다를 바라보며 조용한 캠핑을 즐길 수 있다.

info 주소 제주도 제주시 구좌읍 구좌해안로 237 **문의** 064-740-6000(제주관광정보센터) **입장료** 없음 **운영 시간** 24시간(연중무휴)

⊙ 이렇게 여행하자

☑ 백사장의 곱디고운 모래 밟아보기 →
☑ 코발트빛 바다에서 해수욕 즐기기 →
☑ 해변을 걸으며 풍력발전기와 어우러진 유니크한 바다 풍경 감상하기

 # 코스 02 월정리해수욕장

달이 머무는 곳

'달이 머무는 곳'이라는 뜻의 아담한 마을로, 초승달처럼 휜 백사장과 에메랄드빛 물색을 자랑하는 월정리해변이 있다. 그림 같은 이 풍경에 반해 전국에서 모여든 여행객들로 붐비는데, 최근에는 파도에 몸을 맡기고 바다를 즐기는 서퍼들까지 더해지며 더욱 매력적인 곳이 되었다. 이곳을 지나치는 누구라도 마법에 홀린 듯 차를 멈추고 바다를 감상하게 된다.

info 주소 제주도 제주시 구좌읍 해맞이해안로 481 **문의** 064-740-6000(제주관광정보센터) **입장료** 없음 **운영 시간** 24시간(연중무휴)

⊙ 이렇게 여행하자

☑ 하얀 백사장과 에메랄드빛 바다 감상하며 해변 걷기 → ☑ 해변을 배경으로 놓아둔 의자에 앉아 인생 사진 찍기 → ☑ 다양한 스타일의 카페나 맛집 돌아보며 마음에 드는 곳에서 여유롭게 커피 타임 갖기

코스 03 비자림

**비 오는 날
더 좋은
곳**

비자나무 단일 품종 군락으로는 세계 최대 규모. 수령이 500~800년 정도 된 오래된 비자나무 2800여 그루에서 뿜어져 나오는 긔톤치드와 테르펜이 머릿속을 맑게 해주어 마음이 한없이 편안해진다. 숲 안쪽에는 비자나무의 어머니로 불리는, 제주에서 가장 오래된 비자나무인 새천년 비자나무와 언제 봐도 신기한 연리목이 있다. 비자나무 숲은 겨울에도 잎이 떨어지지 않아 연중 푸른 모습을 선사한다.

info 주소 제주도 제주시 구좌읍 비자숲길 55 **문의** 064-710-7912 **입장료** 어른 3000원, 청소년·어린이 1500원 **운영 시간** 평일 09:00~18:00, 주말·공휴일 08:00~18:00(입장 마감 17:00, 연중 무휴)

○ 이렇게 여행하자

☑ 40분 정도의 짧은 코스 또는 1시간 이상의 긴 코스 중 골라 걷기 → ☑ 숲에 자생하는 풍란, 콩짜개란, 비자란 등의 희귀 난 찾아보기 → ☑ 숲 안쪽의 새천년 비자나무와 연리목 돌아보기

코스 04 안돌오름 비밀의 숲

**신비로운
제주의 숲**

이곳은 수많은 오름으로 가득한 제주도에서 가장 감성적인 곳으로 새롭게 떠오른 숲이다. 개방된 이후 여행객들과 풍경을 담으려는 사진작가들의 방문이 이어지고 있다. 길 양쪽으로 늘어선 편백나무 길은 웅장하고 신비로워, 비밀의 숲이라는 이름이 딱 어울린다. 편백나무 길을 지나 걷다 보면 오두막, 나 홀로 나무, 목초지, 돌담, 나무 그네 등을 만날 수 있다. 자연 그대로의 제주 숲에서 청량한 공기를 느껴보자.

info **주소** 제주도 제주시 구좌읍 송당리 2173 **문의** 064-740-6000(제주관광정보센터) **입장료** 어른·청소년 4000원, 65세 이상 3000원, 4~7세 2000원 **운영 시간** 09:00~18:00(연중무휴)

☑ 숲 입구의 민트색 캠핑카, 지프차 앞에서 편백나무를 배경으로 사진 찍기 → ☑ 발걸음 가는 대로 천천히 산책하기 → ☑ 돌무덤에 돌 하나 올리며 소원 빌기

제주 전복돌솥밥의 원조
명진전복

바다 앞에 위치해 아름다운 노을을 보며 갖가지 전복 요리를 즐길 수 있는 곳이다. 전복돌솥밥, 전복죽, 전복구이, 전복회, 네 가지 전복 요리를 판매하는 역사 깊은 전복 맛집이다. 가장 인기 좋은 건 전복돌솥밥. 반찬으로 나오는 고등어구이와 젓갈도 함께 곁들이면 별미다.

노란 간판의 튀김 맛집
문개항아리

문어 시즌이면 주인장이 매일 밤바다에 나가서 직접 잡아온 문어로 요리를 하는 문어 맛집. 문개항아리는 해물라면 또는 칼국수 맛집으로 알려졌지만, 튀김 맛 또한 기가 막히다. 반반 튀김을 시키면 큼지막한 문어, 한치, 새우, 야채튀김이 노릇하게 구워 나온다.

몽환적인 분위기의
모알보알

간판도 제대로 달리지 않은 카페의 문을 열면 또 다른 세계가 펼쳐진다. 재밌게 보았던 《아라비안나이트》의 한 장면 같은 몽환적인 분위기와 함께 활짝 열린 문밖으로 제주가 보인다. 언제 방문해도 조용하고 한가로이 쉬어 갈 수 있다는 것도 매력이다.

주소 제주도 제주시 구좌읍 해맞이해안로 1282 **문의** 064-782-9944 **가격** 탱글한 전복을 가득 올려 내오는 명진돌솥밥 1만6000원, 전복죽 1만3000원 **영업시간** 09:30~20:30(라스트 오더 20:30, 화요일 휴무) **주차장** 있음

주소 제주도 제주시 조천읍 조함해안로 217-1 **문의** 0507-1389-4775 **가격** 매콤한 맛과 담백한 맛 모두 즐길 수 있는 우삼겹통칼국수·통라면 반반 4만8000원, 반반 튀김 2만5000원 **영업시간** 09:30~19:50(라스트 오더 18:50, 연중무휴) **주차장** 있음

주소 제주도 제주시 구좌읍 구좌해안로 141 **문의** 010-5039-3506(노키즈 존, 중학교 1학년부터 출입 가능, 반려동물 동반 가능) **가격** 부드럽고 원두의 풍미가 느껴지는 아메리카노 7000원, 제주 말차 8500원 **영업시간** 10:30~18:30(라스트 오더 18:00, 연중무휴) **주차장** 있음

하늘색 물감을 뿌린 듯 영롱한 바다에서의 캠핑

함덕 서우봉해변야영장

제주 동쪽의 에메랄드빛 보석을 품은 듯 아름다운 함덕해수욕장과 해수욕장 바로 옆에 우뚝 선 오름, 서우봉. 함덕 서우봉해변야영장은 해수욕장과 서우봉의 중간 정도 지점에 키 큰 야자수들이 환영해주는 너른 잔디밭에 위치한다. 텐트를 펴고 느긋하게 의자에 앉아 있자면 파란 하늘이 붉게 물들고 랜턴이 하나둘 켜진다. 해가 지면 텐트마다 모닥불 앞에서 이야기꽃을 피운다. 우뚝 선 오름과 바다에서 들리는 파도 소리, 야자수와 그 아래 둥지를 튼 캠퍼들에게서 제주 감성이 느껴진다.

"기대를 잔뜩 하고 차를 몰고 간 제주에서의 첫 캠핑지였어요. 바다 가까운 곳에 흉한 모습으로 비어 있는 텐트들을 보고 잠시 실망하기도 했지만 조용한 뒤쪽에서 우리만의 캠핑을 즐겼죠. 그날 따라 유독 아름다웠던 일몰과 다음 날 아침의 일출에 감동하고, 함덕해수욕장의 잘 가꾼 산책로도 걷고, 서우봉도 천천히 오르며 함덕해수욕장을 흠뻑 느낀 캠핑이었어요."

바다, 오름, 힐링

info 주소 제주도 제주시 조천읍 함덕리 산4-4 **문의** 064-783-8014(함덕리 사무소) **가격** 없음 **영업시간** 24시간(연중무휴)

편의 시설 주차장 O, 편의점/마트 O, 식당 O, 화장실 O, 샤워 X(해수욕장 운영 기간 중 사용 가능), 취사 O, 전기 X, 덱 X, 사이드 주차 X, 반려동물 O

체크 사항 · 주위에 풀과 나무가 많아 여름에는 모기나 벌레가 있으니 모기 기피제나 모기향 등을 챙겨 가면 좋다. · 야영장이기는 하나 무료로 운영하는 곳으로 별도로 전기를 지원하지 않으니 이를 염두에 두는 것이 좋다.

제주시 서부

에메랄드빛 바다와 백사장

에메랄드빛 바다의 모습을 간직한 제주시 서부 지역은 특색 있는 카페와 맛집이 많아 젊은 층의 선호도가 가장 높으며, 제주에서 여행객이 가장 많이 방문하는 곳이다. 현무암 절벽과 맞닿아 파도가 넘실대는, 산책하기 좋은 한담 해안 산책로와 비양도 뷰를 즐길 수 있는 제주의 대표 해변, 협재해수욕장은 언제나 여행객들의 발길을 끈다.

Drive Course ·이동 거리 **21km** ·소요 시간 **22분** ·전체 코스 **7시간**

01 한담 해안 산책로

애월 카페 거리에서 커피 한잔하기

11.6km
12분

02 협재해수욕장

비양도를 배경으로 인생 사진 찍기

583m
1분

03 한림공원

계절에 맞는 꽃 정원 놓치지 않기

8.7km
9분

04 신창 풍차 해안도로

하얀 풍력발전기를 배경으로 아름다운 일몰 사진 찍기

코스 01 한담 해안 산책로 

제주 바다를 가장 가까이 걷는 방법

요즘 제주에서 가장 핫한 애월의 카페 거리에서 곽지과물해변까지 해안을 따라 이어지는 약 1.2km의 산책로다. 자연 지형을 그대로 살려 구불구불한 길 옆으로는 용암이 굳으면서 생겨난 신기한 형태의 검은 바위들이 시선을 끌고, 파도가 첨벙거린다. 특히 자전거, 오토바이 등의 출입을 금지해 에메랄드빛 해변을 즐기며 오롯이 산책에 집중할 수 있다. 서쪽에 위치해 아름다운 일몰을 감상하기에도 좋다.

info 주소 제주도 제주시 애월읍 곽지리 1359 **문의** 064-740-6000(제주관광정보센터) **입장료** 없음 **운영 시간** 24시간(연중무휴)

✓ 이렇게 여행하자

☑ 바다와 돌, 길에 집중하며 산책하기 → ☑ 마음에 드는 카페에 앉아 여유로운 시간 즐기기 → ☑ 아름다운 일몰 감상하기

 코스 02 협재해수욕장

한 편의 수채화 같은 해변

바다 가운데 봉긋하게 솟아 신기루처럼 때론 선명하게, 때론 희미하게 모습을 드러내는 신비의 섬. 그 앞으로 펼쳐진 맑고 투명한 바다와 희고 고운 백사장. 제주도 하면 떠오르는 가장 익숙한 이 풍경을 질리도록 볼 수 있는 곳이 바로 협재해수욕장이다. 여름철에는 거의 매일 저녁 붉은 노을이 서쪽 하늘을 물들이는 모습이 황홀하다. 수심이 고르고 낮아 아이들이 물놀이하기에도 좋다.

info 주소 제주도 제주시 한림읍 한림로 329-10 **문의** 064-740-6000(제주관광정보센터) **입장료** 없음 **운영 시간** 24시간(연중무휴)

✓ 이렇게 여행하자

☑ 부서지는 하얀 모래사장을 걷거나 여름이라면 태닝 혹은 해수욕 즐기기 → ☑ 비양도를 배경으로 인생 사진 찍기 → ☑ 금능해수욕장의 야자수 길도 함께 둘러보기

코스 03 한림공원

365일 꽃 세상

1971년에 문을 연 역사 깊은 꽃 테마파크다. 아름답고 희귀한 식물의 왕국인 아열대식물원, 남국의 정취를 물씬 풍기는 야자수 길, 옛날 제주의 모습을 보여주는 초가집이 모여 있는 재암민속마을과 신야초원, 분재원, 연못정원, 사파리조류원, 재암수석관 등 볼거리가 풍성하다. 또 250만 년 전에 생성된 용암 동굴인 협재굴과 쌍용굴 덕에 한여름에도 더위를 피해 시원하게 관람할 수 있다.

info 주소 제주도 제주시 한림읍 한림로 300 **문의** 064-796-0001~4 **입장료** 어른 1만5000원, 청소년 1만 원, 어린이 9000원 **운영 시간** 2~5·9~10월 09:00~17:00, 6~8월 09:00~17:30, 11~1월 09:00~16:30(연중무휴)

☑ 지도에 나와 있는 코스대로 식물 감상하며 천천히 즐기기 → ☑ 야자수 길에서는 남국의 정취를 느끼며 사진 찍기 → ☑ 협재굴과 쌍용굴도 꼭 들러보기

코스 04 신창 풍차 해안도로

황홀한 일몰 풍경을 자랑하는 곳

제주도 서쪽 끝, 신창리부터 용수리까지 약 5km 구간을 따라 이어지는 신창 풍차 해안도로는 해상 풍력 단지가 있어 해안도로를 따라 줄지어 선 풍차를 볼 수 있다. 푸른 바다와 하늘을 배경으로 늘어선 하얀 풍력발전기들의 모습이 장관이다. 제주 서쪽이 일몰로 워낙 잘 알려져 있지만, 특히 신창 풍차 해안도로의 일몰은 아름답기로 손꼽힌다. 일몰 무렵 적당한 곳에 차를 세워 황홀한 풍경을 감상해보자.

---

info 주소 제주도 제주시 한경면 신창리 1322-1(싱계물공원) **문의** 064-740-6000(제주관광정보센터) **입장료** 없음 **운영 시간** 24시간(연중무휴)

⊙ 이렇게 여행하자

☑ 신창 풍차 해안도로 달리며 아름다운 풍경 감상하기 → ☑ 싱계물공원에 주차하고 공원과 해안 길 따라 걷기 → ☑ 황홀한 일몰 감상하기

"]

애월의 숨은 맛집
모리노아루요

모리노아루요는 인기 프로그램이던 〈효리네 민박〉에 나와 많은 사람에게 알려진 김승민 셰프가 운영하는 일본 가정식집이다. 메뉴는 일본식 덮밥과 튀김이며 가장 인기 높은 카이센동은 성게알로 가득 덮여 고급스러운 맛이 나고, 메로동은 고소하게 입에 감긴다.

주소 제주도 제주시 애월읍 하소로 769-58 **문의** 0507-1377-4253 **가격** 신선한 해물을 가득 올린 카이센동 2만5000원, 메로동 1만8000원 **영업시간** 11:30~14:30(라스트오더 14:00 / 일요일·공휴일 휴무 **주차장** 있음

제주의 작은 발리
썬셋클리프

개성 있고 독특한 카페가 많기로 유명한 애월 카페 거리. 애월 바다 바로 앞에 있는 썬셋클리프는 '제주의 작은 발리'라고 불리는 오션 뷰 카페다. 바다 쪽으로 활짝 열린 통창 앞에 앉아 일몰을 바라보며 칵테일과 커피를 즐길 수도 있고, 피자와 파스타 등의 식사도 가능하다.

주소 제주도 제주시 애월읍 애월로1길 19-8 **문의** 064-799-4040(반려견 동반 가능) **가격** 올리브를 얹은 칵테일의 왕, 마티니 1만5000원, 아인슈페너 8500원 **영업시간** 10:00~22:00(연중무휴) **주차장** 없음

새별오름이 눈앞에 펼쳐지는
카페 새빌

리조트를 리모델링해 유럽의 중세 성 같은 웅장한 분위기의 베이커리 카페. 최고의 파티시에가 직접 만드는 크루아상을 비롯한 모든 빵은 당일 갓 구워 문을 열고 들어서면 향긋한 빵 냄새가 코를 자극한다. 해질 녘에는 붉게 물든 하늘과 새별오름의 멋진 노을 경관을 감상할 수 있다.

주소 제주도 제주시 애월읍 평화로 1529 **문의** 064-794-0073 **가격** 달콤한 크림과 고소한 우도 땅콩의 조화, 우도 땅콩라테 8000원, 새빌라테 9000원 **영업시간** 09:00~19:00(연중무휴) **주차장** 있음

야자나무 아래에서 낭만적인 캠핑

금능해수욕장 야영장

금능해수욕장 동쪽 끝이자 협재해수욕장이 시작되는 경계에 있는 키 큰 야자수 길 옆으로 금능해수욕장 야영장이 있다. 협재에 비해 소박한 해변이지만 높이 20~30m까지 쭉쭉 뻗은 야자수 숲은 자연에서 캠핑하는 기분을 물씬 풍기게 해주고, 푸른 바다 건너 보이는 비양도 의 모습은 캠핑의 운치를 더해준다. 제주의 수많은 야영장 중에서도 제주의 캠핑 마니아들 이 적극 추천할 만큼 최고의 환경을 자랑하는 금능해수욕장 야영장에서의 낭만적인 하루를 즐겨보자.

"제주시에서는 동부의 함덕해수욕장 야영장, 서부의 금능, 협재해수욕장 야영장이 캠퍼들 사이에서 인기가 좋 다는 얘기를 듣고 서부 여행을 하면 서 방문했어요. 아직 별도의 야영장 요금을 받지 않는 제주의 야영장에서 종종 볼 수 있는 매너 없는 장박 텐트 들의 모습이 보이긴 했지만 아름다운 바다와 야자나무 아래에서의 캠핑은 잊지 못할 추억이 되었어요."

바다, 숲, 산책

info 주소 제주도 제주시 한림읍 금능리 **문의** 064-740-6000(제주관광 정보센터) **가격** 소형 2만 원, 대형 3만 원 **영업시간** 24시간(연중무휴)
편의 시설 주차장 O, 편의점/마트 O, 식당 O, 화장실 O, 샤워 X(해수 욕장 운영 기간 중 사용 가능), 취사 O, 전기 X, 덱 X, 사이드 주차 X, 반려동물 O
체크 사항 · 야영장 안으로는 차량이 진입할 수 없다. 해변 뒤편의 무 료 주차장에 차를 세운 후 캠핑 장비를 들고 숲길을 따라 야영장으로 이동하면 된다. · 정해진 구역이 없으나 에티켓을 지켜 텐트를 구축하 면 된다.

서귀포시 동부

오름, 꽃, 일몰, 다양한 풍경

일몰 명소 성산부터 걷기 좋은 올레 코스 남원과 표선은 발길 닿는 곳마다 날씨를 잊을 정도로 아름다운 풍경이 펼쳐진다. 제주 초심자라면 꼭 가봐야 할 유네스코 세계 자연유산, 성산일출봉과 제주에서도 가장 먼저 봄소식을 알려주는 유채꽃 명소인 섭지코지는 동부 여행의 꽃이다.

Drive Course　　　· 이동 거리 **49.8km**　· 소요 시간 **1시간 20분**　· 전체 코스 **8시간**

01 성산일출봉

일출
감상하기

4.9km
9분

02 섭지코지

꼭대기의 방두포
등대까지 오르기

13.4km
22분

**03 김영갑 갤러리
두모악**

다큐멘터리
감상하기

22.3km
31분

04 큰엉해안 경승지

우리나라 지도 모양의
숲에서 사진 찍기

9.2km
15분

05 쇠소깍

전통 뗏목 테우 타고
협곡 제대로 느껴보기

코스 01 성산일출봉

세계가 인정한 문화유산

제주의 상징, 유네스코 세계자연유산 등의 수많은 수식어로 표현되는 성산일출봉은 길게 설명하지 않아도 되는 관광 명소다. 위에서 보면 가운데를 숟가락으로 떠낸 듯한 모양의 성산일출봉은 멀리서 보면 난공불락의 고성처럼 보이기도 한다. 높이는 183m에 불과하지만 사방이 트인 곳에 웅장한 자태를 뽐내며 서 있어 인근 지역인 구좌, 표선 등 어느 방향에서 바라보더라도 존재감을 여실히 드러낸다.

---

info 주소 제주도 서귀포시 성산읍 일출로 284-12 **문의** 064-783-0959 **입장료** 어른 5000원, 청소년·어린이 2500원 **운영 시간** 11~2월 06:00~18:00, 3~4·9~10월 05:00~19:00, 5~8월 04:30~20:00(첫째 주 월요일 휴무)

> **☑ 이렇게 여행하자**
>
> ☑ 오르는 길에서 만날 수 있는 식물과 바위 보면서 정상까지 오르기 → ☑ 정상에 올라 경이로운 분화구의 모습 관찰하기 → ☑ 한라산과 제주 동부 지역의 수많은 오름 찾아보기

코스 02 섭지코지

제주 동부 해안에 볼록 튀어나온 섭지코지는 성산일출봉과 데칼코마니처럼 마주 보고 있다. 오름 꼭대기에 솟은 방두포등대에 오르면 거세게 불어대는 바람으로 정신을 차리기 힘들 정도지만 넓게 펼쳐진 평원, 여유롭게 풀을 뜯는 제주 조랑말, 바위로 둘러친 해안 절벽 등 제주의 전형적인 아름다움이 한눈에 들어온다. 또 계절마다 만개한 꽃이 들판을 뒤덮어 성산일출봉을 배경으로 멋진 사진을 남길 수 있다.

info 주소 제주도 서귀포시 성산읍 섭지코지로 107 **문의** 064-740-6000(제주관광정보센터) **입장료** 없음(주차료 30분 이내 1000원, 당일 최대 3000원) **운영 시간** 24시간(연중무휴)

✓ 이렇게 여행하자

☑ 해안 산책로 따라 오르기 → ☑ 방두포등대에서 주변 풍광 한눈에 담기 → ☑ 내려오며 안도 다다오가 설계한 글라스하우스, 유민미술관 등 관람하기

코스 03 김영갑 갤러리 두모악

충남 부여에서 태어난 김영갑 작가는 제주에 빠져 아예 섬에 정착했다. 제주의 모습을 찍길 수천 번. 작업한 사진을 전시하기 위해 버려진 초등학교를 구해 갤러리로 초석을 다질 무렵 루게릭병 진단을 받았다. 투병 중이던 2002년 '김영갑 갤러리, 두모악'이 문을 열었지만 2005년 그는 세상을 떠났다. 한라산의 옛 이름이기도 한 두모악 갤러리에는 20여 년간 제주만을 사진에 담아온 작가의 작품이 전시되어 있다.

info 주소 제주도 서귀포시 성산읍 삼달로 137 **문의** 064-784-9907 **입장료** 어른 5000원, 청소년·어린이 3000원 **운영 시간** 09:30~18:00(계절별로 상이, 관람 30분 전 입장 마감, 수요일, 1월 1일, 설·추석 당일 휴관)

✓ 이렇게 여행하자

☑ 갤러리 입구에서 상영하는 다큐멘터리 보기 → ☑ 바람의 사진가 김영갑 작가의 사진 감상하기 → ☑ 뒷마당의 찻집에서 따뜻한 차 한잔하며 여운 느끼기

코스 04 큰엉해안 경승지 

나만 알고 싶은 해안 산책로

'엉'은 제주도 방언으로 언덕이라는 뜻으로, 큰 바위가 바다를 집어삼킬 듯이 입을 크게 벌리고 있는 언덕이라 해서 붙은 명칭이다. 여러 차례에 걸친 용암의 퇴적으로 생겨난 기암절벽의 웅장한 모습이 바다와 절묘한 조화를 이룬다. 올레 5코스에 속하는데, 해안 절벽을 따라 이어진 약 2km의 산책길은 편안하게 걸을 수 있고, 곳곳에 숨은 비경은 여행객들에게 즐거움을 안겨준다.

info 주소 제주도 서귀포시 남원읍 태위로 522-17(큰엉전망대) **문의** 064-740-6000(제주관광정보센터) **입장료** 없음 **운영 시간** 24시간(연중무휴)

> **✓ 이렇게 여행하자**
>
> ☑ 산책로를 따라 걸으며 기암절벽과 바다 풍경 감상하기 → ☑ 우리나라 지도 모양의 포토 존에서 사진 찍기

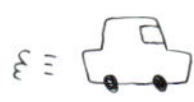 코스 05 쇠소깍

청록색 물빛의 신비로운 협곡

쇠소깍은 한라산에서 흘러 내려온 물줄기와 바닷물이 만나서 생긴 깊은 웅덩이로 '쇠소'는 '소가 누워 있는 모습의 연못'을, '깍'은 '마지막'을 의미한다. 기암괴석과 소나무 숲, 청록색 물이 어우러져 신비한 계곡에 온 기분을 느낄 수 있다. 특히 쇠소깍에서는 뗏목처럼 생긴 테우와 전통 조각배를 탈 수 있는데, 유난히 푸르고 맑은 물색과 어우러진 테우의 모습에서 옛 정취가 느껴진다.

© 박은하

info 주소 제주도 서귀포시 쇠소깍로 104 **문의** 064-740-6000(제주관광정보센터) **입장료** 없음 **운영 시간** 24시간(연중무휴)

> **✓ 이렇게 여행하자**
>
> ☑ 산책로를 따라 쇠소깍의 신비로운 풍경 감상하기 → ☑ 호숫가를 산책하며 팔당댐과 호수, 산이 어우러진 아름다운 자연 감상하기

매콤한 두루치기
만덕이네

제주도에 여행을 가면 꼭 한 끼는 먹게 되는 흑돼지 요리. 만덕이네는 한식만 다루는 요리 서바이벌 TV 쇼인 〈한식대첩〉에서 우승을 했을 뿐 아니라 〈식객 허영만의 백반기행〉에도 소개된 맛집이다. 전복, 문어, 흑돼지를 푸짐하게 넣은 매콤한 두루치기정식이 단연 인기가 좋다.

주소 제주도 서귀포시 표선면 서성일로 16 **문의** 064-787-3827 **가격** 싱싱한 해물과 흑돼지의 조화, 전복문어흑돼지 두루치기·갈치조림 각 2만5000원 **영업시간** 하절기 08:00~21:00, 동절기 07:30~21:00(라스트 오더 20:00, 연중무휴) **주차장** 있음

제주 바다를 담아내는 곳
온평바다한그릇

성산일출봉 근처 소박한 어촌에 자리한 온평바다한그릇에서는 제주 바다를 바로 앞에 두고, 파도 소리를 배경 삼아 식사를 즐길 수 있다. 이곳의 메뉴는 제주 바다에서 갓 건져 올린 해산물로 채워진다. 딱새우, 전복, 문어 등 제철 식재료는 신선함 그 자체다.

주소 제주도 서귀포시 성산읍 환해장성로 467 **문의** 0507-1300-4670 **가격** 해물모둠 4만5000원, 딱새우회 3만5000원 **영업시간** 12:00~22:00, 브레이크 타임 15:30~17:00 **주차장** 있음

커피와 감성, 부족함이 없는
테라로사

강릉에서 시작해 국내 스페셜티 커피 문화, 즉 공간의 미학과 식음 문화의 융합을 선도하는 커피 명가 테라로사 서귀포점이다. 테라로사의 트레이드마크인 붉은 벽돌 문을 열고 들어서면 커다란 격자창 너머에 펼쳐진 감귤밭 풍경에 사로잡힌다.

주소 제주도 서귀포시 칠십리로 658번길 27-16 **문의** 033-648-2760 **가격** 취향에 맞는 커피를 즐길 수 있는 핸드 드립 커피 6000원~1만2000원, 카페라테 6000원 **영업시간** 09:00~21:00(연중무휴) **주차장** 있음

드넓은 잔디밭에서 즐기는 감성 캠핑

표선해수욕장 야영장

표선해수욕장 야영장은 해수욕장 입구에 위치한, 푸른 잔디밭이 매력적인 야영장이다. 몇 걸음만 걸어 나가면 표선해수욕장의 모래사장에 닿을 정도로 가까이 붙어 있지만, 나무들이 해변에서 불어오는 매서운 바람을 막아주어 요새처럼 안락한 느낌이 든다. 꼭 하룻밤을 보내지 않더라도 표선 바다에서 해수욕을 즐기면서 피크닉을 하기에도 좋다.

"아름다운 표선 바다, 그리고 바다 옆 야영장. 이 정도 수준의 야영장을 무료로 이용할 수 있다는 것에 감사한 마음이 들었어요. 제주는 숙박 시설이 워낙 잘되어 있고, 직접 차를 몰고 여행 오는 사람들이 많지 않기 때문에 육지보다 여유로운 캠핑을 즐길 수 있지만, 표선해수욕장 야영장은 특히 쾌적했어요. 도로 건너편에 주차해야 해서 짐을 옮기기에 다소 불편하긴 했지만 그 정도의 노력을 투자할 가치가 충분한 곳이에요."

바다, 해수욕, 잔디

info 주소 제주도 서귀포시 표선면 표선리 **문의** 064-760-4992(제주관광정보센터) **가격** 없음 **영업시간** 24시간(연중무휴)

편의 시설 주차장 O, 편의점/마트 O, 식당 O, 화장실 O, 샤워 X(해수욕장 운영 기간 중 사용 가능), 취사 X, 전기 X, 덱 X, 사이드 주차 X, 반려동물 O

체크 사항 · 야영장으로 차량이 진입할 수 없고, 위치상 짐을 옮길 때 불편할 수 있으니 캠핑 장비는 최소화하는 것이 좋다. · 텐트를 세우는 정해진 구역이 없다.

서귀포시 서부

투박한 화산섬에서 피어난 꽃들의 향연

화산 지질 명소가 몰려 있는 이곳에서는 봄이 오면 노란 유채꽃을, 겨울이 오면 붉게 물든 동백꽃을 볼 수 있다. 제주에서 가장 많은 종류의 동백꽃을 볼 수 있는 카메리아 힐을 시작으로 서퍼들의 천국, 중문색달해수욕장은 제주를 찾는 여행객들에게 꾸준한 사랑을 받고 있다.

Drive Course · 이동 거리 **28.7km** · 소요 시간 **51분** · 전체 코스 **8시간**

01 카멜리아힐
포토 존에서 인생 사진 찍기

9.4km
16분

02 중문 색달해수욕장
다양한 해양 스포츠 즐기기

7.8km
15분

03 박수기정
박수기정 산책로 걷기

10.4km
17분

04 용머리해안
해설가와 함께 탐방하기

1.1km
3분

05 산방산 유채꽃밭
유채꽃 밭에 들어가
기념사진 남기기

코스 01 카멜리아힐 

카멜리아힐은 '동백 언덕'이라는 뜻의 이름처럼 제주에서 가장 많은 종류의 동백을 볼 수 있는 수목원이다. 동백이 활짝 핀 이곳의 겨울은 사계절 중 가장 아름다운 시간이다. 추워질수록 하얗고 붉은 수십여 종의 동백꽃이 만발해 우아하고 이색적인 분위기를 연출한다. 수목원 안에는 센스 넘치는 갤런드가 달린 길과 노란 전구들이 반짝이는 감성적인 숲길 등 포토 스폿이 많다.

info 주소 제주도 서귀포시 안덕면 병악로 166 **문의** 064-792-0088 **입장료** 어른 1만 원, 청소년 8000원, 어린이 7000원 **운영 시간** 6~8월 08:30~19:00, 3~5월·9~11월 15일 08:30~18:30, 11월 16일~2월 08:30~18:00(폐장 1시간 전 입장 마감, 연중무휴)

이렇게 여행하자

☑ 카멜리아힐의 관람 코스를 따라 천천히 수목원 감상하기 → ☑ 마음에 드는 포토 존에서 추억 사진 남기기

코스 02 중문색달해수욕장

중문색달해수욕장은 야자수의 이국적인 모습과 아름다운 해안 풍경이 어우러져 해마다 100만 명이 넘는 사람들이 찾는 서귀포의 대표 해수욕장이다. 긴 모래 해변이라는 뜻의 '진모살'이라고 불렸을 만큼 백사장이 긴 해수욕장이자 흑색, 회색, 적색, 백색 등 네 가지 색의 모래가 섞여 있어 햇빛이 비치는 방향에 따라 해변 색깔이 달라지는 신비로운 곳이기도 하다.

info 주소 제주도 서귀포시 중문관광로72번길 29-51 **문의** 064-739-4993 **입장료** 없음 **운영 시간** 24시간(연중무휴)

이렇게 여행하자

☑ 해수욕장으로 내려가는 길의 아름다운 해변 풍광 즐기기 → ☑ 다양한 수상 액티비티 즐기기 → ☑ 따스한 해변 아래에서 서퍼들의 모습 감상하며 해수욕 즐기기

코스 03 박수기정

잘 알려지지 않은 이곳은 높고 낮은 기둥이 해안을 따라 형성된 절벽이다. 샘물을 뜻하는 '박수'와 절벽을 뜻하는 '기정'을 합쳐 '바가지로 마실 수 있는 깨끗한 샘물이 솟아나는 절벽'이라는 의미를 지닌 이름을 탄생시켰다. 이곳의 절벽을 한눈에 보려면 박수기정 위보다는 대평포구부터 발걸음을 시작하는 게 좋다. 포구 아래, 용암이 굳어 형성된 넓은 지대에서 보면 병풍을 펼친 것 같은 풍경이 더없이 아름답다.

info **주소** 제주도 서귀포시 안덕면 난드르로 90-25 **문의** 064-740-6000(제주관광정보센터) **입장료** 없음 **운영 시간** 24시간(연중무휴)

이렇게 여행하자

☑ 대평포구 쪽에서 박수기정의 웅장한 모습 감상하기 → ☑ 카페, 포구 어디든 마음에 드는 곳에 자리 잡고 아름다운 일몰 감상하기 → ☑ 제주 올레 9코스 길을 따라 박수기정 윗길 올라보기

코스 04 용머리해안

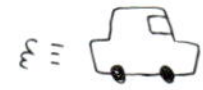

수많은 화산활동과 풍화작용이 거듭되면서 형성된 제주의 기원이 궁금하다면 제주에서 가장 오래된 화산지형인 용머리해안을 찾으면 된다. 위에서 내려다보면 바닷속으로 들어가는 용의 머리를 닮았다고 해서 용머리해안으로 불린다. 수천만 년 동안 층층이 쌓인 암벽이 파도에 깎여 기묘한 절벽을 이루고, 길이 30~50m의 절벽이 굽이치듯 이어지는 모습은 제주 여행에서 꼭 봐야 할 절경 중 하나다.

info **주소** 제주도 서귀포시 안덕면 사계남로216번길 28 **문의** 064-794-2940 **입장료** 어른 2500원, 청소년·어린이 1500원 **운영 시간** 09:00~17:00(만조 및 기상 악화 시 통제, 연중무휴)

이렇게 여행하자

☑ 용머리해안 입구에서 전경 감상하기 → ☑ 절벽 아래로 내려가 겹겹이 쌓인 지층 구조와 기묘한 절벽 탐방하기 → ☑ 하멜 표류 기념비도 함께 돌아보기

코스 05 산방산 유채꽃밭 

노란 유채꽃의 향연

우뚝 서 있어 웅장함을 자랑하는 산방산과 대조적으로 낮고 아기자기한 아랫마을에는 사계리삼거리부터 용머리해안 매표소까지 유채꽃 단지가 형성되어 있다. 매년 봄이면 뒤로는 산방산을, 앞으로는 바다를 배경으로 펼쳐진 노란 유채꽃밭을 찾는 사람들의 발길이 끊이지 않는다. 제주의 유채꽃이 보통 4월경 피지만, 성산과 함께 산방산 지역에서는 2월부터 노랗게 물든 유채꽃을 볼 수 있다.

info **주소** 제주도 서귀포시 안덕면 사계리(용머리해안 공영 주차장) **문의** 064-740-6000(제주관광정보센터) **입장료** 1000원 **운영 시간** 24시간(연중무휴)

⊙ **이렇게 여행하자**

☑ 마음에 드는 유채꽃밭을 골라 아름다운 꽃들에 파묻히기 → ☑ 근처 카페에 들러 여유롭게 커피 한잔하기

손맛 좋은 고등어회 맛집
미영이네

고등어회를 전문으로 하는 손 맛 좋은 식당. 제주에서는 바로 잡은 고등어로 회를 뜨기 때문에 비리지 않아 꼭 먹어야 할 음식으로 손꼽힌다. 미영이네의 메뉴는 고등어회와 고등어구이다. 미영이네 특제 채소 양념장에 회를 찍어 고등어회를 맛보고, 김 위에 올려 쌈으로 싸 먹기도 한다.

주소 제주도 서귀포시 대정읍 하모항구로 42 **문의** 064-792-0077 **가격** 탱글탱글 신선한 맛이 일품인 고등어회와 탕 7만 원, 고등어구이 1만5000원 **영업시간** 11:30~22:00(라스트 오더 20:30) / 수요일 휴무 **주차장** 있음

제주의 초록빛 휴식처
오설록 티하우스

제주도의 푸른 녹차밭 한가운데 자리한 오설록 티하우스는 차와 문화를 함께 즐길 수 있는 공간이다. 전통 녹차부터 현대적인 티 블렌딩까지 다양한 차를 맛볼 수 있으며, 제주만의 향과 풍미를 담은 디저트도 인기가 많다. 세련된 디자인과 자연 채광으로 언제 방문해도 힐링된다.

주소 제주도 서귀포시 안덕면 신화역사로 15 **문의** 0507-1418-5312 **가격** 진한 녹차 맛을 살린 그린티 아이스크림 5800원 **영업시간** 09:00~19:00 **주차장** 있음

귤밭 뷰가 향기로운
풀베개

따스한 햇살과 초록 풍경을 품은 풀베개 카페는 소박하면서도 따뜻한 분위기로, 마치 제주 속 작은 오두막에 머무는 듯한 기분을 주는 곳이다. 이곳의 시그너처 음료와 정성껏 만든 홈메이드 디저트는 자연의 맛을 더해 여행의 피로를 잊게 해준다.

주소 제주도 서귀포시 안덕면 화순서서로 492-4 **문의** 064-792-2717 **가격** 연유 베이스 우유에 에스프레소를 더한 스윗 풀베개 6500원, 아메리카노 6000원 **영업시간** 10:00~20:00 **주차장** 있음

내가 그려온 제주에서의 하루

하모해수욕장 인근 노지 캠핑

산방산과 송악산을 지나 모슬포항 쪽으로 달리다 보면 푸른 바다와 검은 현무암, 그리고 초록 풀이 넓은 평야를 뒤덮고 있는 제주스러운 광경을 마주하게 된다. 육지에서 온 캠퍼라면 누구든 차를 멈추고 이 모습에 넋을 잃는다. 머릿속에 그려온 제주에서의 낭만적인 차박을 이곳에서 이룰 수 있을 것 같다는 생각이 들기 때문이다. 바로 앞, 하모방파제가 파도를 막아주어 바다는 호수인 듯 잔잔하고, 뒤에는 분위기 좋은 카페가 늦은 저녁까지 불을 밝혀준다. 잔잔한 파도 소리를 들으며 오붓한 시간을 즐기면 된다.

"날씨는 좋지 않았고 다들 지쳐 있었는데, 일단 무작정 해안을 따라 달리는 중에 발견한, 저에게는 보물과 같은 곳이죠. 차를 멈추고 트렁크를 열어 의자를 꺼내 앉자 심란했던 마음은 사라지고 평온해졌어요. 정식 야영장이나 캠핑장은 아니었지만 차박의 묘미가 이런 게 아닐까 싶어요."

캠핑, 숲, 힐링

info 주소 제주도 서귀포시 대정읍 문의 064-740-6000(제주관광정보센터) 가격 없음 영업시간 24시간(연중무휴)

편의 시설 주차장 O, 편의점/마트 X, 식당 X(인근 카페, 식당 이용 가능), 화장실 O, 샤워 X, 취사 O, 전기 X, 덱 X, 사이드 주차 O, 반려동물 O

체크 사항 · 정해진 출입구나 구획이 없어 그냥 지나칠 수 있으니 저녁보다 낮에 도착해 주변을 미리 살펴보는 것이 좋다. · 주변에 마트, 식당이 없으니 식재료나 필요한 것은 미리 준비해 방문해야 한다.

중산

한라산, 오름, 숲을 달리다

전 세계적으로도 몇 안 되는 특이한 형태의 오름인 산굼부리와 삼나무가 가득한, 싱그러운 절물자연휴양림, 그리고 제주의 바다와 산을 파노라마 뷰로 감상할 수 있는 금오름이 모두 중산간 지역에 있다. 신비로운 대자연과 본연의 순수함을 느낄 수 있는 곳, 중산간의 매력을 느껴보자.

Drive Course · 이동 거리 **61.1km** · 소요 시간 **1시간 20분** · 전체 코스 **8시간**

01 금오름
분화구 능선을 따라 중산간의 풍경 제대로 만끽하기

27km
33분

02 한라산 (어리목 매표소)
적당한 탐방 코스를 골라 한라산을 느껴보기

27km
36분

03 절물자연휴양림
절물약수터에서 약수 맛보기

7.1km
11분

04 산굼부리
마음에 드는 포토 존에서 사진 찍기

© 프레티 리차드

코스 01 금오름(금악오름) 

제주의 '찐' 풍경을 한눈에 담는 곳

금오름으로 더 잘 알려져 있는 금악오름은 어원상 신(神)이란 뜻으로 서부 중산간 지역의 대표적인 오름 중 하나다. 비교적 평탄한 지형에 오롯이 서 있는 모습이 고매한 금오름의 가장 큰 매력은 한라산부터 저 멀리 바다까지 한눈에 담을 수 있는 파노라마 뷰다. 분화구 능선을 따라 한 바퀴 돌면 코발트빛 바다와 푸른 초원, 그 위로 풀을 뜯고 있는 말들의 평화로운 풍경을 즐길 수 있다.

---

info **주소** 제주도 제주시 한림읍 금악리 산1-1 **문의** 064-740-6000(제주관광정보센터) **입장료** 없음 **운영 시간** 24시간(연중무휴)

⊙ 이렇게 여행하자

☑ 분화구까지 오르는 길에 보이는 제주의 바다와 평원 감상하기 → ☑ 분화구 아래로 내려가 이국적인 풍경을 즐기며 인생 사진 남기기 → ☑ 하늘을 나는 패러글라이더들의 모습 감상하며 대리 만족하거나 체험에 도전해 보기

코스 02 한라산 

화산활동으로 형성되어 사방이 바다로 둘러싸인 환상의 섬, 제주도 한가운데에 대한민국에서 가장 높은 산, 한라산(1,950m)이 있다. '은하수를 잡아당길 만큼 높은 산'이란 뜻의 이 산은 실로 제주 어디에서나 웅장한 위용을 자랑한다. 또 학술적 가치가 매우 높은 동식물의 보고로 천연기념물이자 국립공원, 그리고 유네스코 생물권 보전지역으로 지정·보호되고 있다. 봄이면 진달래와 철쭉이 온 산을 뒤덮고, 여름의 녹음과 가을의 단풍을 지나 겨울에는 눈 덮인 백록담의 설경을 눈에 담을 수 있다. 이처럼 태고의 신비를 그대로 간직한 한라산은 신이 우리에게 선물한 최고의 보물임에 틀림없다. 등반하기 위해서는 나름의 각오와 준비가 필요하지만 한 번쯤은 도전해 한라산의 아름다움을 만끽해보자.

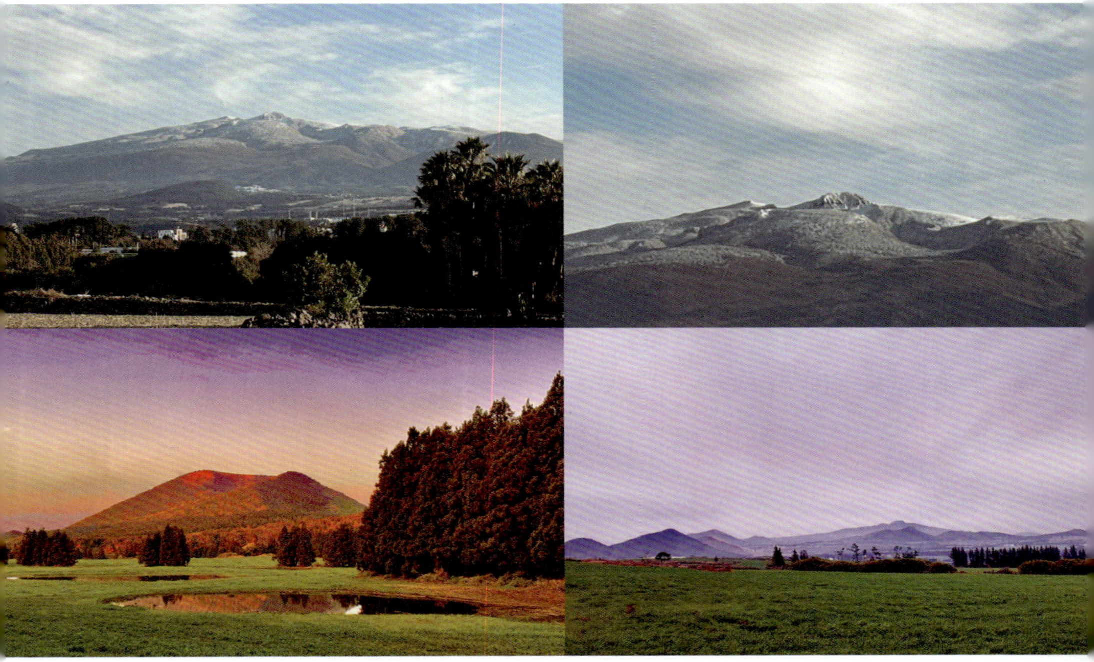

© 프레티 리차드

tip 한라산국립공원에서는 세계자연유산인 한라산의 자연보호와 탐방객의 안전을 위해 성판악과 관음사 코스의 경우 한라산 탐방 예약제를 실시하고 있으므로 예약 후 방문해야 한다. 예약은 탐방 월 기준 전월 1일 오전 9시부터 가능하다.

1 어리목 코스

탐방객이 가장 많이 이용하는 코스로 윗세오름과 남벽분기점까지만 가는 코스다. 경사가 가파른 사제비동산 구간은 체력을 요구하지만, 만세동산에서 윗세오름 대피소를 지나 남벽분기점까지는 완만한 지형으로 웅장한 백록담을 마주 보며 가게 된다.

총 거리 6.8km **소요 시간** 3시간 **주소** 제주도 제주시 1100로 2070-61 **문의** 064-713-9950

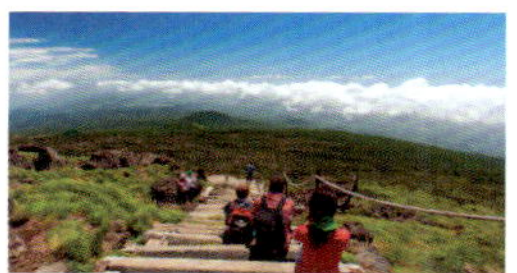

2 영실 코스

영실 탐방로는 영주 10경 중 하나로 산림청에서 지정한 아름다운 소나무 숲이 있다. 윗세오름까지만 갔다가 내려오거나 어리목 또는 돈내코 코스로 하산 가능하다. 중반부부터 가파른 계단이 계속 이어져 다소 벅차긴 하지만, 사방이 확 트이고 기암과 오름의 독특한 경관을 감상할 수 있다.

총 거리 5.8km **소요 시간** 2시간 30분 **주소** 제주도 서귀포시 영실로 246 **문의** 064-747-9950

3 돈내코 코스

탐방 안내소에서 평궤대피소까지 완만한 오르막길이 이어지다 남벽분기점까지는 평탄하며, 풍경이나 지형의 변화도 적은 편이다. 웅장한 백록담의 모습을 보면서 등반할 수 있고, 영실 또는 어리목으로 내려오면 된다.

총 거리 7km **소요 시간** 3시간 30분 **주소** 제주도 서귀포시 상효동 1986 **문의** 064-710-6920

4 성판악 코스

성판악 탐방로는 관음사 탐방로와 더불어 한라산의 정상인 백록담에 오를 수 있는 코스다. 대체로 완만한 경사를 이루어 등반에 큰 무리는 없으나 한라산 탐방로 중 가장 길어서 체력 안배에 신경써야 한다. 성판악으로 올라 관음사로 하산할 수 있다.

총 거리 9.6km **소요 시간** 4시간 30분 **주소** 제주도 제주시 조천읍 516로 1865 **문의** 064-725-9940

5 관음사 코스

한라산의 정상인 백록담까지 오를 수 있는 탐방로. 계곡이 깊고 산세가 웅장해 한라산의 진면목을 볼 수 있다. 중·후반부터 가파른 돌계단이 많아 힘들지만, 단풍으로 물든 가을의 용진각계곡과 고목바위가 어우러진 왕관릉, 눈 덮인 구상나무 숲 등 한라산의 다양한 모습을 즐길 수 있다.

총 거리 8.7km **소요 시간** 5시간 **주소** 제주도 제주시 산록북로 588(주차장) **문의** 064-756-9950

코스 03 절물자연휴양림

**싱그러움
가득한
삼나무 숲**

하늘에 닿을 듯 쭉쭉 뻗어 올라간 삼나무가 가득한 절물자연휴양림은 언제나 싱그럽다. 근처에서 약효가 좋은 물이 난다고 해서 '절물'이라는 이름이 붙었다. 휴양림에는 절물오름, 장생의 숲, 다양한 트레킹 코스는 물론 휴식용 평상, 놀이터, 야영장 등 편의 시설도 잘 갖추어놓았다. 특히 산책로는 경사가 완만해서 어린이, 노약자도 자연을 느끼며 걷기 좋다.

info **주소** 제주도 제주시 명림로 584 **문의** 064-728-1510 **입장료** 어른 1000원, 청소년 600원, 어린이 300원, 주차 3000원 **운영 시간** 07:00~17:00(연중무휴)

◉ 이렇게 여행하자

☑ 삼나무가 가득한 삼울길 걸으며 피톤치드 들이마시기 → ☑ 절물오름전망대까지 올라보기 → ☑ 절물약수터에 들러 시원한 약수 마시기 → ☑ 메인 출입구인 '건강 산책로' 걸어 나오기

코스 04 산굼부리

'굼부리'란 화산체의 분화구를 가리키는 제주 말이다. 천연기념물로 지정된 산굼부리는 한라산의 기생화산으로 다른 분화구와 달리 주변 평지보다 100m가량 낮은 곳에 커다란 분화구가 형성되었다. 이러한 분화구를 마르형 분화구라 하는데, 산굼부리는 우리나라에 하나밖에 없는 마르형 분화구로 세계적으로도 일본과 독일에 몇 개 있을 뿐이다. 가을이면 들판을 가득 채운 억새의 은빛 물결이 끝없이 펼쳐진다.

info 주소 제주도 조천읍 비자림로 768 **문의** 064-783-9900 **입장료** 어른 7000원, 청소년·어린이 6000원 **운영 시간** 3~10월 09:00~18:40(입장 마감 18:00), 11~2월 09:00~17:40(입장 마감 17:00)

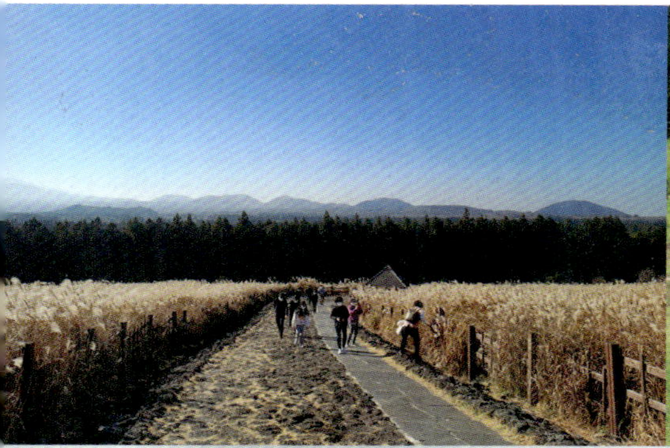

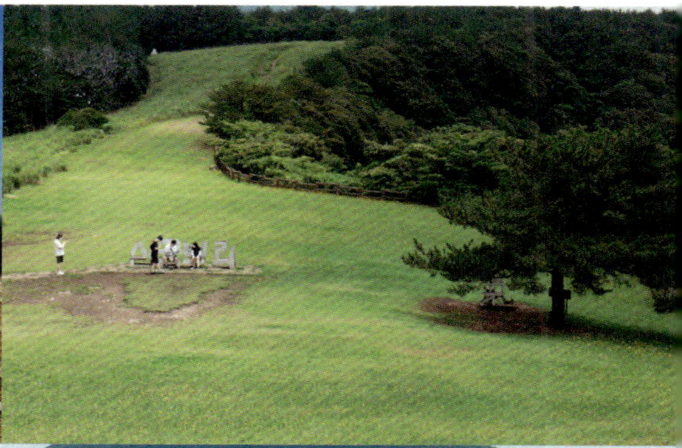

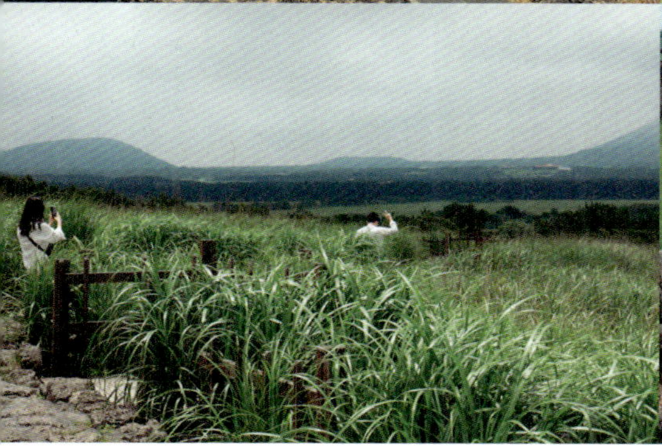

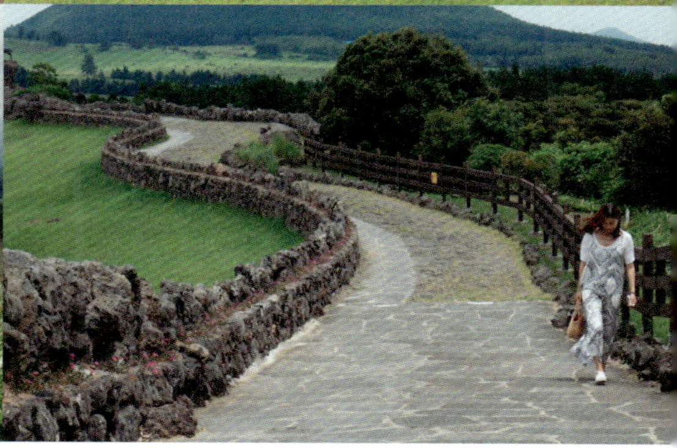

✅ 이렇게 여행하자

☑ 억새밭 감상하며 전망대까지 오르기 → ☑ 전망대에 올라 신비한 산굼부리의 분화구와 저 멀리 성산일출봉 감상하기 → ☑ 시간이 된다면 내려오는 길에 이어진 구상나무 길 걷기

코스로 즐기는 닭 요리
성미가든

토종닭 특화 지구인 교래리에 위치한 토종 닭백숙 전문점, 성미가든은 닭 샤부샤부와 닭 백숙으로 유명한 곳이다. 닭 샤부샤부는 닭을 푹 고아 만든 육수에 얇게 저민 닭 가슴살과 신선한 채소를 데친 후, 소스에 찍어 먹는 맛이 일품이다.

주소 제주도 제주시 조천읍 교래1길 2 **문의** 064-783-7092 **가격** 코스로 제공하는 담백한 닭 샤부샤부·닭도리탕 각 7만 원 **영업시간** 11:00~20:00(매달 둘째·넷째 주 목요일 휴무) **주차장** 있음

카페와 식물원 그 어딘가
카페 글렌코

스코틀랜드 글렌코 지역의 초원을 모티브로 했으며, 대규모 초원과 정원이 돋보이는 카페다. 가을의 연핑크빛 핑크뮬리가 제주도에서도 가장 색이 곱고 예쁘기로 유명하고, 봄의 유채꽃, 여름의 수국과 메밀 등 계절별로 다양한 꽃의 향기를 만끽할 수 있다.

주소 제주도 제주시 구좌읍 비자림로 1202 **문의** 0507-1371-3560(반려동물 동반 가능) **가격** 건강함이 느껴지는 제주 보리미숫가루 스무디 9000원, 아메리카노 7000원 **영업시간** 09:30~13:30(연중무휴) **주차장** 있음

프랑스 시골집 느낌
구좌상회

월정리의 골목 안 작은 돌담집에서 시작한 구좌상회는 제주에서 당근 케이크 잘하는 집으로 유명해지면서 우리나라 당근의 주 생산지가 구좌라는 것을 전국에 알린 곳이기도 하다. 현재는 조천의 다른 지역에 새롭게 둥지를 틀어 손님들을 맞는다.

주소 제주도 제주시 조천읍 선교로 198-5 **문의** 010-6600-6648(야외 정원 반려동물 동반 가능, 노키즈 존) **가격** 당근 케이크 7500원, 아메리카노 6000원 **영업시간** 10:30~17:50(화·수요일 휴무) **주차장** 있음(가게 골목 입구 왼편 공터 전용 주차장)

신비로운 제주 숲에서의 하루

교래자연휴양림 야영장

교래자연휴양림은 곶자왈 생태 체험이 가능한 최초 휴양림이다. 제주 말로 '곶'은 숲, '자왈'은 자갈이나 암석 덩어리를 뜻한다. 곶자왈은 화산이 폭발하면서 분출한 용암 지형으로 나무와 돌 따위가 제멋대로 뒤섞여 있는 제주의 독특한 숲을 말한다. 곶자왈 지역에 자리 잡은 교래 자연휴양림은 생태 관찰로, 오름 산책로 등 탐방 코스와 야외 공연장, 풋살 경기장, 유아숲체 험원 등의 휴양·편의 시설을 갖추었다. 이곳에서는 눈앞에 펼쳐진 잔디밭, 세월의 흔적이 느껴지는 고목, 그리고 산책길을 오롯이 누릴 수 있다.

"빽빽한 고목, 암석에 낀 이끼, 태초의 자연이 그대로 보존되어 있는 제주의 신비로운 숲에서 꿈 같은 하루를 보냈습니다. 자연을 개방하면서도 생태를 파괴하지 않는 데 초점을 맞추기 때문에 사설 캠핑장에 비해 편의 시설이 다소 부족할 수 있지만, 선물 같은 풍경을 보기 위해 감수해야 할 부분이라고 생각하며 자연 그대로를 느껴 보세요."

숲, 생태, 힐링, 산책

info 주소 제주도 조천읍 남조로 2023 **문의** 064-710-7475 **가격** 야영 덱 6000~8000원, 잔디 야영장 2000원 / 샤워장 어른 2000원, 청소년 1000원 **영업시간** 입실 13:00~20:00, 퇴실 12:00(연중무휴)

편의 시설 주차장 O, 편의점/마트 X, 식당 X, 화장실 O, 샤워 O, 취사 O(가스버너만 사용 가능), 전기 X, 덱 O, 사이드 주차 X, 반려동물 X

체크 사항 · 가스버너 외에 숯불, 장작 화로대, 석유난로 등은 사용을 금지하니 겨울 캠핑 시 준비를 단단히 해야 한다.

정선 육백마지기 P. 211

창문 너머로 스치는
바람, 음악, 그리고
낯선 풍경 속에서
나는 언제나 조금 더
자유로워진다.

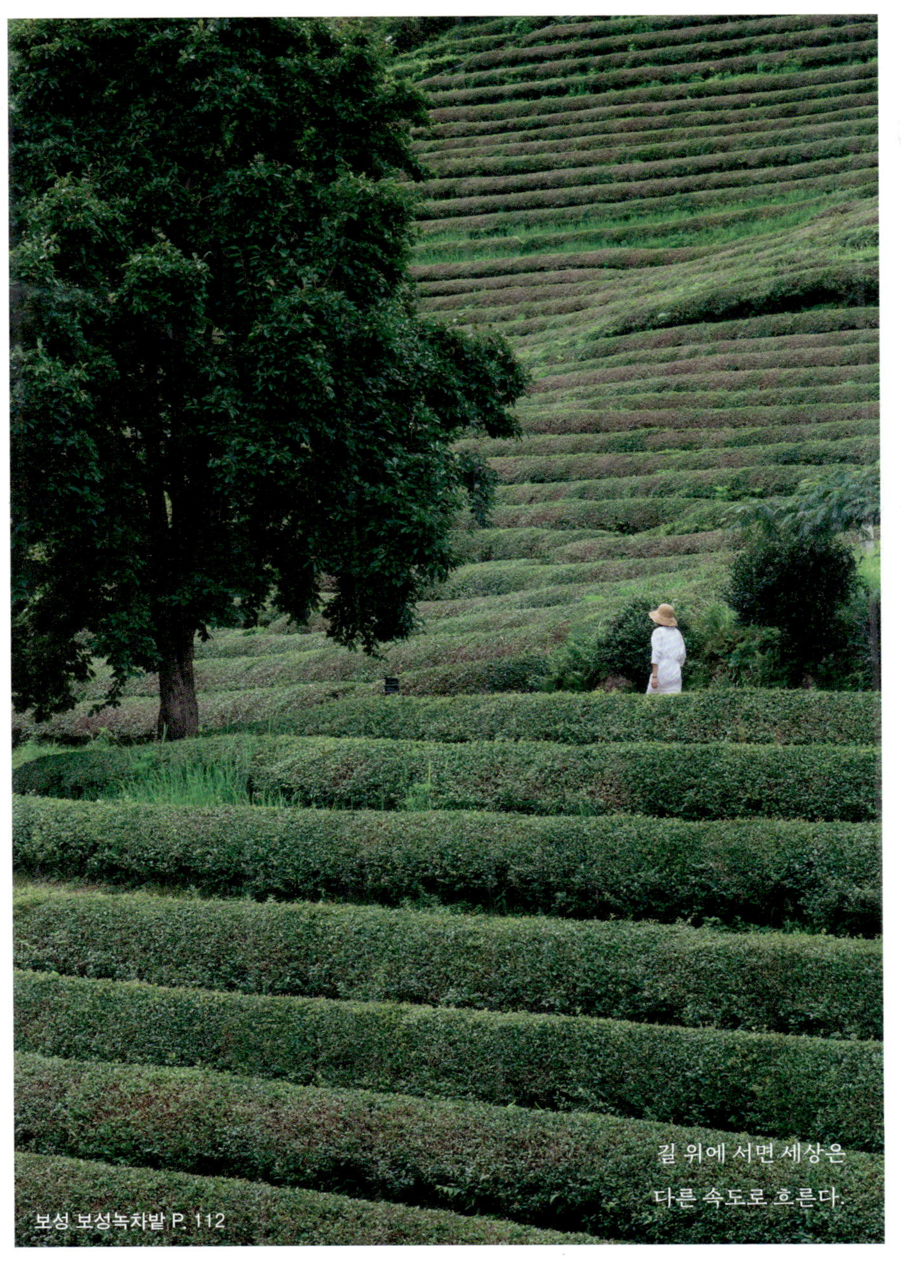

길 위에 서면 세상은
다른 속도로 흐른다.
보성 보성녹차밭 P. 112

언제든 떠날 수 있는 마음만 있다면,

길은 이미 당신 곁에 있다는 것을.

이 책이 그 첫 발걸음이 되길 바란다.

첫 페이지를 펼친 모든 이에게.

- 저자의 말 중

남해 설리스카이워크 P. 101

정선 육백마지기 P. 211

정선 병방치스카이워크 P. 207

정선 병방치스카이워크 P. 207